北京主要林草种质资源

BEIJING ZHUYAO LINCAO ZHONGZHI ZIYUAN

张志翔　贲权民　主　编

中国林业出版社
China Forestry Publishing House

本书的出版得到了以下单位和项目的大力支持

北京市科委绿色通道项目：北京重要植物种质资源评价、保护利用的研究与示范（项目编号：Z08050602970000）

北京市重点保护野生植物名录调整项目（编号：2022 年 30 号）

松山种质资源调查项目（编号：2022 年 29 号）

北京市园林绿化资源保护中心

延庆赛区生态系统本底调查（延庆区园林绿化局，2016 年）

图书在版编目（CIP）数据

北京主要林草种质资源 / 张志翔，贲权民主编. ――
北京：中国林业出版社，2024.6
　　ISBN 978-7-5219-2155-7

　　Ⅰ. ①北… Ⅱ. ①张… ②贲… Ⅲ. ①森林资源－种
质资源－资源调查－北京 ②草原资源－种质资源－资源调
查－北京 Ⅳ. ①S757.2 ②S812.8

中国国家版本馆CIP数据核字(2023)第048182号

责 任 编 辑：李春艳
版 式 设 计：黄树清

出版发行：中国林业出版社
　　　　　（100009，北京市西城区刘海胡同7号，电话：010-83143579)
电子邮箱：30348863@qq.com
网　　址：https://www.cfph.net
印　　刷：北京卓诚恒信彩色印刷有限公司
版　　次：2024 年 6 月第 1 版
印　　次：2024 年 6 月第 1 次
开　　本：889 mm×1194 mm 1/16
印　　张：22
字　　数：480 千字
定　　价：289.00 元

《北京主要林草种质资源》编委会

主　任：高大伟

副主任：张志翔　贲权民

委　员：周彩贤　曾小莉　单宏臣　黄三祥　薛　洋　沙海峰　贺　毅
　　　　张运忠　刘　曦　尚　策

主　编：张志翔　贲权民

副主编：曾小莉　黄三祥　沙海峰　贺　毅　刘　曦　尚　策

编写人员：（按姓氏拼音排序）

　　　　贲权民　陈　浩　高晓明　贺　毅　黄三祥　李昊源　李　杰
　　　　李美霞　刘　曦　刘欣欣　刘亚丽　马　卓　沐先运　沙海峰
　　　　单宏臣　尚　策　宋庆新　汪佳易　王茹雯　王钰双　谢　磊
　　　　薛　洋　曾小莉　张钢民　张运忠　张志翔　钟　翡　周彩贤

摄影者：张志翔　林秦文　刘全儒　尚　策　刘康佳

前言

植物是一种特殊的载体，它们不仅能反映地区的气候特点和属性，也能记载地区生态环境的变迁和对植物资源保护和利用的历史。随着对植物多样性和植物种质资源保护和利用的重视，了解地区性的植物物种资源、种质资源利用及其在城市生态建设中发挥的作用，显得十分必要。

北京是一座拥有3000多年建城史和860多年建都史的古都，是世界上生物多样性最丰富的国家首都之一，也是古树名木资源较多的首都之一。为全面了解北京的植物资源，尤其是野生植物资源的本地现状以及开发利用情况，早在2008—2009年启动了"北京重要植物种质资源评价、保护利用的研究与示范"（北京市科委绿色通道项目，项目编号Z08050602970000），为摸清北京市野生植物资源、北京引种栽培植物资源等情况，开展了北京市野生植物调查和编目等调查项目，其调查结果为北京市植物多样性和野生植物种质资源保护利用奠定了基础，为北京市百万亩城市绿化和浅山区生态修复，以及增彩延绿工程建设中利用乡土植物资源提供重要依据。

北京市地处华北平原的北端，燕山山脉和太行山山脉的交接处，东西宽约160千米，南北长约176千米，总面积16410.54平方千米。山地面积大，约10417.5平方千米，占全市面积的63%，山地垂直海拔梯度明显。同时，北京市地处我国温带地区，属暖温带落叶阔叶林带，冬季草木枯黄，落叶满地，常绿植物稀少是该地区的冬季特征。在特定的地理环境下，北京市拥有丰富的生物多样性。

我们会有这样的感觉，在城市里，苍松古柏掩映下的红墙碧瓦已成为北京的代表符号，是古都风貌的重要体现；在宽敞笔直的街道两旁，竖立

着一排排各式的行道树，在不同季节里，展示着各异的树形、叶色；在郊区和浅山区，百万亩平原、造林绿化区和温榆河、潮白河、永定河等河流湿地的建设，让北京市区拥抱着绿色；西山的荒山秃岭已不复存在，到处是郁郁葱葱的森林；在高山上，百花山、东灵山和松山的亚高山草甸孕育着丰富的野花野草。这些植物装点着北京的美。

北京的植物值得介绍，北京的植物值得认知。为此，编者筹划出版《北京主要林草种质资源》一书，其目的就是通过介绍北京代表性植物，全面展现植物在北京的历史、现在和未来扮演的重要角色。

北京有哪些古树？北京天然次生林的建群树种是什么？北京有哪些国家级和市级野生保护植物？北京四合院里喜欢种什么植物？能唤起儿时记忆的水果有哪些？北京重要的行道树、绿化树又有哪些？北京有哪些野生植物种质资源？本书主要从"发挥特性 装点青山""见证历史 美化北京"和"发挥功能 提供资源"三个部分，以代表性植物或树种来回答这些问题。

本书旨在方便读者了解北京主要的植物资源，能够为从业者、设计师合理设计配置植物提供帮助，为首都增绿添彩、夯实生态基底、维护生态安全、建设花园城市提供基础支撑。本书图文并茂，是一部非常适合用于普及北京植物的科普读物。

由于时间较紧，书中存在不少问题，敬请读者见谅，并提出宝贵意见。我们意识到或许在植物特征描述上比较烦琐，但这不重要，重要的是提供了一份北京的植物资料，让读者能直观地了解装点北京、美化北京的植物。

编　者

2024 年 3 月

目录

前言

概要 /1

芹叶铁线莲

北京市位于华北平原的北端，燕山山脉和太行山山脉的交接处，地理坐标为北纬39°28'~41°05'，东经115°25'~117°30'。东西宽约160千米，南北长约176千米，全市总面积16410.54平方千米。其中市区面积1368.32平方千米，山地面积10417.5平方千米，占全市面积的63%；平原面积6390.3平方千米，占全市面积的39%。

北京市北部军都山属燕山山脉，西山属太行山山脉。太行山与燕山在南口交会，山坞中环抱北京小平原，像半封闭的海湾，又称"北京湾"。北京地貌景观西北高、东南低，垂直高差2295米，垂直地带性变化明显，在短距离内形成了平原、台地、丘陵、低山、中山等不同的垂直景观带。永定河、潮白河、温榆河自西北向东南蜿蜒而过，奠定了前抱九河、后拱万山的地形。

西部山地，称作西山，属太行山山脉，为东北—西南走向，大致平行排列的褶皱山脉，与构造走向相吻合。西山地势高亢，山体连续，山峰耸立，土层浅薄，多为石灰岩。主要山峰有东灵山（2303米）、笔架山（1448米）、白草畔（2035米）和百花山（1991米）等。

北部山地，称为军都山。属燕山山脉，呈东西走向并镶嵌着许多山间盆地的断块山地。军都山地势西高东低，山体比较分散，多低山丘陵，坡度平缓，盆地开阔，广泛分布的是花岗岩。主要山峰有大海坨山（2241米）、小海坨山（2199米）、黑陀山（1534米）、云蒙山（1414米）等。

东南部平原由永定河、潮白河等河流冲积、洪积形成，地势平坦广阔，湿地面积大。

北京市地处我国温带地区，属暖温带落叶阔叶林带，冬季树木落叶，草本枯黄，常绿植物稀少是该地区的冬季特征。在特殊的地理环境下，北京市拥有了丰富的生物多样性。

根据2008—2009年"北京重要植物种质资源评价、保护利用的研究与示范"（北京市科委绿色通道项目，项目编号Z08050602970000）项目调查结果，北京市生态系统分布具有温带落叶的特征。生态系统类型主要有森林生态系统、湿地生态系统和草原草地生态系统，其中森林生态系统和湿地生态系统是北京的主要生态系统类型，维持着北京的自然生态环境。

北京的森林生态系统中山地森林植被类型多样，地带性植被为暖温带落叶阔叶林，主要是以栎属 *Quercus*、桦属 *Betula*、杨属 *Populus*、槭属 *Acer*、胡桃属 *Juglans* 等树种占优势的落叶阔叶林。由于北京地处温带，因此，坡向和海拔制约着水热条件，使自然植被呈现有规律的垂直分布和过渡交错现象。但由于北京历史悠久，人为破坏严重，原始植被已难以见到。

根据2007—2009年北京市野生植物调查结果，北京山地植被共有寒温性针叶林、温性针叶林、落叶阔叶林、落叶阔叶灌丛和草甸5个植被型和92个群系。其中，森林群系有油松林、蒙古栎林、白桦林、黑桦林、核桃楸林、青檀林等59个群系；荆条、酸枣、柔毛绣线菊、胡枝子、榛、蚂蚱腿子、鬼箭锦鸡儿、红丁香等29个灌丛群系；野青茅禾草、矮紫苞鸢尾、地榆等14个草甸群系。

北京地区的植被垂直变化十分明显。海拔200米以下平原和市区的森林是以油松、侧柏、毛白杨（雄）、垂柳（雄）、旱柳（雄）、榆树、国槐、刺槐、臭椿、泡桐、楸树、白蜡、栾树、栓皮栎、元宝枫、山杏、山桃等树种组成，其中，人工林占主要部分，主要有油松林、侧柏林、毛白杨林、北京杨林、栓皮栎林等人工林，绿地、行道树等人工森林城市景观是区域特色。海拔200~600米的低山地区，分布有以油松、侧柏、栓皮栎、槲栎、槲树、核桃楸、栾树、臭椿、皂角、大叶白蜡、小叶白蜡、

山杏、荆条、酸枣为优势建群种的森林和灌丛，占优势的群落是次生落叶灌丛或灌草丛，其中，在浅山区，天然次生林、人工林分布界限明显；沟谷中，以槲栎、槲树、栾树、臭椿、皂角、大叶白蜡等建群种组成的落叶阔叶林混交林是华北浅山区典型的地带性植被，栾树、臭椿形成了具有观赏性的天然景观林，尤其是在夏季，开黄色花的栾树形成的花海是北京浅山区夏天难得一见的景观；阴坡人工林以油松为主，阳坡以侧柏为主。海拔 600~1200 米的中山地区，以华北落叶松、蒙古栎、鹅耳枥、元宝枫、核桃楸、糠椴、蒙椴、青杨、山杨、白桦、黑桦、山荆子为优势的乔木群落，以榛、毛榛、虎榛、胡枝子、三桠绣线菊等为优势的灌丛；沟谷内，分布有大面积的核桃楸林和以北京丁香、大叶白蜡、榆树、大果榆等组成的杂木林。海拔 1200~2000 米区域，分布有以华北落叶松、山杨、白桦、黑桦、核桃楸、红桦、黄桦、坚桦、红丁香、鬼箭锦鸡儿、蒙古绣线菊等为优势的森林灌丛。海拔 2000 米以上为亚高山草甸，北京的亚高山草甸主要分布在百花山、东灵山、松山、玉渡山、雾灵山等高海拔地区，是北京生物多样性极为丰富的区域。

北京湿地仅有库塘和河流两种类型，湿地面积小。根据 2007—2009 年北京市野生植物调查结果，基于北京湿地的特点及植物数量特征，将北京湿地植物划分为 3 个植被型组，即草甸、沼泽、水生植被型组；5 个植被型，即泛滥地草甸、草本沼泽、漂浮植物、浮叶植物和沉水植物植被型；45 个群系组，如苍耳、芦苇、香蒲、薄荷、满江红、睡莲群系组等和 68 个群系，如狗尾草、薹草、芦苇、小香蒲、莲、眼子菜群系等。

植物种质资源较为丰富，天然野生的植物种质资源众多。根据 2008—2009 年的调查结果，北京市具有野生维管植物（含归化物种如刺槐和露地栽培历史悠久如银杏等）共 141 科 658 属 1794 种（亚种、变种、变型）。其中，蕨类植物 19 科 31 属 83 种，裸子植物 3 科 7 属 11 种，被子植物 117 科 620 属 1698 种；其中，1588 种（16 亚种 163 变种 26 变型），乡土植物 137 科 598 属 1662 种。

北京山地野生蕨类植物按秦仁昌系统有 19 科 31 属 83 种。含 10 种以上的优势科仅蹄盖蕨科 Athyriaceae 16 种。含 5 种至 9 种的科有 8 科，分别是岩蕨科 Woodsiaceae 9 种，鳞毛蕨科 Dryopteridaceae 8 种，水龙骨科 Polypodiaceae 7 种，卷柏科 Selaginellaceae、铁角蕨科 Aspleniaceae 和中国蕨科 Sinopteridaceae 均为 6 种，木贼科 Equisetaceae 和裸子蕨科 Hemionitidaceae 都为 5 种。

北京的野生裸子植物仅有松科 Pinaceae、柏科 Cupressaceae 和麻黄科 Ephedraceae 3 科 11 种，以松科植物为最多，有 6 种。松科中以油松 *Pinus tabuliformis* 最为常见，各区均有野生，同时也是山地人工林和城市园林绿化的主要树种。华北落叶松 *Larix principis-rupprechtii* 则主要以人工林为主，在门头沟百花山仍可见到华北落叶松的天然古树。北京云杉属 *Picea* 和冷杉属 *Abies* 植物较少，主要为城市园林绿化，其中青杆 *Picea wilsonii* 和白杆 *Picea meyeri* 野生种群主要分布在密云区的雾灵山，门头沟区的东灵山和百花山。

北京市被子植物主要集中于菊科 Asteraceae、禾本科 Poaceae、蔷薇科 Rosaceae、豆科 Fabaceae、唇形科 Lamiaceae、（广义）百合科 Liliaceae 和莎草科 Cyperaceae 等一些世界性大科之中，同时向寡种科、单种科分散。这些大科均为主产温带的世界性分布科，充分显示了北京植物区系的温带性质特征。

大科（科内含 50 种以上的科）及中

等科（20~49种）的植物，多数为草本植物，为林下草本层的重要组成；而桦木科 Betulaceae、壳斗科 Fagaceae、杨柳科 Salicaceae、榆科 Ulmaceae 等小科（6~19种）的植物和部分寡种科（2~5种）如马鞭草科 Verbenaceae、胡桃科 Juglandaceae 和无患子科 Sapindaceae 等虽然在北京市种类不多，但往往是北京山区森林的建群种，为北京植被的主要组成成分，如核桃楸 *Juglans mandshurica*、元宝枫 *Acer truncatum*、荆条 *Vitex negundo* var. *heterophylla* 等。北京真正的单种科只有透骨草科 Phrymaceae。

北京市的野生植物资源可分为12类：① 食用植物资源，包括野生蔬菜、野生果树、野生饮料及食品植物资源，有92科199属294种；② 药用植物资源，有92科266属377种；③ 油脂植物资源，共59科130属163种；④ 淀粉和糖类植物资源，有32科61属92种；⑤ 蜜粉源植物资源，有60科156属201种；⑥ 有毒植物资源（包括野生农药植物资源），有51科110属145种；⑦ 纤维植物资源，有31科73属114种；⑧ 芳香植物资源，有30科69属98种；⑨ 饲用植物资源，有34科108属185种；⑩ 鞣料植物资源，有32科53属80种；⑪ 观赏植物资源(以百花山高山观赏植物为例)，有130科169属310种；⑫ 其他特殊用途植物资源，有19科29属36种。乡土植物资源的利用在北京生态建设中发挥着积极的作用，以齿叶白鹃梅、省沽油、无梗五加、楸树、委陵菜等为代表的乡土植物正不断地进入北京的行道树、公园花境等。

北京地区野生维管植物的分布极不平衡，绝大部分主要分布在远郊的山区，物种的丰富程度由远郊到近郊逐渐降低。依据北京两大山系的地理条件，以及西部、北部及东北部的山区特点，北京地区人为分割和生境的可连接性，北京地区植物种类组成丰富度，保护植物分布丰富度，结合北京地区未来野生植物资源保护与利用、规划与发展的需求，北京地区的维管植物资源可划分为以下7个主要植物多样性中心。

（1）百花山—东灵山—霞云岭—上方山多样性中心。地处北京市的西部，为太行山北段小五台山的余脉西山山脉，境内的主要山脉有百花山（1990米）、东灵山（2303米）、黄草梁（1737米）、霞云岭与上方山等。其中，东灵山为北京市最高峰。区域内的地带性植被为华北落叶阔叶林，具有明显的垂直地带性；有维管植物约107科454属918种（含种下分类单位），为北京地区维管植物最丰富的地区之一。

（2）松山—玉渡山多样性中心。地处北京市的西北部，属燕山山脉，境内的主要山脉为松山大海陀山（2242米），为北京市第二高峰。在该区域内的地带性植被为华北落叶阔叶林与油松林，有维管植物约109科422属791种（含种下分类单位），为北京地区维管植物最丰富的地区之一。

（3）喇叭沟门—帽山多样性中心。该地区地处北京市的北部，属燕山山脉的军都山以北的山脉，境内的主要山脉为南猴顶（1705米），喇叭沟门自然保护区即位于此。地带性植被为温带落叶阔叶林及少量针叶林和针阔混交林，有维管植物约102科367属668种（含种下分类单位）。

（4）雾灵山多样性中心。地处北京市的东北部，属燕山山脉。雾灵山主峰（2116米）位于河北境内。地带性植被为温带落叶阔叶林及少量针叶林和针阔混交林，有维管植物约98科339属638种（含种下分类单位）。

（5）八达岭—兴寿多样性中心。地处北京市的北部，属燕山山脉的军都山和云蒙山（1414米）。在该区域内的地带性植被为温带落叶阔叶林与山地灌丛，有维管植物约82科225种（含种下分类单位）。

（6）琉璃庙—云蒙山多样性中心。地处北京市的北部，属燕山山脉的军都山，云蒙山（1414米）。在该区域内的地带性植被为温带落叶阔叶林与山地灌丛，有维管植物约98科702种（含种下分类单位）。

（7）黄松峪—熊耳寨多样性中心。该地区地处北京市的东部稍偏北平谷区境内，属燕山山脉的南端。地带性植被为温带落叶阔叶林与山地灌丛，有维管植物约80科244属422种（含种下分类单位）。

北京市内中国植物特有种为199种，其中尚有华北特有植物65种，如脱皮榆 *Ulmus lamellosa*、蚂蚱腿子 *Myripnois dioica* 等。北京市特有植物有5种：槭叶铁线莲 *Clematis acerifolia*、羽叶铁线莲 *Clematis pinnata*、北京水毛茛 *Batrachium pekinense*、百花山葡萄 *Vitis baihuashanensis* 和北京无喙兰 *Holopogon pekinensis*。

北京是一座有着3000多年建城史和860多年建都史的古都，是世界上生物多样性最丰富的国家首都之一，也是古树名木资源最多的首都之一。树种丰富、分布集中、底蕴深厚、地位独特，北京是名副其实的"古树之都"。古树与文物古建、胡同院落、传统村落等相生相伴，密不可分。苍松古柏掩映下的红墙碧瓦已成为北京的代表符号，是古都风貌的重要体现。据普查统计，北京市共有古树名木41000余株，其中，古树40000余株（一级古树6000余株、二级古树34000余株），名木1000余株，分别占全市古树名木总株数的约97%和3%。北京古树名木资源丰富，共有33科56属74种，主要集中在侧柏、油松、圆柏、国槐这四类常见乡土树种，占全市古树名木总数的90%以上。这些古树名木保存了弥足珍贵的种质资源，孕育了绝美的生态奇观，是历史的见证者，承载着广大市民的乡愁情思，也是珍贵的自然文化遗产，具有极其重要的历史、文化、生态、科学价值，

是"活的文物"。天坛公园被绿树簇拥着，这些树不是一般的树，它们是有着逾百岁高龄的天坛古柏树群（侧柏和圆柏），如卫士一般，将天坛"保护"得严严实实。古柏林总面积达25公顷，约占天坛公园总面积的1/8。古柏树种中最有名的是"九龙柏"，它是北京最美十大树王之一，树龄超过600年，西山大觉寺的银杏王、戒台寺的卧龙松等都是北京著名的古树。而国槐则是北京胡同的重要组成，是北京胡同发展和变迁的见证者。

作为具有农业传统历史的北京，也拥有着传统的果树和花卉资源，他们都是现在培育水果难得的种质资源，海棠果（楸子）、槟子、花红、京白梨、国光苹果、玫瑰葡萄、石榴等伴随着我们留下了美好的时光，是我们"小时候的味道"。

北京市位于我国半干旱地区，春季刮着大风，还不时发生着沙尘暴，为改善环境，减少大风或沙尘暴对城市和农业的危害，随着四通八达的道路和网络般的农田农村道路，建起了一道道、一排排的防护林带，生态环境得到了改善。其中，树木最高、防护效益最好、为市民提供最大面积林荫休憩的是毛白杨。

在充分利用野生植物资源的同时，大量的外来物种也为北京的城市建设做出贡献。据不完全统计，北京市引进植物约500种（或含品种），隶属于84科226属。其中，裸子植物约5科19属50种，被子植物约78科200属450种。其中，以蔷薇科、豆科、禾本科和菊科为主。引进植物资源中包含很多植物品种，如菊科、苹果属、芍药属等植物品种，多为经济类或观赏类植物。刺槐成为山区生态建设的重要力量。当然，同时也引入了入侵植物，需要警惕。

华北耧斗菜

第一部分
发挥特性 装点青山

华北落叶松

一、北京森林建群和伞护树种

侧柏

***Platycladus orientalis* (L.) Franco**

柏科 Cupressaceae　侧柏属 *Platycladus*

形态特征：常绿乔木。树皮薄，条状纵裂；小枝扁平。全为鳞形叶，交互对生。雄球花黄色，卵圆形，雌球花近球形，黄绿色。球果成熟后木质，开裂，种鳞倒卵形，覆瓦状排列。花期3~4月，球果10月成熟。

分布及生境：北京见于门头沟和密云等地，生于海拔1400米以上山梁。我国分布几乎遍布全国各地。

用途：干旱地区造林树种；常栽培作庭园树。

华北落叶松

Larix gmelinii var. principis-rupprechtii (Mayr) Pilger

松科 Pinaceae　　落叶松属 Larix

形态特征： 落叶乔木。树皮不规则纵裂，呈小块片状脱落。枝具长短枝。叶条形，扁平，在短枝上簇生，秋天变黄脱落。雌雄同株，球花单生短枝顶端。球果卵球形，成熟时开裂。花期4~5月，球果10月成熟。

分布及生境： 我国特产，北京主要分布于雾灵山与百花山，生于海拔1400米以上，喜光，常形成混交林或纯林。我国主要分布于华北地区。

用途： 我国北方速生针叶树种；优良的荒山造林树种；秋天叶色金黄，是观叶的理想树种。

白杆 *Picea meyeri* Rehder et E. H. Wilson
松科 Pinaceae　云杉属 *Picea*

形态特征： 常绿乔木。树皮灰褐色，裂成不规则的薄块片状脱落；大枝近平展，树冠塔形；一年生枝黄褐色；冬芽圆锥形，芽鳞宿存，反卷。叶四棱状条形，螺旋状互生。花单性，雌雄同株。球果成熟时褐黄色，矩圆状圆柱形，下垂，中部种鳞倒卵形，鳞背露出部分有条纹。种子倒卵圆形。花期4月，球果9月下旬至10月上旬成熟。

分布及生境： 为我国特有树种，北京见于密云区雾灵山。我国产于华北的雾灵山、小五台山、五台山等地，在海拔1600~2700米、气温较低、雨量及湿度较平原为高之处生长，喜灰色、棕色森林土或棕色森林地带。

用途： 用材树种和城市绿化树种。

油松 *Pinus tabuliformis* Carriere
松科 Pinaceae　松属 *Pinus*

形态特征： 常绿乔木。树皮不规则厚鳞状块片开裂。枝平展或向下斜展，老树树冠平顶。叶2针一束，粗硬，边缘有细锯齿，叶鞘宿存。雄球花圆柱形，在新枝下部聚生成穗状，雌球花近顶生，红色。球果卵形或圆卵形，有短梗，向下弯垂，成熟时开裂，常宿存树上数年；鳞盾肥厚，隆起或微隆起，扁菱形或菱状多角形，鳞脐凸起有尖刺。种子卵圆形或长卵圆形。花期4~5月，球果翌年10月成熟。

分布及生境： 为我国特有树种，北京常见于平原庭院及低山处，生于海拔100~2600米地带，多组成单纯林。我国分布于东北（南部）地区、华北地区、西北地区、西南地区。

用途： 用材树种和荒山生态修复树种；北京有大树和古树；是华北地区城市重要的常绿绿化树种。

坚桦

***Betula chinensis* Maxim.**

桦木科 Betulaceae　桦木属 *Betula*

形态特征：灌木或小乔木。树皮黑灰色，纵裂。叶卵形，顶端锐尖或钝圆，基部圆形，边缘具不规则的齿牙状锯齿，叶柄短，密被长柔毛。花单性，雌雄同株。果序单生，近球形，直立或下垂，果苞中裂片长，披针形至条状披针形，明显伸出于果序。小坚果宽倒卵形，具极狭的翅或几近无翅。花期 5 月，果期 7~8 月。

分布及生境：北京山区常见分布，但主要分布于海拔 1000 米附近的山脊两侧和台地。我国分布于东北、华北和西北地区。

用途：重要森林组成树种。

白桦 *Betula platyphylla* Suk.

桦木科 Betulaceae　桦木属 *Betula*

形态特征：落叶乔木，高达 20 米。树皮白色，具白粉，光滑，通常不剥裂。小枝具腺点。单叶互生，具柄，菱状卵形，先端渐尖，边缘有重锯齿，侧脉 5~7 对。花单性，雌雄同株，均组成柔荑花序。果序圆柱形，下垂，果翅较小坚果宽。花期 5~6 月，果期 8 月。

分布及生境：北京见于各区海拔 800 米以上的高山地区，散生于山地中上部的杂木林内。我国分布于东北、华北、西北、华东及西南地区。

用途：产区重要的森林组成树种；木材和树皮各具多种用途。

黑桦 *Betula dahurica* Pall.

桦木科 Betulaceae　桦木属 *Betula*

形态特征：落叶乔木，高达 20 米。树皮黑褐色，鳞块状深沟裂。单叶互生，卵状椭圆形，边缘有不整齐尖锯齿，侧脉 6~8 对。雄柔荑花序下垂，雌柔荑花序直立。果序短椭圆状，单生于短枝顶端，直立。果苞中裂片卵形，果翅较小坚果窄。花期 5~6 月，果期 8 月。

分布及生境：北京见于各区高山地区。生于海拔 800 米以上，低山向阳山坡、山麓较干燥处或杂木林内。我国分布于东北、华北等地区。

用途：为产区重要的森林组成树种；木材具多种用途；北京有大树和古树；是华北地区城市重要的常绿绿化树种。

硕桦 *Betula costata* Trautv.

桦木科 Betulaceae　桦木属 *Betula*

形态特征： 落叶乔木。树皮黄褐色或暗褐色，纸状剥裂。叶卵形或长卵形，顶端渐尖至尾状渐尖，基部圆形或近心形，边缘具细尖重锯齿。花单性，雌雄同株。果序单生，直立或下垂，果苞中裂片长矩圆形，侧裂片矩圆形或近圆形，小坚果果翅宽仅为果的1/2。花期5月，果期6~9月。

分布及生境： 北京见于雾灵山、喇叭沟门，生于海拔600~2400米的山坡或散生于针叶阔叶混交林中。我国分布于东北地区和华北地区（北部）。

用途： 重要森林组成树种。

鹅耳枥 *Carpinus turczaninowii* Hance

桦木科 Betulaceae　鹅耳枥属 *Carpinus*

形态特征： 落叶乔木。树皮灰褐色，粗糙。叶互生，卵形、宽卵形或卵菱形，边缘具重锯齿，侧脉明显。花单性，雌雄同株，花先叶开放，雌花生于苞片内，柱头外露，雄花序弯垂，雄蕊红色。果苞卵形，半包卵形小坚果，脉纹明显。花期5~6月，果期9~10月。

分布及生境： 北京见于各区海拔500~2400米山区，生于阴坡山谷地。我国分布于东北地区（南部）、华北和西北地区。

用途： 木材坚韧，可制农具、家具；可用于园林绿化和庭院树种。

平榛 (榛) *Corylus heterophylla* Fisch. ex Trautv.

桦木科 Betulaceae　榛属 *Corylus*

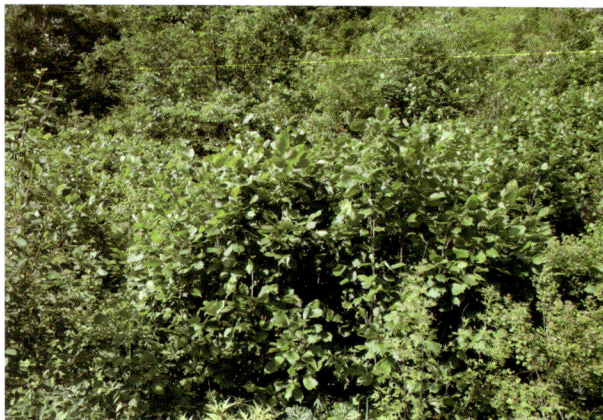

形态特征： 落叶灌木或小乔木。叶互生，矩圆形或宽倒卵形，顶端撕裂状，中央具三角状突尖，基部心形，两侧不相等，边缘具不规则的重锯齿。花单性，雌雄同株，先叶开放。雄花序长圆柱状，雌花具 1 枚苞片和 2 枚小苞片。坚果近球形，总苞叶状，组成钟状，半包坚果。花期 4~5 月，果期 8~10 月。

分布及生境： 北京见于各区山地，生于海拔 200~1000 米的山地阴坡灌丛中。我国分布于东北、华北和西北地区。

用途： 可用于生态修复或城市绿化；种子可食，并可榨油。

小叶朴 (黑弹朴) *Celtis bungeana* Bl.

大麻科 Cannabaceae　朴属 *Celtis*

形态特征： 落叶乔木。树皮灰色或暗灰色，平滑，常具二列排列的枝痕。单叶互生，狭卵形、长圆形、卵状椭圆形至卵形，基部常偏斜，先端尖至渐尖，中部以上疏具不规则浅齿，有时近全缘，基生三出脉。花腋生，杂性同株。核果球形，无毛，单生叶腋，果梗长为叶柄的 2 倍，成熟时紫黑色。花期 4~5 月，果期 10~11 月。

分布及生境： 北京见于各区山地，生于海拔 150~2300 米的路旁、山坡、灌丛或林边。我国东北、华北、西北等地区有分布。

用途： 树形美观，为优良的绿化树种。

蒙古栎

Quercus mongolica Fisch. ex Ledeb.

壳斗科 Fagaceae 栎属 _Quercus_

形态特征： 落叶乔木。树皮纵裂。叶片倒卵形至长倒卵形，顶端短钝尖或短突尖，基部窄圆形或耳形，叶缘钝齿或粗齿状。雄花序为下垂柔荑花序，生于新枝下部；雌花序生于新枝上端叶腋。壳斗杯形，包着坚果壳斗外壁小苞片三角状卵形，呈半球形瘤状突起。坚果卵形至长卵形。花期 4~5 月，果期 9 月。

分布及生境： 北京见于各区山地，常生于海拔 800 米以上，在阳坡、半阳坡形成小片纯林或与桦树等组成混交林。我国见于东北、华北和西北地区。

用途： 山区落叶阔叶林的主要建群种之一；木材可供车船、建筑等用材；叶可饲柞蚕；种子可酿酒或作饲料；树皮可入药；常用于城市绿化。

辽东栎 *Quercus wutaishanica* **Blume**

壳斗科 Fagaceae 栎属 *Quercus*

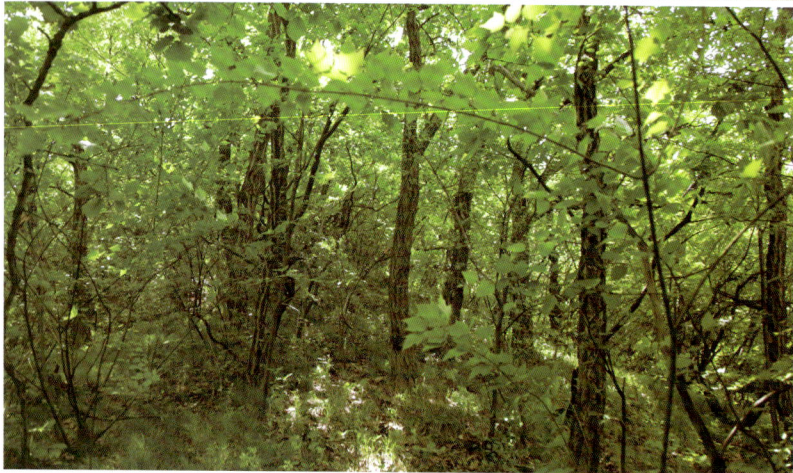

形态特征： 外部形态与蒙古栎 *Quercus mongolica* Fischer ex Ledebour 极其相似，区别仅在于：侧脉常 5~8 对，较蒙古栎少，壳斗小苞片长三角形，扁平，无瘤状突起。花期 4~5 月，果期 9 月。

分布及生境： 北京见于各区山地，常生于阳坡、半阳坡，成小片纯林或混交林。我国分布于华北地区、西北地区和西南地区北部山区。

用途： 山区落叶阔叶林的主要建群种之一；木材可供车船、建筑等用材；叶可饲柞蚕；种子可酿酒或作饲料；树皮可入药；常用于城市绿化。

栓皮栎 *Quercus variabilis* **Blume**

壳斗科 Fagaceae 栎属 *Quercus*

形态特征： 落叶乔木。树皮深纵裂，木栓层发达。叶片卵状披针形或长椭圆形，顶端渐尖，基部圆形或宽楔形，叶缘具刺芒状锯齿，叶背密被灰白色星状绒毛。雄花序为下垂柔荑花序；雌花序生于新枝上端叶腋，单生于总苞内。壳斗半包坚果，苞片钻形，反卷。坚果近球形或宽卵形。花期 3~4 月，果期翌年 9~10 月。

分布及生境： 北京见于各区山地。生于海拔 800 米以下的山地阳坡上。我国分布于除西北部外的全国各地。

用途： 我国主要的落叶阔叶林组成树种。树皮木栓层发达，是软木的主要原料；壳斗、树皮可提取栲胶；果实含淀粉，可发酵做工业酒精。

槲栎 *Quercus aliena* Blume

壳斗科 Fagaceae　栎属 *Quercus*

形态特征： 落叶乔木。树皮深纵裂。叶互生，长椭圆状倒卵形至倒卵形，叶背密生灰白色毛，叶缘具波状钝齿，具短柄。花单性同株，雄花组成下垂的柔荑花序，雌花序生于新枝叶腋。壳斗杯形，小苞片鳞形，坚果椭圆状卵形。花期 4~5 月，果期 9~10 月。

分布及生境： 北京见于各区山地。生于海拔 800 米以下向阳的山坡、平地或疏林中。喜光，耐干旱。我国分布于从东北到西南的大部分地区。

用途： 北京低山地区重要森林组成树种；可用于城市绿化。

迎红杜鹃 *Rhododendron mucronulatum* Turcz.

杜鹃花科 Ericaceae　杜鹃花属 *Rhododendron*

形态特征： 落叶灌木。多分枝，枝叶集生枝顶。叶片质薄，椭圆形或椭圆状披针形，边缘全缘或有细圆齿，疏生褐色鳞片。花两性，伞形花序顶生或假顶生，具花 1~3 朵，先叶开放；花萼 5 裂，被鳞片，无毛或疏生刚毛；花合瓣，花冠喇叭状，淡红紫色，外面被短柔毛，无鳞片；雄蕊 10，不等长，稍短于花冠，花丝下部被短柔毛；子房 5 室，密被鳞片，花柱光滑，长于花冠。蒴果长圆形，先端 5 瓣开裂，花柱宿存。花期 4~5 月，果期 7~8 月。

分布及生境： 北京见于门头沟、延庆、怀柔、密云等区高海拔山区林中。我国分布于内蒙古（东部）、辽宁、河北、山东、江苏（北部）。生于山地灌丛。

用途： 野生花卉，可栽培用于绿化。

松下兰 *Hypopitys monotropa* Crantz

杜鹃花科 Ericaceae　松下兰属 *Hypopitys*

形态特征：多年生腐生草本。全株无叶绿素，白色或淡黄色，肉质。叶鳞片状，直立，互生，上部较稀疏，下部较紧密，卵状长圆形或卵状披针形，边缘近全缘，上部常有不整齐的锯齿。总状花序有 3~8 花；花初下垂，后渐直立，花冠筒状钟形；萼片长圆状卵形，早落；花瓣 4~5，长圆形或倒卵状长圆形，上部有不整齐的锯齿，早落；雄蕊 8~10，短于花冠；花柱直立，柱头膨大成漏斗状，4~5 圆裂。蒴果椭圆状球形。花期 6~7 月，果期 8~9 月。

分布及生境：北京见于门头沟区、密云区，生于林中湿地。我国分布于华北、东北、西北、华东、华中和西南地区。

梧桐杨 *Populus pseudomaximowiczii* C. Wang et Tung

杨柳科 Salicaceae　杨属 *Populus*

形态特征：落叶乔木。小枝粗壮无棱，光滑。芽大，圆锥形，褐色，有黏质。萌枝叶宽卵形或卵状椭圆形，先端突尖，基部心形，边缘有不整齐粗腺齿缘，正面暗绿色，背面苍白色；短枝叶阔卵形或卵形，先端突尖或短渐尖，常扭曲，基部浅心形或近圆形，边缘圆锯齿，有缘毛，正面暗绿色，背面苍白色，两面沿网脉有白长毛；叶柄圆形，具疏毛。花单性，无被，具花盘，组成柔荑花序；雄花序轴具毛，苞片褐色，丝裂，无毛；雌花柱头 2~3 裂。果序轴光滑；蒴果卵圆形，被柔毛，沿缝线较密，3(2) 瓣裂，近无柄。花期 4 月，果期 6 月。

分布及生境：北京见于雾灵山、百花山。我国河北雾灵山和陕西关山一带也有分布。多生于海拔 1000~1600 米山林中。模式标本采自河北省兴隆县雾灵山。

用途：用材和生态恢复树种；可用于城市绿化。

辽吉侧金盏花

Adonis ramosa Franch.

毛茛科 Ranunculaceae　侧金盏花属 Adonis

形态特征： 多年生草本。具根状茎，茎无毛或顶部有稀疏短柔毛，下部或上部分枝。基部和下部叶鳞片状，卵形或披针形；茎中部以上叶无柄或近无柄，宽菱形，二至三回羽状全裂，末回裂片披针形或线状披针形。花两性，花单生茎或枝的顶端；萼片5，灰紫色，全缘或上部边缘有1~2小齿，有短睫毛；花瓣约13，黄色，长圆状倒披针形；雄蕊多数；心皮多数，分离，螺旋状着生于圆锥状的花托上。瘦果倒卵球形或卵球形，通常有隆起的脉网，宿存花柱短。花期3~4月，顶冰开花。

分布及生境： 我国分布于辽宁（东南部）、吉林，生于山坡阳处。北京见于松山等。

用途： 珍稀野生花卉。

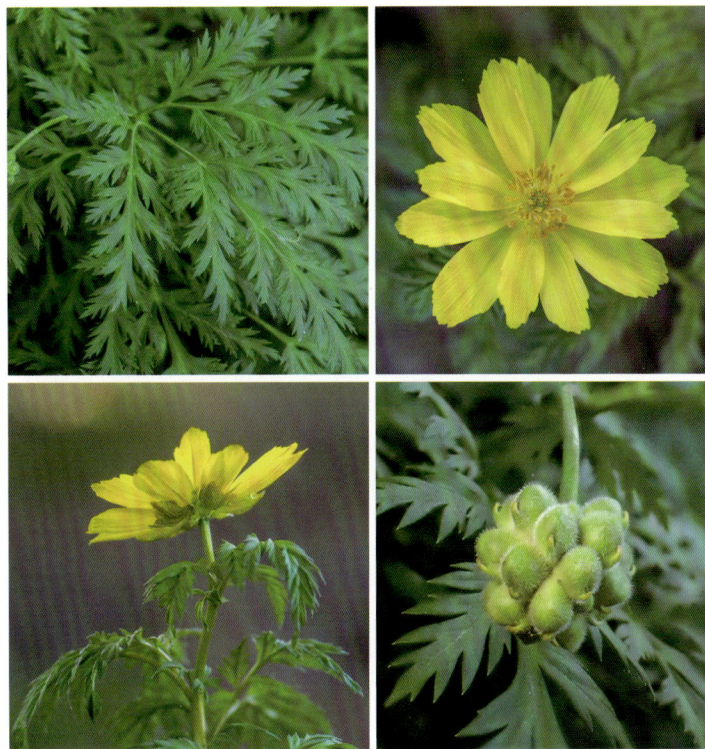

珊瑚苣苔（长柄珊瑚苣苔）

Corallodiscus lanuginosus (Wallich ex R. Brown) B. L. Burtt

苦苣苔科 Gesneriaceae　珊瑚苣苔属 Corallodiscus

形态特征： 多年生岩生草本。根状茎短而粗。叶全部基生，莲座状，外层叶具较长的柄；叶片革质，菱状卵形或菱状长圆形，边缘具细圆齿，正面无毛，呈扇状皱褶，背面疏被短柔毛至近无毛，侧脉每边4条，被毡毛状绵毛。聚伞花序2~3次分枝，2~3条，每花序具6~8朵花。花萼钟状，5裂至近基部，具3脉。花冠筒状，淡紫色，唇形。上唇2裂，下唇3裂。雄蕊4，着生于花冠基部，子房上位，长圆形，花柱与子房近等长，柱头头状，微凹。蒴果线形。花期6~7月。

分布及生境： 北京见于百花山。我国云南西北部、四川西南部及贵州威宁有分布。生于山坡阴湿石灰岩上。

箭报春 *Primula fistulosa* Turkev.

报春花科 Primulaceae　报春花属 *Primula*

形态特征： 多年生草本。根状茎极短，具多数须根。叶丛稍紧密，叶基生，莲座状。叶片矩圆形至矩圆状倒披针形，边缘具不整齐的浅齿。花葶粗壮，中空，呈管状，花两性，辐射对称，5基数，伞形花序通常多花，密集呈球状，花梗等长，被腺毛；花萼钟状或杯状，5分裂；花冠5裂，玫瑰红色或红紫色；雄蕊5，着生于冠筒中上部。蒴果球形，与花萼近等长。花期5~6月。

分布及生境： 北京见于松山，生于林缘或林中空地。我国分布于黑龙江和内蒙古。

用途： 野生花卉。

独角莲 *Sauromatum giganteum* (Engl.) Cusimano et Hetterscheid

天南星科 Araceae　斑龙芋属 *Sauromatum*

形态特征： 多年生宿根草本。块茎被暗褐色鳞片，有7~8环状节，颈部生须根。叶多数，和花序柄同时出现；叶片箭形，叶柄圆柱形，密生紫色斑点，中部以下具膜质叶鞘。佛焰苞管部席卷，常紫红色，稀白色；肉穗花序两性，雌花序短，与雄花序之间有较长间隔；花单性，无花被；雄花雄蕊1~3；雌花子房卵圆形或长圆状卵圆形，1室。浆果卵圆形，成熟时红色。花期6~8月，果期7~9月。

分布及生境： 北京见于上方山。我国河北、山东、吉林、辽宁、河南、湖北、陕西、甘肃、四川至西藏南部均有分布。生于荒地、山坡、水沟旁。

用途： 块茎供药用，中药材"白附子"系独角莲加工而成。

脱皮榆 *Ulmus lamellosa* Wang et S. L. Chang ex L. K. Fu

榆科 Ulmaceae　榆属 *Ulmus*

形态特征： 落叶小乔木。树皮灰色或灰白色，不规则薄片状脱落。单叶互生，倒卵形，先端尾尖或骤凸，基部偏斜，叶双面粗糙，叶背脉腋有簇生毛，叶缘兼有单锯齿与重锯齿。花常自混合芽抽出，春季与叶同时开放。翅果常散生于新枝的近基部，圆形至近圆形，两面及边缘有密毛，果核位于翅果的中部。花期4月，果期5月。

分布及生境： 北京分布于房山、门头沟、延庆、怀柔、密云等山区。我国东北地区南部和华北地区有分布。生于沟谷或山坡杂木林中。

用途： 生态修复树种；树皮斑驳，具有观赏性，树形美观，是潜在的城市绿化树种和山区造林树种。

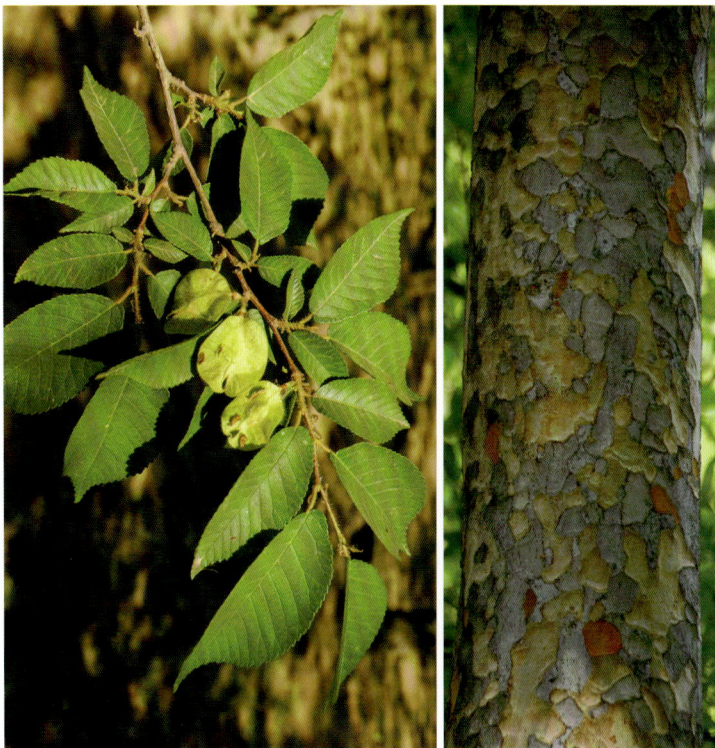

草芍药 *Paeonia obovata* Maxim.

芍药科 Paeoniaceae　芍药属 *Paeonia*

形态特征： 多年生草本。根粗大。二回三出复叶，互生，小叶倒卵形，全缘。花单生茎顶，直径7~10厘米；萼片3~5，不等大，花瓣6，白色、红色、紫红色，雄蕊多数，心皮2~3。蓇葖果卵圆形，果皮反卷成红色。花期5~6月，果期9月。

分布及生境： 北京见于门头沟区百花山、密云区、怀柔区和延庆区海陀山等，生于山地草坡、林缘和杂木林下。我国分布于东北、华北、华东、华中、西南等地区。

用途： 根药用，调经、止痛；花美丽，供观赏。

北枳椇（拐枣）

Hovenia dulcis Thunb.

鼠李科 Rhamnaceae　枳椇属 _Hovenia_

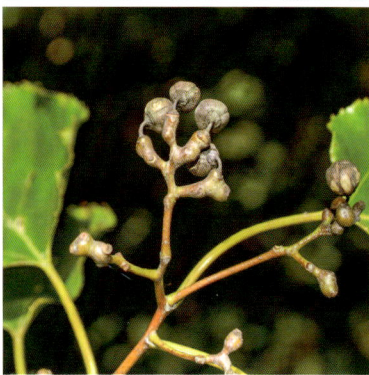

形态特征： 落叶乔木。小枝无毛，有不明显的皮孔。叶片互生，卵圆形、宽矩圆形或椭圆状卵形，顶端短渐尖或渐尖，基部截形，边缘有不整齐的锯齿或粗锯齿，叶基部边缘有黑色的小点状腺体。聚伞圆锥花序顶生或腋生，花黄绿色，具花盘，花序轴结果时膨大。核果状蒴果近球形，成熟时黑色，种子扁圆形，深栗色。花期 5~7 月，果期 8~10 月。

分布及生境： 北京见于上方山石灰岩山地。我国分布于华北、华中等地区。生于海拔 200~1400 米的次生林中或庭园栽培。

用途： 蜜源树种；果序轴可生食；种子可入药；可用于城市绿化。

青檀

Pteroceltis tatarinowii Maxim.

大麻科 Cannabaceae　青檀属 _Pteroceltis_

形态特征： 落叶乔木。树皮呈不规则的长片状剥落。单叶互生，叶薄，宽卵形至长卵形，先端渐尖至尾状渐尖，基部不对称，边缘有不整齐的锯齿，基生三出脉。花单性，雌雄同株。翅果状坚果近圆形或近四方形，翅宽，下端截形或浅心形，顶端有凹缺。花期 5 月，果期 6~7 月。

分布及生境： 中国特有树种，北京见于房山区、昌平区等石灰岩山地。我国分布于华北、华东、西北、华中等地区。

用途： 树皮纤维为传统宣纸的主要原料；为北京城市理想的绿化树种。

有斑百合 *Lilium concolor* var. *pulchellum* (Fisch.) Regel

百合科 Liliaceae　百合属 *Lilium*

形态特征： 多年生草本。鳞茎肉质洁白。叶互生，披针形。花 2~3 朵，顶生，直立。花被片 6，红色，上面具黑紫色斑点，花药紫红色。蒴果圆柱形，具多数种子。花期 6~7 月，果期 8~9 月。

分布及生境： 北京各地山区常见。我国分布于东北、华北及西北地区。生于山坡、林缘及草甸上，海拔可达 2200 米。

用途： 花美丽，可栽培供观赏；鳞茎可食；也可入药治咳嗽。

七筋姑 *Clintonia udensis* Trantv. et Mey.

百合科 Liliaceae　七筋姑属 *Clintonia*

形态特征： 多年生草本。根状茎较短，横走。叶 3~4 枚，纸质或厚纸质，椭圆形，先端骤尖，基部呈鞘状抱茎或后期伸长成柄状。花莛密生白色短柔毛，总状花序有花 3~12 朵，花白色，花被片矩圆形，先端钝圆，外面有微毛。果实球形至矩圆形，自顶端至中部沿背缝线作蒴果状开裂。花期 5~6 月，果期 7~10 月。

分布及生境： 北京见于门头沟、怀柔、密云等区山地。我国见于东北、华北和西北地区。

用途： 具有药用和观赏价值。种群数量少，生境破碎化，易受游人影响。

省沽油 *Staphylea bumalda* DC.

省沽油科 Staphyleaceae 省沽油属 *Staphylea*

形态特征： 落叶灌木或小乔木，高 2~5 米。树皮红褐色。奇数羽状复叶对生，小叶 3，卵圆形，先端尖，缘具细锯齿。圆锥花序顶生；萼片 5，黄白色；花瓣 5，乳白色；雄蕊 5，花柱 2。蒴果膀胱状，扁平，先端 2 浅裂。花期 4~5 月，果期 7~8 月。

分布及生境： 北京见于房山区上方山、昌平区虎峪沟等地，生于低山山坡、山谷疏林中。我国分布于东北、华北至长江流域各地区。

用途： 种子可榨油，制肥皂和油漆。

山丹 *Lilium pumilum* DC.

百合科 Liliaceae 百合属 *Lilium*

形态特征： 多年生草本宿根植物。鳞茎卵形或圆锥形，鳞片白色。叶散生茎中部，线形，中脉在背面突出，边缘有乳头状突起。花两性，单生或数朵成总状花序；花鲜红色，无斑点，下垂；花被片 6，反卷；花药，黄色。蒴果长圆形。花期 7~8 月，果期 9~10 月。

分布及生境： 北京见于百花山、松山、雾灵山等高海拔山区。我国分布于河北、河南、山西、陕西、宁夏、山东、青海、甘肃、内蒙古、黑龙江、辽宁和吉林。生于林缘、林中空地、路边等草地中。

用途： 野生花卉，可栽培供观赏；鳞茎含淀粉，供食用。

千金榆　***Carpinus cordata* Bl.**

桦木科 Betulaceae　鹅耳枥属 *Carpinus*

形态特征： 落叶乔木。叶卵形或矩圆状卵形，顶端渐尖，具刺尖，基部斜心形，边缘具不规则的刺毛状重锯齿。花单性，雌雄同株。果苞覆瓦状排列，外侧的基部无裂片，内侧的基部具一矩圆形内折的裂片，边缘具锯齿，全部遮盖着小坚果。小坚果矩圆形，具不明显的细肋。

分布及生境： 北京见于门头沟、密云、延庆，生于海拔 500~2500 米的较湿润、肥沃的阴山坡或山谷杂木林中。我国分布于东北地区、华北地区、西北地区。

用途： 叶色翠绿，有观赏价值，可用于公园、绿地、小区绿化。

铁木　***Ostrya japonica* Sarg.**

桦木科 Betulaceae　铁木属 *Ostrya*

形态特征： 落叶乔木。树皮暗灰色，粗糙，纵裂成片状。幼枝密被柔毛。单叶互生，叶卵形或卵状披针形，先端渐尖，基部近圆，微心形或宽楔形，叶正面疏被毛，背面脉腋具髯毛，具不规则重锯齿，侧脉 10~15 对，叶柄密被柔毛。花单性，雌雄同株；雄花序为柔荑花序，单生叶腋间，或 2~4 枚聚生，下垂；雌花序呈总状，直立，每苞鳞内具 2 朵雌花，花梗密被柔毛。果序穗状，果苞膜质，囊状，倒卵状长圆形或椭圆形，基部被刚毛；小坚果淡褐色，窄卵球形，有光泽，无毛，具纵肋。

分布及生境： 北京见于雾灵山和千家店镇水头村。生于林中、林缘或悬崖边。我国分布于河北、河南、陕西、甘肃及四川西部。

用途： 森林组成树种，可用于森林恢复等。

北方盔花兰

六、北京的兰科植物

珊瑚兰 *Corallorhiza trifida* Chat.

兰科 Orchidaceae　珊瑚兰属 *Corallorhiza*

形态特征: 腐生小草本。根状茎肉质,多分枝,珊瑚状。无绿叶,被 3~4 枚鞘,膜质,红褐色。总状花序,具 3~7 朵花;花淡黄色或白色;中萼片狭长圆形或狭椭圆形,具 1 脉;花瓣近长圆形,多少与中萼片靠合成盔状;唇瓣近长圆形或宽长圆形,3 裂;唇盘上有 2 条肥厚的纵褶片从下部延伸到中裂片基部。蒴果下垂,椭圆形。花果期 6~8 月。

分布及生境: 北京见于百花山、东灵山、海坨山。我国分布于西北、华北地区。生于海拔 2000~2700 米林下或灌丛中。

凹舌兰

Dactylorhiza viridis (Linnaeus) R. M. Bateman, Pridgeon et M. W. Chase

兰科 Orchidaceae　掌裂兰属 *Dactylorhiza*

形态特征： 多年生陆生小草本。块茎肥厚，掌状裂。茎生叶 2~4 枚，卵状披针形，基部抱茎。总状花序顶生，苞片披针形，叶状；花黄绿色，唇瓣倒披针形，先端 3 裂；距短，囊状。蒴果，直立，椭圆形。花果期 7~9 月。

分布及生境： 北京见于门头沟、密云等区，生于海拔 1000~1900 米高山草地或林缘。我国分布于东北、华北、西南和西北地区。

用途： 可栽培为观赏花卉。

火烧兰

Epipactis helleborine (L.) Crantz.

兰科 Orchidaceae　火烧兰属 *Epipactis*

形态特征： 多年生草本。根状茎粗短，茎上部被短柔毛，下部无毛。叶 4~7 枚，互生；叶片卵圆形、卵形至椭圆状披针形，先端通常渐尖至长渐尖。总状花序，通常具多数花；花苞片叶状，线状披针形；花绿色或淡紫色，下垂，较小；萼片卵状披针形，先端渐尖，花瓣椭圆形；唇瓣中部明显缢缩，下唇兜状，上唇近先端有时脉稍呈龙骨状。蒴果倒卵状椭圆形，具极疏的短柔毛。花期 7 月，果期 9 月。

分布及生境： 北京见于上方山、百花山。我国分布于华北、西北、西南地区。生于海拔 250~3600 米的山坡林下、草丛或沟边。

用途： 可栽培为观赏花卉。

裂唇虎舌兰

Epipogium aphyllum (F. W. Schmidt) Sw.

兰科 Orchidaceae　虎舌兰属 Epipogium

形态特征：腐生兰。地下具珊瑚状分枝的根状茎，茎淡褐色肉质，无绿叶，具数枚膜质鞘。总状花序顶生，具2~6朵花；花苞片狭卵状长圆形；花梗纤细，子房膨大；花黄色而带粉红色或淡紫色晕；萼片披针形或狭长圆状披针形，花瓣与萼片相似；唇瓣近基部3裂；中裂片卵状椭圆形，凹陷，内面常有4~6条紫红色的纵脊；距粗大，末端浑圆。花期8~9月。

分布及生境：北京见于百花山、海坨山、雾灵山。我国东北、华北、西南地区有分布。生于林下、岩隙。

用途：观赏；可起到环境指示作用。

北方盔花兰

Galearis roborowskyi (Maxim.) S. C. Chen, P. J. Cribb et S. W. Gale

兰科 Orchidaceae　盔花兰属 Galearis

形态特征：多年生草本。叶1枚，罕2枚，基生，叶片卵形、卵圆形或狭长圆形，基部收狭成抱茎的柄。花序具1~5朵花，常偏向一侧；花苞片卵状披针形至披针形；花紫红色，萼片近等大；中萼片卵形或卵状长圆形，凹陷呈舟状，与花瓣靠合呈兜状；花瓣卵形，较萼片稍短小，先端钝或急尖，边缘无睫毛；唇瓣宽卵形，基部具距，前部3裂，侧裂片扩展，边缘波状，中裂片先端钝，无睫毛；距圆筒状，下垂。花期6~7月。

分布及生境：北京见于海坨山。我国分布于华北、西北地区。生于海拔1700~4500米的山坡林下、灌丛下及高山草地上。

用途：观赏；可起到环境指示作用。

河北盔花兰 *Galearis tschiliensis* (Schlechter) S. C. Chen

兰科 Orchidaceae　盔花兰属 *Galearis*

形态特征：多年生草本。具肉质根状茎。叶1枚，基生，叶片长圆状匙形或匙形，基部收狭，具与叶片近等长的柄，抱茎，叶正面无紫斑。花序具1~6朵花，多偏向一侧；花苞片披针形，先端渐尖；花紫红色、淡紫色或白色；萼片长圆形，先端钝；中萼片凹陷呈舟状，与花瓣靠合呈兜状；花瓣长圆状披针形，先端急尖；唇瓣卵状披针形或卵状长圆形，与花瓣近等长，无距，边缘全缘或稍波状，无睫毛。花期6~8月。

分布及生境：北京见于东灵山、海坨山。我国分布于河北、山西、陕西、甘肃、青海（南部）、四川（西部）和云南（西北部）地区。生于海拔1600~4100米的山坡林下或草地上。

用途：观赏；可起到环境指示作用。

十字兰 *Habenaria schindleri* Schltr.

兰科 Orchidaceae　玉凤花属 *Habenaria*

形态特征：多年生草本。块茎肉质，长圆形或卵圆形。茎具多枚疏生的叶，中下部的叶4~7枚，线形。总状花序具多数花，花序轴无毛；花苞片线状披针形至卵状披针形，无毛；花白无毛；中萼片卵圆形，凹陷呈舟状，先端钝，与花瓣靠合呈兜状；侧萼片强烈反折，斜长圆状卵形，先端近急尖；花瓣轮廓半正三角形，2裂；唇瓣基部线形，中部以下3深裂，呈"十"字形，裂片线形，近等长；距下垂，近末端突然膨大，粗棒状。花期7~9月。

分布及生境：北京见于百花山和松山。我国分布于东北、华北、华东地区。生于海拔240~1700米的山坡林下或沟谷草丛中。

用途：观赏；可起到环境指示作用。

113

裂瓣角盘兰

Herminium alaschanicum Maxim.

兰科 Orchidaceae　角盘兰属 *Herminium*

形态特征： 多年生草本。块茎圆球形，肉质。茎无毛，下部具 2~4 枚叶，在叶之上有 3~5 枚苞片状小叶。叶片狭椭圆状披针形，基部渐狭并抱茎。总状花序具多数花，圆柱状；花苞片披针形，先端尾状；花小，绿色，垂头钩曲，萼片卵形；花瓣直立，中部骤狭呈尾状且肉质增厚，或多或少呈 3 裂；唇瓣近长圆形，基部凹陷具距，前部 3 裂至近中部；距长圆状，向前弯曲。花期 6~9 月。

分布及生境： 北京见于黄草梁及玉渡山和松山。我国分布于华北、西北、西南地区。生于海拔 1800~4500 米的山坡草地、高山栎林下或山谷灌丛草地。

用途： 观赏。

角盘兰

Herminium monorchis (L.) R. Br.

兰科 Orchidaceae　角盘兰属 *Herminium*

形态特征： 多年生草本。块茎球形肉质。茎下部具 2~3 枚叶，叶片狭椭圆状披针形或狭椭圆形，基部渐狭并略抱茎。总状花序具多数花，圆柱状，长达 15 厘米；花苞片线状披针形，先端长渐尖，尾状；花小，黄绿色，垂头，萼片近等长；花瓣近菱形，上部肉质增厚；唇瓣与花瓣等长，肉质增厚，基部凹陷呈浅囊状，近中部 3 裂，中裂片线形；侧裂片三角形，较中裂片短。花期 6~7 月。

分布及生境： 北京见于百花山、东灵山、松山和雾灵山。我国常见于东北、华北、华东、西南地区。生于海拔 600~4500 米的山坡阔叶林至针叶林下、灌丛中、山坡草地或河滩沼泽草地中。

用途： 块茎、全草在民间常作药用。

羊耳蒜 *Liparis campylostalix* H. G. Reichenbach

兰科 Orchidaceae　羊耳蒜属 *Liparis*

形态特征：多年生草本。假鳞茎宽卵形，较小。叶2枚，卵形至卵状长圆形，长2~5.5厘米，宽1~3厘米，基部收狭成鞘状柄，无关节。总状花序具数朵至10余朵花；花苞片卵状披针形；花淡紫色；中萼片线状披针形；侧萼片略斜歪，亦具3脉；花瓣丝状；唇瓣近倒卵状椭圆形，从中部多少反折，边缘具不规则细齿，基部收狭，无胼胝体。蒴果倒卵形。花期7月。

分布及生境：北京见于百花山、松山和喇叭沟门。我国分布于华北、西南地区。生于海拔2650~3400米林下岩石积土上或松林下草地上。

用途：观赏。

原沼兰 *Malaxis monophyllos* (L.) Sw.

兰科 Orchidaceae　原沼兰属 *Malaxis*

形态特征：地生草本。假鳞茎卵形，较小。叶通常1枚，较少2枚，卵形、长圆形或近椭圆形，基部收狭成柄。总状花序狭长，具数十朵或更多的花；花苞片披针形；花小，淡黄绿色至淡绿色；萼片条形；花瓣近丝状或极狭的披针形；唇瓣位于上方，宽卵形，顶端尾尖；唇盘近圆形、宽卵形或扁圆形，中央略凹陷，两侧边缘变肥厚并具疣状突起，基部两侧有一对钝圆的短耳。蒴果倒卵形或倒卵状椭圆形。花果期7~8月。

分布及生境：北京见于百花山、松山和雾灵山。我国分布于东北、华北、西南地区。生于林下、灌丛中或草坡上，海拔高度变化较大。

用途：观赏。

尖唇鸟巢兰　*Neottia acuminata* Schltr.

兰科 Orchidaceae　鸟巢兰属 *Neottia*

形态特征：腐生草本。茎中部以下具 3~5 枚鞘，无绿叶；鞘膜质，抱茎。总状花序顶生，通常 20 余朵花；花序轴无毛；花苞片长圆状卵形，先端钝，无毛；花小，黄褐色，常 3~4 朵聚生而呈轮生状；萼片、花瓣、唇瓣相似，狭披针形至狭卵状披针形；唇瓣不裂，边缘稍内弯。蒴果椭圆形。花果期 6~8 月。

分布及生境：北京见于百花山、东灵山、松山和雾灵山。我国分布于华北、西南、西北地区。生于海拔 1500~4100 米的林下或荫蔽草坡上。

用途：观赏。

北方鸟巢兰　*Neottia camtschatea* (L.) Rchb. F.

兰科 Orchidaceae　鸟巢兰属 *Neottia*

形态特征：腐生草本。茎上部疏被乳突状短柔毛，中部以下具 2~4 枚膜质鞘，无绿叶。总状花序顶生，具 12~25 朵花；花序轴被乳突状短柔毛；花苞片近狭卵状长圆形，膜质；花淡绿色至绿白色；萼片舌状长圆形，背面疏被短柔毛；花瓣线形，无毛；唇瓣楔形，先端 2 深裂；裂片狭披针形或披针形，边缘具细缘毛。蒴果椭圆形。花果期 7~8 月。

分布及生境：北京见于百花山和松山。我国分布于华北、西北地区。生于海拔 2000~2400 米的林下或林缘腐殖质丰富、湿润处。

用途：观赏。

对叶兰 ***Neottia puberula* (Maximowicz) Szlachetko**

兰科 Orchidaceae　鸟巢兰属 *Neottia*

形态特征： 多年生草本。具细长的根状茎。茎近中部处具2枚对生叶，叶片心形、宽卵形或宽卵状三角形，基部宽楔形或近心形，边缘常多少呈皱波状。总状花序，被短柔毛，疏生4~7朵花，绿色，很小；花苞片披针形，无毛；萼片卵状披针形；花瓣线形；唇瓣窄倒卵状楔形或长圆状楔形，先端2裂。蒴果倒卵形。花期7~9月，果期9~10月。

分布及生境： 北京见于百花山和松山。我国分布于东北、华北、西南地区。生于海拔1400~2600米的密林下阴湿处。

用途： 观赏。

二叶兜被兰 ***Neottianthe cucullata* (L.) Schltr.**

兰科 Orchidaceae　兜被兰属 *Neottianthe*

形态特征： 多年生陆生小草本，高约15厘米。肉质块茎球形。基生叶2枚，卵形，两面淡绿色，具紫褐色斑，茎生叶退化。花序总状，顶生，花多数，偏生一侧；花粉红色，唇瓣先端3深裂，裂片披针形，距细长，向前弯曲。花期6~7月，果期7~8月。

分布及生境： 北京见于门头沟、海淀、密云等区山地，油松林下常见，生于海拔1000米以上的草甸、林缘或林中。我国分布于东北、华北、西南和西北地区。

用途： 可栽培为观赏花卉。

二叶舌唇兰

Platanthera chlorantha Cust. ex Rchb.

兰科 Orchidaceae 舌唇兰属 *Platanthera*

形态特征： 多年生陆生小草本，高30~50 厘米。块根 1~2 个。基生叶 2枚，倒披针状椭圆形，光滑，叶脉不明显，茎生叶退化。总状花序顶生，具 10 多朵花；花淡白色，唇瓣长舌状，距细长，弯曲成镰刀状。蒴果，具喙。花期 6~7 月，果期 7~8 月。

分布及生境： 北京见于百花山、松山、喇叭沟门和雾灵山，生于海拔1000~1500 米山坡林下或草地。我国分布于东北、华北、西南和西北地区。

用途： 可栽培供观赏。

蜻蜓兰

Platanthera souliei Kraenzl.

兰科 Orchidaceae 舌唇兰属 *Platanthera*

形态特征： 多年生草本。根状茎指状，肉质。茎粗壮，下部具 2~3 枚叶较大，大叶片倒卵形或椭圆形。总状花序狭长，具多数密生的花；花苞片狭披针形；花小，黄绿色；中萼片凹陷呈舟状，卵形；侧萼片斜椭圆形，较中萼片稍长而狭；花瓣斜椭圆状披针形，稍肉质；唇瓣舌状披针形，肉质，基部两侧各具 1 枚小的侧裂片；距细圆筒状，下垂，稍弧曲，向末端略微增粗。花期6~8 月，果期 9~10 月。

分布及生境： 北京见于浦洼、喇叭沟门和雾灵山，生于海拔 400~3800 米的山坡林下或沟边。我国分布于东北、华北、西南地区。

用途： 观赏。

小花蜻蜓兰

Platanthera ussuriensis (Regel et Maack) Maxim.

兰科 Orchidaceae　舌唇兰属 *Platanthera*

形态特征： 多年生草本。根状茎指状，肉质。茎下部具 2~3 枚大叶，其上具 1 至数枚小叶。大叶片匙形或狭长圆形。总状花序具 10~20 余朵较疏生的花，花苞片狭披针形；花较小，淡黄绿色；中萼片凹陷呈舟状，宽卵形；侧萼片狭椭圆形，较中萼片略窄长；花瓣狭长圆状披针形，与中萼片靠合，稍肉质；唇瓣舌状披针形，稍下弯，肉质，基部两侧各具 1 枚近半圆形侧裂片，中裂片舌状披针形或舌状；距细圆筒状，下垂，向末端几乎不增粗。花期 7~8 月。果期 9~10 月。

分布及生境： 北京见于海淀区山区。我国常见于华北、华东地区。生于海拔 400~2800 米的山坡林下、林缘或沟边。

绥草

Spiranthes sinensis (Pers.) Ames

兰科 Orchidaceae　绥草属 *Spiranthes*

形态特征： 多年生陆生草本。根数条，肉质。茎直立，纤细。基生叶 2~4 枚，线状披针形，茎生叶通常 2 枚，互生，小。总状花序具多数密生的花，似穗状，花呈螺旋状扭转排列。花小，粉红色或紫红色。蒴果，椭圆形。花期 6~8 月，果期 8~9 月。

分布及生境： 北京偶见于各山区，生于林缘、湿草地及林下。广布于全国各地。

用途： 为保护植物；全草入药；花美丽，可栽培供观赏。

水毛茛

七、北京的湿地植物

莲（荷花）

Nelumbo nucifera Gaertn.
莲科 Nelumbonaceae　莲属 *Nelumbo*

形态特征： 多年生水生草本。根状茎横生，肥厚，节间膨大，内有多数纵行通气孔道，节部缢缩。叶圆形，盾状，全缘稍呈波状，叶柄粗壮，中空，具刺。花梗长，花大，美丽，芳香；花瓣红色、粉红色或白色，矩圆状椭圆形至倒卵形。坚果椭圆形或卵形，果皮革质，坚硬，熟时黑褐色。种子（莲子）卵形或椭圆形，种皮红色或白色。花期6~8月，果期8~10月。

分布及生境： 北京各区均有栽培，分布于我国南北各地。自生或栽培在池塘、湖泊或水田内。

用途： 花美丽，可供观赏；根状茎（藕）作蔬菜或提制淀粉（藕粉）；种子供食用；植株各部位常作药用。

紫荆

一、北京城市绿化植物

银杏 *Ginkgo biloba* L.

银杏科 Ginkgoaceae　银杏属 *Ginkgo*

形态特征： 落叶乔木。树皮灰色，纵裂。树冠幼时圆锥形，老时宽卵形。叶在长枝上互生，在短枝上簇生，具长柄，叶片扇形，先端常 2 裂。雌雄异株。雄球花柔荑花序状，雌球花具长柄，顶端生两个直立胚珠。种子核果状，熟时黄色。花期 4~5 月，种子成熟期 9~10 月。

分布及生境： 北京常种植于庭园或作行道树。我国野生状态的银杏可见于浙江、湖北等地，现各地普遍栽培。

用途： 中国特有珍稀树种，为优美园林树种；种子可食，入药有止咳平喘作用，叶含多种活性物质，具有提高机体功能的保健作用。

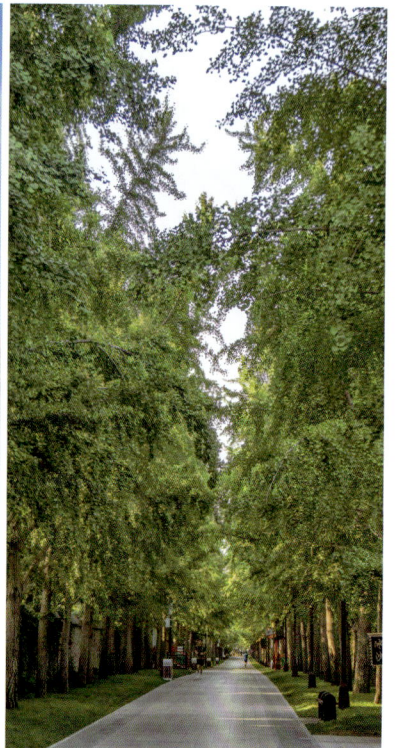

圆柏 *Juniperus chinensis* L.

柏科 Cupressaceae　刺柏属 *Juniperus*

形态特征：常绿乔木。树皮深灰色，呈条片开裂。叶二型，刺叶生于幼树之上，老龄树则全为鳞叶。雌雄异株，稀同株，雄球花黄色，椭圆形。球果近圆球形，两年成熟，熟时暗褐色，种子卵圆形。花期4~5月，果期翌年10~11月。

分布：北京常见的城市绿化树种，广泛栽培。我国分布广泛，除新疆、西藏外几乎均有分布。

用途：重要的园林绿化树种。

叉子圆柏 *Juniperus sabina* L.

柏科 Cupressaceae　刺柏属 *Juniperus*

形态特征：匍匐灌木。枝皮灰褐色，裂成薄片脱落。叶二型，刺叶常生于幼树上，交互对生或兼有三叶交叉轮生，鳞叶排列紧密，斜方形或菱状卵形。雌雄异株，稀同株，雄球花椭圆形或矩圆形。球果生于向下弯曲的小枝顶端，熟前蓝绿色，熟时褐色至紫蓝色或黑色。花期4~5月，果期9~10月。

分布及生境：北京各公园均有栽培，用作绿化。我国分布于华北和西北地区。海拔1100~2800米地带的多石山坡，或生于沙丘上。

用途：耐旱性强，可作水土保持及固沙造林树种。

侧柏 *Platycladus orientalis* (L.) Franco

柏科 Cupressaceae　侧柏属 *Platycladus*

侧柏详细内容见第 8 页。

水杉 *Metasequoia glyptostroboides* Hu et W. C. Cheng

柏科 Cupressaceae　水杉属 *Metasequoia*

形态特征： 落叶大乔木。树冠尖塔形至广圆形，树干基部常膨大，树皮长条状脱落。侧生小枝排成羽状，叶、花各部和种鳞均交互对生。条形叶在脱落性侧枝上排成羽状，冬季与枝一同脱落。雄球花总状或圆锥状花序秋季形成，雌球花单生侧生小枝顶端。球果当年成熟，下垂，近球形，种鳞盾形。花期 4~5 月，球果 10~11 月成熟。

分布及生境： 原产湖北利川等地，我国各地普遍引种，北至辽宁，南至广东，东至江苏、浙江，西至云南、四川、陕西南部，为受欢迎的绿化树种之一。北京于 20 世纪 50 年代引种栽培，国家植物园北园的樱桃沟种植的水杉林长势好，引种极为成功。

用途： 适应性强，喜水湿环境。树冠塔形，冬季落叶时树叶红褐色，具观赏性。是湿地、水边和城市湿地公园的理想绿化树种。

白皮松　*Pinus bungeana* Zucc. ex Endl.
松科 Pinaceae　松属 *Pinus*

形态特征： 常绿乔木。树皮光滑，灰绿色，呈不规则薄片状脱落，脱落痕为淡黄绿色或粉白色。叶3针一束，叶鞘脱落。雌雄同株，雄球花数对生于当年生枝基部，雌球花单生。球果两年成熟，熟时开裂。花期4~5月，球果成熟期翌年9~10月。

分布及生境： 北京常见栽培于平原庭院，喜钙质土壤。中国特有树种，我国分布于山西、陕西、河南、湖北、四川等地。

用途： 树形优美，树皮别致，抗污染能力强，为珍贵庭园观赏树种。

东北红豆杉　*Taxus cuspidata* Siebold et Zucc.
红豆杉科 Taxaceae　红豆杉属 *Taxus*

形态特征： 常绿乔木或灌木状。树皮红褐色，有浅裂纹，枝条密生。条形叶排成不规则二列；叶正面深绿色，背面有两条灰绿色气孔带。球花单性，单生叶腋，雌雄异株。种子成熟时，外具由圆盘状的珠托发育的肉质杯状、红色的假种皮。花期5~6月，种子9~10月成熟。

分布及生境： 产于吉林。北京常见栽培。

用途： 是北方珍贵的常绿城市绿化树种。耐修剪，可整形。

179

元宝枫

Acer truncatum **Bunge**

槭树科 Aceraceae 槭属 *Acer*

元宝枫详细内容见第 31 页。

油松

Pinus tabuliformis **Carriere**

松科 Pinaceae 松属 *Pinus*

油松详细内容见第 10 页。

流苏树

Chionanthus retusus **Lindl. et Paxt.**

木犀科 Oleaceae 流苏树属 *Chionanthus*

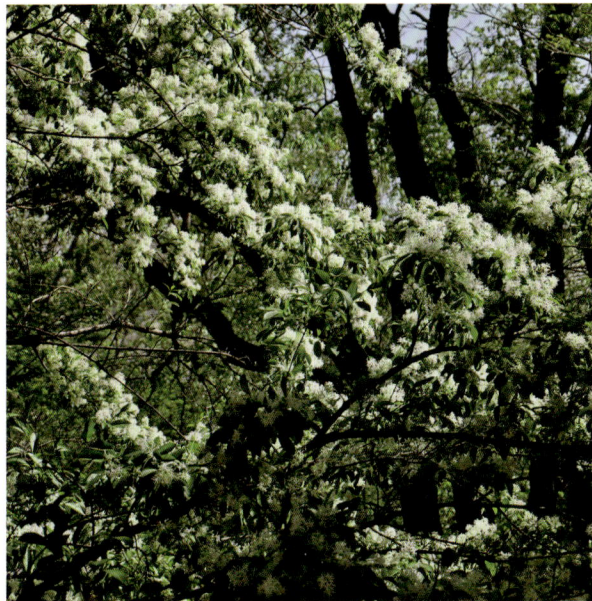

流苏树详细内容见第 95 页。

紫叶小檗

Berberis thunbergii **var.** *atropurpurea* **Chenault**

小檗科 Berberidaceae 小檗属 *Berberis*

形态特征： 落叶灌木。叶菱状卵形，紫红色。花 2~5 朵成具短总梗并近簇生的伞形花序，花被黄色，小苞片红色，外轮萼片卵形，内轮萼片稍大于外轮萼片，花瓣长圆状倒卵形，先端微缺。浆果红色，椭圆形，稍具光泽。花期 4~6 月，果期 7~10 月。

分布及生境： 北京各公园绿化常见栽培。原产日本，中国各地广泛栽培。喜阳，耐半阴，耐寒。

用途： 重要的园林绿化植物，良好的观叶植物。

楸（楸树） *Catalpa bungei* C. A. Mey

紫葳科 Bignoniaceae　梓属 *Catalpa*

形态特征：落叶小乔木。叶三角状卵形或卵状长圆形，顶端长渐尖，基部截形、阔楔形或心形。顶生伞房状总状花序，有花 2~12 朵，花冠淡红色，内面具有 2 黄色条纹及多数暗紫色斑点。蒴果线形。花期 5~6 月，果期 6~10 月。

分布及生境：北京各公园、庙宇多有种植栽培。我国常分布于华北、西北等地区。各地均有栽培。

用途：树干通直、高大挺拔、花朵鲜艳硕大、枝叶茂盛，是优良的城市绿化树种，有极高的经济、观赏和药用价值。

梓（梓树） *Catalpa ovata* G. Don

紫葳科 Bignoniaceae　梓属 *Catalpa*

形态特征：落叶乔木。树冠伞形，主干通直。叶对生或近于对生，有时轮生，阔卵形，顶端渐尖，基部心形，全缘或浅波状，常 3 浅裂。顶生圆锥花序，花冠钟状，淡黄色，内面具 2 条黄色条纹及多数紫色斑点。蒴果线形，下垂。花期 5~6 月，果期 10~11 月。

分布及生境：北京各公园均有栽培。我国分布于长江流域及以北地区，生长于海拔 500~2500 米的低洼山沟或河谷，野生梓树少见。

用途：木材白色稍软，可作家具；嫩叶可食；叶或树皮可作农药；果实入药。

第二部分　见证历史　美化北京

182

黄杨 *Buxus sinica* (Rehder et E. H. Wilson) M. Cheng

黄杨科 Buxaceae　黄杨属 *Buxus*

形态特征：常绿灌木。枝圆柱形，小枝四棱形。叶薄革质，阔椭圆形或阔卵形，叶片无光或光亮，侧脉明显凸出。头状花序，腋生，密集，花序被毛，苞片阔卵形；雄花无花梗，外萼片卵状椭圆形，内萼片近圆形，无毛；雌花子房较花柱稍长，无毛。蒴果近球形。花期3月，果期5~6月。

分布及生境：北京常见栽培。我国分布于华东地区。生于海拔1000米岩石上。

用途：常作绿篱植物。

金银忍冬 *Lonicera maackii* (Rupr.) Maxim.

忍冬科 Caprifoliaceae　忍冬属 *Lonicera*

形态特征： 落叶灌木。叶纸质，卵状椭圆形至卵状披针形，顶端渐尖或长渐尖，基部宽楔形至圆形。花芳香，生于幼枝叶腋，相邻两萼筒分离，萼檐钟状，萼齿宽三角形或披针形，花冠先白色后变黄色，唇形。果实暗红色，圆形。花期5~6月，果熟期8~10月。

分布及生境： 我国分布广泛。生于海拔1800米林中或林缘溪流附近的灌木丛中。

用途： 茎皮可制人造棉；花可提取芳香油；种子榨成的油可制肥皂。

柿（柿树） *Diospyros kaki* Thunb.

柿科 Ebenaceae　柿属 *Diospyros*

形态特征： 落叶大乔木。叶纸质，卵状椭圆形至倒卵形或近圆形。雌雄异株，花序腋生，聚伞花序，花萼钟状，深4裂，花冠钟状，黄白色，宿存萼在花后增大增厚。浆果球形、扁球形。花期5~6月，果期9~10月。

分布及生境： 北京各区均有种植。原产我国长江流域。喜富含钙质的土壤。磨盘柿是北京有名的品种。

用途： 著名栽培果树；寿命长，叶大荫浓，霜叶红色，柿实殷红不落，是优良的风景树。

白杜（华北卫矛、丝棉木）

Euonymus maackii Rupr.
卫矛科 Celastraceae　卫矛属 *Euonymus*

形态特征： 落叶灌木或小乔木。树皮具纵条纹。叶对生，椭圆形，先端渐尖，基部楔形，缘具细齿。聚伞花序，腋生；花淡绿色，4 数，花药紫色，花盘肥大。蒴果，上部 4 裂。种子具橙红色假种皮。花期 5~6 月，果期 9 月。

分布及生境： 北京各区均有栽培或野生，生于林缘、路旁。我国除广东、广西和西南地区外，其余各地均有分布。

用途： 园林绿化。

蜡梅 *Chimonanthus praecox* (L.) Link

蜡梅科 Calycanthaceae　蜡梅属 *Chimonanthus*

形态特征： 落叶灌木。叶纸质至近革质，卵圆形。花着生于翌年生枝条叶腋内，先花后叶，芳香，花被片圆形或匙形，内部花被片比外部花被片短，基部有爪。瘦果果托木质化，坛状或倒卵状椭圆形。花期 11 月至翌年 3 月，果期 4~11 月。

分布： 北京各公园、庙宇、庭院常见栽培。北京上方山、卧佛寺和北海永安寺蜡梅均距今百逾年。我国华北、华东、西南地区有分布。

用途： 花芳香美丽，是园林绿化植物；根、叶、花可药用；种子有毒，不可误食。

紫荆 *Cercis chinensis* Bunge

豆科 Fabaceae　紫荆属 *Cercis*

形态特征： 落叶灌木至小乔木。单叶互生，叶近圆形或三角状圆形，全缘，叶缘膜质透明，先端急尖，基部浅心形或深心形，具掌状叶脉，两面通常无毛；叶柄无毛，两端膨大。花两性，假蝶形花冠，紫红色或粉红色，2~10 朵成束，簇生于老枝和主干上，常先叶开放。荚果扁平，于腹缝线一侧常有狭翅。花期 4 月，果期 8~10 月。

分布及生境： 北京常见栽培观花木本植物，模式标本（栽培植物）采自北京。我国除东北、西北西部地区外，均有栽培。多植于庭园、屋旁、寺街边，少数生于密林或石灰岩地区。

用途： 花色美丽，为常见城市花灌木。

刺槐 *Robinia pseudoacacia* L.
豆科 Fabaceae　刺槐属 *Robinia*

形态特征： 落叶乔木。树皮灰黑褐色，纵裂。奇数羽状复叶，互生，小叶 9~19 片，卵形或卵状长圆形，全缘；叶柄基部常有 2 托叶刺。总状花序腋生，下垂；花冠蝶形，白色，栽培品种有红色，芳香。荚果扁平，线状长圆形，深褐色。花果期 5~9 月。

分布及生境： 北京低海拔地区常见栽培。原产美国，我国各地普遍引种栽培，生境广泛。

用途： 可作行道树；花可食，蜜源植物，种子榨油。

槐（国槐） *Styphnolobium japonicum* (L.) Schott
豆科 Fabaceae　槐属 *Styphnolobium*

形态特征： 落叶乔木。树皮灰褐色，具纵裂纹。羽状复叶长，叶柄基部膨大，包裹着芽，小叶 4~7 对，对生或近互生，卵状披针形或卵状长圆形。圆锥花序顶生，常呈金字塔形，花冠白色或淡黄色。荚果串珠状。花期 7~8 月，果期 8~10 月。

分布及生境： 在北京广为栽培，是城市绿化的主干树种。被誉为北京的"市树"。我国南北各地广泛栽培，华北和黄土高原地区尤为多见。

用途： 树冠优美，花芳香，可作行道树，是优良的蜜源植物。

187

紫薇 *Lagerstroemia indica* L.

千屈菜科 Lythraceae　紫薇属 *Lagerstroemia*

形态特征： 落叶灌木或小乔木。树皮平滑，灰色或灰褐色，枝干多扭曲，小枝纤细，具4棱，略呈翅状。叶互生或有时对生，椭圆形。顶生圆锥花序，花淡红色或紫色、白色。蒴果椭圆状球形，成熟时或干燥时呈紫黑色，室背开裂。花期6~9月，果期9~12月。

分布及生境： 我国分布于华南、西南、华东、华北地区。阴生，喜生于肥沃湿润的土壤上，也能耐干旱，不论钙质土或酸性土上都能生长良好。

用途： 庭园观赏树；也可药用。

木槿 *Hibiscus syriacus* L.

锦葵科 Malvaceae　木槿属 *Hibiscus*

形态特征： 落叶灌木。小枝密被黄色星状绒毛。叶菱形至三角状卵形，具深浅不同的3裂或不裂。花单生于枝端叶腋间，花萼钟形，裂片5，花瓣倒卵形，淡紫色，外面疏被纤毛和星状长柔毛。蒴果卵圆形，密被黄色星状绒毛。花果期7~10月。

分布及生境： 北京城区广泛栽培观赏，品种多样。我国分布于华东、西南、华南、华北地区。

用途： 园林观赏植物；入药可治疗皮肤癣疮。

杂交鹅掌楸 *Liriodendron chinense × tulipifera*

木兰科 Magnoliaceae 鹅掌楸属 *Liriodendron*

形态特征： 落叶乔木。主干通直，叶形似马褂，先端略凹。花大，清香，单生枝顶，花被片9，外轮绿色，萼片状，向外弯垂，内2轮直立，花瓣状，黄色，倒卵形，雄蕊多数，雌蕊群心皮多数。聚合果纺锤形，由多个带翅小坚果组成。花期5~6月，果期10月。

分布及生境： 我国长江流域以南及青岛、西安、河南、北京等地均有栽培。喜光、喜温暖湿润气候，有一定的耐寒性，喜酸性土壤。

用途： 可作行道树，广泛应用于庭院、公园、道路及厂区绿化。

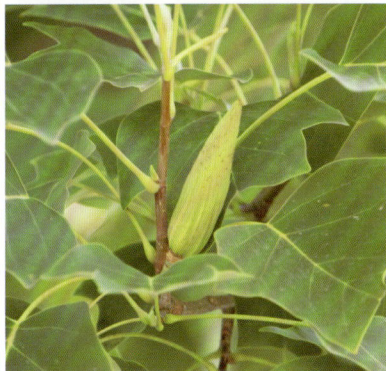

玉兰 *Yulania denudata* (Desr.) D. L. Fu

木兰科 Magnoliaceae 玉兰属 *Yulania*

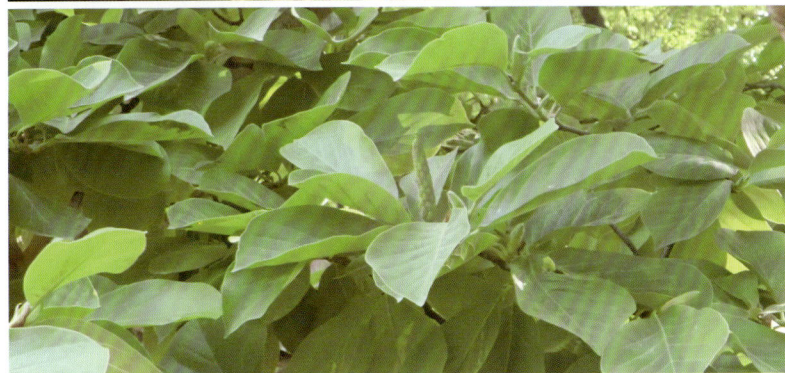

形态特征： 落叶乔木。冬芽及花梗密被淡灰黄色长绢毛。叶纸质，倒卵形，有明显托叶痕。花先叶开放，直立，芳香，花梗显著膨大，密被淡黄色长绢毛，花被片9，白色，基部常带粉红色，长圆状倒卵形。聚合果圆柱形，蓇葖果厚木质。花期2~3月，果期8~9月。

分布及生境： 我国分布于华东地区。现全国各大城市广泛栽培。

用途： 驰名中外的庭园观赏树种；花蕾可入药；花含芳香油，可提取配制香精或制浸膏。

189

连翘 *Forsythia suspensa* (Thunb.) Vahl

木犀科 Oleaceae　连翘属 *Forsythia*

形态特征： 落叶灌木。枝开展，小枝中空，节部具实心髓。叶通常为单叶，或 3 裂至三出复叶。花通常单生或 2 至数朵着生于叶腋，先叶开放，花萼绿色，花冠黄色，裂片倒卵状长圆形或长圆形。蒴果卵球形。花期 3~4 月，果期 7~9 月。

分布及生境： 我国常见于华东、华北地区。生于海拔 250~2200 米山坡灌丛、林下或草丛中，及山谷、山沟疏林中。

用途： 著名的早春观花、绿化植物；果实入药，具清热解毒的功效。

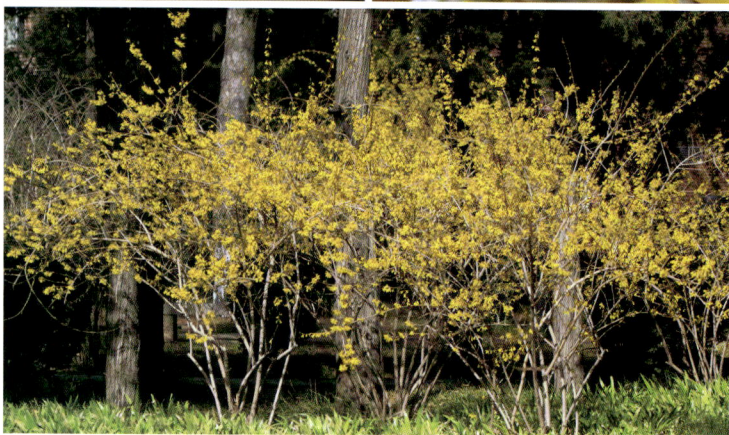

迎春（迎春花）*Jasminum nudiflorum* Lindl.

木犀科 Oleaceae　素馨属 *Jasminum*

形态特征： 落叶灌木，直立或匍匐。叶对生，三出复叶，小枝基部常具单叶，小叶片卵形或椭圆形。花单生于去年生小枝的叶腋，花萼绿色，裂片 5~6 枚，花冠黄色，裂片 5~6 枚，长圆形，先端锐尖或圆钝。花果期 2~4 月。

分布及生境： 我国分布于西北、华北等地区。全国各地普遍栽培。

用途： 与梅花、水仙花和山茶花统称为"雪中四友"，是中国常见的园林绿化花卉。

北京丁香

Syringa reticulata subsp.***pekinensis*** **(Ruprecht) P. S. Green et M. C. Chang**

木犀科 Oleaceae　丁香属 *Syringa*

形态特征：落叶灌木或小乔木。叶片纸质，卵形或椭圆状卵形至卵状披针形。花序由1对或2至多对侧芽抽生，花冠白色，呈辐射状，花冠管与花萼近等长或略长，花丝略短于或稍长于裂片。蒴果长椭圆形至披针形。花期5~8月，果期8~10月。

分布及生境：北京见于各区。我国常见于西北、华北地区。生于海拔600~2400米山坡灌丛、疏林、密林或沟边，及山谷或沟边林下。

用途：枝叶茂盛，栽培供观赏；树皮入药，消炎镇咳。

山楂

Crataegus pinnatifida **Bge.**

蔷薇科 Rosaceae　山楂属 *Crataegus*

形态特征：落叶乔木。通常具枝刺。单叶互生，三角状卵形，常3~5羽状深裂，裂片边缘有不规则重锯齿。伞房花序具多花；萼筒钟状，花瓣5，白色。梨果近球形，深红色，有浅色斑点，萼片宿存。花期5~6月，果期8~10月。

分布及生境：北京西北部山区有野生种，生于山坡、林缘。我国分布于东北、华北、西北等地区，生于山坡林边或灌木丛中。

用途：栽培相当普遍，幼苗常为山里红的砧木；果实酸甜可鲜食，干制后可入药，健胃、助消化。

山里红

Crataegus pinnatifida var. _major_ N. E. Brown

蔷薇科 Rosaceae　山楂属 _Crataegus_

一球悬铃木 *Platanus occidentalis* L.

悬铃木科 Platanaceae　悬铃木属 *Platanus*

形态特征： 落叶大乔木。树皮有浅沟，呈小块状剥落。叶大，阔卵形，通常3浅裂，稀为5浅裂。花通常4~6数，单性，聚成圆球形头状花序。头状果序圆球形，单生。花期4~5月，果期9~10月。

分布及生境： 北京有栽培，为良好而庭院树种和行道树。原产北美洲，我国北部及中部广泛引种栽培。喜湿润温暖气候，较耐寒，适生于排水好、土层深厚、肥沃的酸性或中性土壤。

用途： 栽培作行道树及供观赏。

二球悬铃木 *Platanus acerifolia* (Aiton) Willd.

悬铃木科 Platanaceae　悬铃木属 *Platanus*

形态特征： 落叶大乔木。树皮光滑，大片块状脱落。叶阔卵形，上部掌状5裂，有时7裂或3裂。花通常4数，雄花的萼片卵形，花瓣矩圆形。果枝有头状果序1~2个，常下垂。花期4~5月，果期9~10月。

分布及生境： 北京有栽培，为庭院绿化树种。原产欧洲东南部至西亚，世界各地均有引种，我国自东北、西北、华北地区至华中、西南、华东地区均广泛栽培。耐寒性较强，喜光。

用途： 良好的城市绿化树种，常用作行道树。

齿叶白鹃梅

Exochorda serratifolia S. Moore

蔷薇科 Rosaceae　白鹃梅属 Exochorda

齿叶白鹃梅详细内容见第 94 页。

稠李

Prunus padus L.

蔷薇科 Rosaceae　李属 Prunus

稠李详细内容见第 24 页。

棣棠花　**Kerria japonica (L.) DC.**

蔷薇科 Rosaceae　棣棠花属 Kerria

形态特征：落叶灌木。叶互生，三角状卵形或卵圆形，边缘有尖锐重锯齿，两面绿色，正面无毛或有稀疏柔毛，背面沿脉或脉腋有柔毛。花单生，着生在当年生侧枝顶端，萼片卵状椭圆形，花瓣黄色，宽椭圆形，顶端下凹，比萼片长 1~4 倍。瘦果倒卵形。花期 4~6 月，果期 6~8 月。

分布及生境：北京生长于山坡灌丛中。我国分布于西北、华北、西南、华东等地区。

用途：花大而多，可供观赏；茎入药可消肿、止痛、止咳。

重瓣粉海棠花（西府海棠）

***Malus spectabilis* 'Riversii'**
蔷薇科 Rosaceae　苹果属 *Malus*

形态特征： 落叶乔木。小枝粗，多分枝，幼时被短柔毛，渐脱落，冬芽微被柔毛。叶椭圆形至长椭圆形，边缘有紧贴细锯齿，幼时两面有稀疏短柔毛，后脱落，老叶无毛；叶柄具短柔毛，托叶膜质，窄披针形，早落。花 4~6 朵组成近伞形花序；被丝托外面无毛或有白色绒毛，萼片三角状卵形，外面无毛或偶有稀疏绒毛，内面密被白色绒毛，比被丝托稍短；花瓣白色，重瓣，在蕾中呈粉红色；雄蕊 20~25；花柱（4）5，基部有白色绒毛。果近球形，黄色，有宿存萼片，基部不下陷，柄洼隆起；果柄细长，近顶端肥厚。花期 4~5 月，果期 8~9 月。

分布及生境： 为海棠花 *Malus spectabilis* (Ait.) Borkh. 的园艺品种，北京及全国常见栽培。

用途： 城市园林重要观赏花卉。

紫叶李

***Prunus cerasifera* 'Atropurpurea'**
蔷薇科 Rosaceae　李属 *Prunus*

形态特征： 灌木或小乔木。枝条细长，开展，暗灰色。叶片椭圆形或倒卵形，先端急尖，基部楔形或近圆形，边缘有圆钝锯齿。花 1 朵，稀 2 朵，无毛或微被短柔毛，萼筒钟状，萼片长卵形，先端圆钝，边有疏浅锯齿，花瓣白色，长圆形或匙形。核果近球形或椭圆形。花期 4 月，果期 8 月。

分布及生境： 北京各地引种栽培，供观赏。原产新疆，生长于海拔 800~2000 米山坡林中或多石砾的坡地以及峡谷水边等处。

用途： 叶常年紫红色，是著名观叶树种。

碧桃 *Prunus persica* 'Duplex'

蔷薇科 Rosaceae　李属 *Prunus*

形态特征：落叶小乔木。树冠宽广而平展，广卵形。单叶互生，椭圆状或披针形，先端渐尖，基部宽楔形，叶边缘具细锯齿。花单生或两朵生于叶腋，先于叶开放，萼筒钟形，萼片卵形至长圆形，花有单瓣、半重瓣和重瓣，花瓣长圆状椭圆形至宽倒卵形，花色有白色、粉红色、红色和红白色相间等。核果宽椭圆形。花期 3~4 月，果期 8~9 月。

分布及生境：北京各公园常栽培。原产于我国西北、华北、华东、西南等地区，现世界各国均已引种栽培。

用途：花美丽，具有观赏价值；桃树干上分泌桃胶，可用作黏结剂以及药用等。

榆叶梅 *Prunus triloba* Lindl.

蔷薇科 Rosaceae　李属 *Prunus*

形态特征：落叶灌木。小枝无毛或幼时微被柔毛，叶宽椭圆形或倒卵形，常 3 裂，基部宽楔形，具粗锯齿。花 1~2 朵，先叶开放，萼筒宽钟形，萼片卵形或卵状披针形，花瓣近圆形或宽倒卵形，粉红色。核果近球形。花期 4~5 月，果期 5~7 月。

分布及生境：北京见于门头沟区百花山、房山区上方山及怀柔区。我国分布于东北、华北、西北、华东地区。生于低至中海拔坡地或沟旁乔、灌木林下或林缘。

用途：主要栽培供观赏。

月季花（月季）　*Rosa* **hybrid**
蔷薇科 Rosaceae　蔷薇属 *Rosa*

形态特征： 直立灌木。小枝粗壮，有短粗的钩状皮刺。小叶 3~5，叶片宽卵形至卵状长圆形，边缘有锐锯齿，正面暗绿色，常带光泽，背面颜色较浅。花数朵集生，稀单生，萼片卵形，稀全缘，花瓣重瓣至半重瓣，红色、粉红色至白色，倒卵形，先端有凹缺，基部楔形。肉质蔷薇果卵球形或梨形，萼片脱落。花期 4~9 月，果期 6~11 月。

分布及生境： 北京各公园和庭院常栽培。原产中国，各地普遍栽培。园艺品种多。

用途： 花、根、叶均可入药；观赏价值高。

黄刺玫　*Rosa xanthina* **Lindl.**
蔷薇科 Rosaceae　蔷薇属 *Rosa*

形态特征： 直立灌木，高 2~3 米。枝粗壮，有散生皮刺。小叶 7~13，叶片宽卵形或近圆形，先端圆钝，基部宽楔形或近圆形，边缘有圆钝锯齿。花单生于叶腋，重瓣或半重瓣，花瓣黄色，宽倒卵形，先端微凹，基部宽楔形；萼片披针形，端渐尖。果近球形，紫褐色或黑褐色，花后萼片反折。花期 4~6 月，果期 7~8 月。

分布及生境： 北京各公园庭院普遍栽培。我国东北、华北各地区庭园常见栽培。

用途： 栽培供观赏；可做保持水土及园林绿化树种；果实可食、制果酱；花可提取芳香油；花、果药用，能理气活血、调经健脾。

珍珠梅　*Sorbaria sorbifolia* (L.) A. Br.

蔷薇科 Rosaceae　珍珠梅属 *Sorbaria*

形态特征： 落叶灌木。羽状复叶，小叶片 11~17 枚，披针形至卵状披针形，先端渐尖，稀尾尖，基部近圆形或宽楔形，边缘有尖锐重锯齿。顶生大型密集圆锥花序，苞片卵状披针形至线状披针形，萼筒钟状，花瓣长圆形或倒卵形，白色。蓇葖果长圆形，萼片宿存，反折。花期 7~8 月，果期 9 月。

分布及生境： 北京各公园、庭院常见栽培。我国分布于东北、华北地区。生于海拔 250~1500 米山坡疏林中。

用途： 树姿秀丽，花期长，是园林绿化常用树种。

水榆花楸　*Sorbus alnifolia* (Sieb. et Zucc.) K. Koch

蔷薇科 Rosaceae　花楸属 *Sorbus*

形态特征： 落叶乔木。叶片卵形至椭圆状卵形，先端短渐尖，基部宽楔形至圆形，边缘有不整齐的尖锐重锯齿。复伞房花序较疏松，具花 6~25 朵，萼筒钟状，花瓣卵形或近圆形，先端圆钝，白色。果实椭圆形或卵形，红色或黄色。花期 5 月，果期 8~9 月。

分布及生境： 北京见于昌平区、延庆区。我国常见于东北、华北、华东地区。生于海拔 500~2300 米山坡、山沟或山顶混交林或灌木丛中。

用途： 树冠圆锥形，为美丽的观赏树；木材可作器具、车辆及模型。

栾树（栾）

Koelreuteria paniculata Laxm.

无患子科 Sapindaceae　栾属 *Koelreuteria*

栾树（栾）详细内容见第 31 页。

臭椿

Ailanthus altissima (Mill.) Swingle

苦木科 Simaroubaceae　臭椿属 *Ailanthus*

臭椿详细内容见第 35 页。

东陵绣球（东陵八仙花）

Hydrangea bretschneideri Dippel

虎耳草科 Saxifragaceae　绣球属 *Hydrangea*

形态特征：落叶灌木。叶薄纸质或纸质，卵形至长卵形，先端渐尖，基部阔楔形或近圆形，边缘具硬尖头的锯形小齿或粗齿。伞房状聚伞花序较短小，不育花萼片 4，倒卵形或近圆形，全缘，孕性花萼筒杯状，萼齿三角形，花瓣白色，卵状披针形或长圆形。蒴果卵球形。花期 6~7 月，果期 9~10 月。

分布及生境：北京见于门头沟区百花山、怀柔区、密云区及各区山地。我国分布于华北、西北等地区。生于海拔 1200~2800 米山谷溪边、山坡密林或疏林中。

用途：可作庭园观赏或花篱、花境。

旱柳 *Salix matsudana* **Koidz.**
杨柳科 Salicaceae　柳属 *Salix*

旱柳详细内容见第 30 页。

加杨 *Populus* × *canadensis* Moench
杨柳科 Salicaceae　杨属 *Populus*

形态特征：落叶大乔木，高达 30 米。树冠卵形，树皮深纵裂。芽大，富黏质，顶端弯曲。单叶互生，叶柄侧扁，叶片三角形或三角状卵形，基部常有 1~2 腺体，边缘有圆锯齿。花先叶开放，单性异株，柔荑花序。蒴果卵圆形，2~3 瓣裂。花期 4 月，果期 5~6 月。

分布及生境：原产美洲，北京常栽培于各区平原及低山地区，生于路边、溪流边及平地上。我国东北、华北、西北各地区普遍栽培。

用途：北京最常见行道树和观赏树种之一，是良好的绿化树种。

北京杨 *Populus* × *beijingensis* W. Y. Hsu
杨柳科 Salicaceae　杨属 *Populus*

形态特征：落叶乔木。树皮灰绿色，光滑，树冠卵形或广卵形。芽细圆锥形，具黏质。雄花序苞片淡褐色，具不整齐的丝状条裂，裂片长于不裂部分，雄蕊 18~21。蒴果 2~4 瓣裂。花期 3 月，果期 5 月。

分布及生境：为人工杂交育成，在华北、西北和东北南部等地区推广栽培。

用途：适应区的防护林和四旁绿化的优良速生树种。

毛白杨 *Populus tomentosa* **Carrière**

杨柳科 Salicaceae 杨属 *Populus*

形态特征： 落叶大乔木，高达 30 米。树干挺直，树皮幼时灰白色，老时褐色纵裂，皮孔菱形。单叶互生，叶柄侧扁，叶片广卵形或三角状卵形，基部心形，边缘波状齿，背面密生毡毛。花先叶开放，单性异株，柔荑花序。蒴果圆锥形，2 瓣裂。花期 3 月，果期 4~5 月。

分布及生境： 北京平原地区常见栽培为行道树、庭院树及速生林。我国广泛分布于黄河流域中下游地区。耐旱，耐寒，生长迅速。

用途： 为优良的速生绿化和用材林树种；花序可入药。

太平花 *Philadelphus pekinensis* **Rupr.**

虎耳草科 Saxifragaceae 山梅花属 *Philadelphus*

形态特征： 落叶灌木，高 1~2 米。老枝树皮剥落。单叶对生，卵形至狭卵形，边缘疏生锯齿，具 3 条主脉。总状花序，具 5~9 朵花，有香味；萼筒钟形，裂片 4，黄褐色；花瓣 4，乳白色。蒴果倒圆锥形，4 瓣裂。花期 5~6 月，果期 8~9 月。

分布及生境： 北京见于各区山地，生于山坡和溪边灌丛。我国分布于东北、华北、华东等地区。

用途： 花芳香美丽，常见栽培，为优良绿化观赏植物。

毛泡桐　*Paulownia tomentosa* (Thunb.) Steud.
玄参科 Scrophulariaceae　泡桐属 *Paulownia*

形态特征： 落叶乔木。树皮灰褐色，小枝被黏质腺毛。叶对生，大型，卵状心形，被毛，叶柄长。圆锥花序塔状，密生黄色绒毛；花冠紫色，漏斗状钟形，檐部 5 裂，二唇形，外被腺毛，雄蕊 4，二强。蒴果卵圆形，花萼宿存。花期 4~5 月，果期 8~9 月。

分布及生境： 北京各地常见栽培或野生，生于路边、公园及低海拔山区。我国原产，各地广泛分布。

用途： 优良的行道树及速生用材树种。

臭檀吴茱萸　*Tetradium daniellii* (Bennett) T. G. Hartley
芸香科 Rutaceae　吴茱萸属 *Tetradium*

形态特征： 落叶乔木。奇数羽状复叶，有小叶 5~11 枚，小叶阔卵形、卵状椭圆形，叶缘有细钝裂齿和缘毛，叶背中脉两侧被长柔毛或仅脉腋有丛毛。伞房状聚伞花序，花序轴及分枝被灰白色或棕黄色柔毛，花单性，雌雄异株，萼片及花瓣均 5 片。蓇葖果果瓣紫红色，干后变淡黄或淡棕色。花期 6~8 月，果期 9~11 月。

分布及生境： 北京天然分布见于延庆西大庄科后山，城区栽培观赏。我国主要分布于辽宁以南至长江沿岸各地。生于平地及山坡向阳地方，耐干旱，砂质壤土中生长迅速。

用途： 喜阳光的深根性冬季落叶树，园林绿化树种。

垂柳 *Salix babylonica* L.

杨柳科 Salicaceae　柳属 *Salix*

形态特征： 落叶乔木。枝细，下垂。叶狭披针形或线状披针形。花序先叶开放或与叶同时开放，柔荑花序，雄蕊2，花丝分离，花药黄色，腺体2。雌花子房无柄，腺体1。蒴果褐色。花期3~4月，果期4~5月。

分布及生境： 北京公园庭院常见栽培。我国分布于长江流域与黄河流域，其他各地均有栽培。

用途： 优美的绿化树种；木材可制家具；枝条可编筐；树皮含鞣质，可提制栲胶。

榆树（榆）　*Ulmus pumila* L.

榆科 Ulmaceae　榆属 *Ulmus*

形态特征：落叶乔木。树皮不规则深纵裂。单叶互生，卵形至卵状披针形，先端渐尖或长渐尖，基部偏斜或近对称，叶面平滑无毛，边缘具重锯齿或单锯齿。花小，两性，先叶开放，簇生于去年生枝的叶腋内。翅果近圆形，果核部分位于翅果的中部。花期 3 月，果期 4~5 月。

分布及生境：北京见于各区平原和低山地区。我国东北、华北、西北及西南各地区有分布。生于海拔 1000~2500 米以下之山坡、山谷、川地、丘陵。

用途：木材可作建筑用材；幼嫩翅果可与面粉混拌蒸食；优良的生态修复和绿化树种。

爬山虎（地锦）　*Parthenocissus tricuspidata* (Siebold et Zucc.) Planch.

葡萄科 Vitaceae　地锦属 *Parthenocissus*

形态特征：木质落叶大藤本。卷须 5~9 分枝，相隔 2 节间断与叶对生，嫩时顶端膨大呈圆珠形，后扩大成吸盘。单叶，倒卵圆形，通常 3 裂，有粗锯齿。花序生短枝上，多歧聚伞花序。浆果球形，成熟时蓝色。花期 5~6 月，果期 9~10 月。

分布及生境：北京常栽培。我国分布于吉林、辽宁、河北、河南、山东、安徽、江苏、浙江、福建和台湾。

用途：垂直绿化。

205

侧柏　拍摄于北京市东城区天坛公园

二、北京的古树

侧柏　*Platycladus orientalis* (L.) Franco
柏科 Cupressaceae　侧柏属 *Platycladus*

一级古树，位于北京密云新城子，被称为"九搂十八杈"，是北京十大最美树王之一。

白皮松（九龙松）

Pinus bungeana Zucc. ex Endl.
松科 Pinaceae　松属 _Pinus_

一级古树，位于北京门头沟戒台寺，被称为"九龙松"，是北京十大最美树王之一。

圆柏　*Juniperus chinensis* **L.**
柏科 Cupressaceae　刺柏属 *Juniperus*

一级古树，位于北京天坛公园，被称为"九龙柏"，是北京十大最美树王之一。

榆树（榆）

Ulmus pumila L.
榆科 Ulmaceae　榆属 _Ulmus_

一级古树，位于北京延庆千家店镇水头村，是北京十大最美树王之一。

油松

***Pinus tabuliformis* Carr.**

松科 Pinaceae　松属 *Pinus*

一级古树，位于北京海淀苏家坨镇车耳营关帝庙前，被称为车耳营迎客松，是北京十大最美树王之一。

银杏

***Ginkgo biloba* L.**
银杏科 Ginkgoaceae　银杏属 *Ginkgo*

一级古树，位于北京海淀大觉寺，被称为辽代古银杏。

银杏 *Ginkgo biloba* L.
银杏科 Ginkgoaceae　银杏属 *Ginkgo*

一级古树，位于北京门头沟潭柘寺，被称为"帝王树"，是北京十大最美树王之一。

槐（国槐）

Styphnolobium japonicum (L.) Schott

豆科 Fabaceae　槐属 *Styphnolobium*

一级古树，位于北京门头沟戒台寺。

玉兰　*Yulania denudata* (Desr.) **D. L. Fu**

木兰科 Magnoliaceae　玉兰属 *Yulania*

一级古树，位于北京海淀大觉寺。

酸枣

Ziziphus jujuba var. _spinosa_ (Bunge) Hu ex H. F. Chow.

鼠李科 Rhamnaceae　枣属 _Ziziphus_

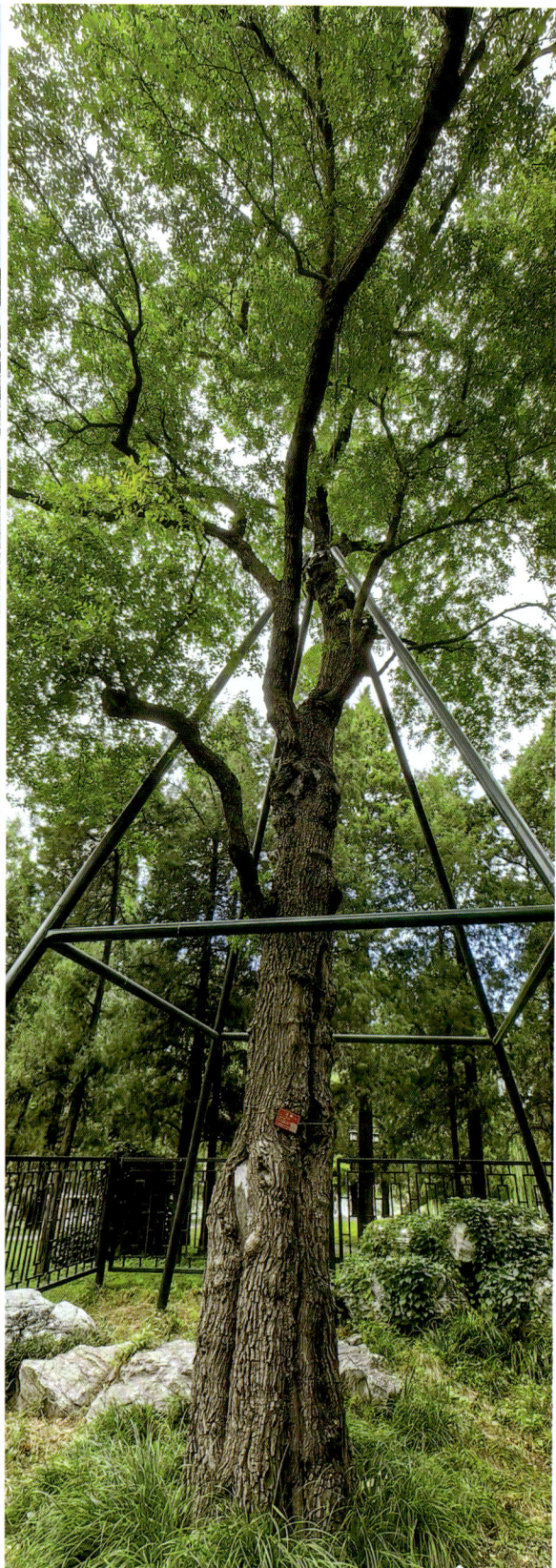

第二部分　见证历史　美化北京

一级古树，位于北京西城陶然亭公园。

七叶树

Aesculus chinensis Bunge

无患子科 Sapindaceae　七叶树属 _Aesculus_

一级古树，位于北京门头沟潭柘寺。

毛梾 *Cornus walteri* Wangerin

山茱萸科 Cornaceae　山茱萸属 *Cornus*

形态特征：落叶乔木。叶对生，纸质，椭圆形或阔卵形，先端渐尖，基部楔形。伞房状聚伞花序顶生，花密，白色，有香味；花萼裂片4，绿色，齿状三角形；花瓣4，长圆披针形。核果球形，成熟时黑色。花期5月，果期9月。

分布及生境：北京仅1株，位于延庆大庄科乡霹破石村，树龄约310年。我国分布于华北、华东、华中、华南、西南各地区。生于向阳山坡。

用途：果实含油，供食用或作高级润滑油；木材坚硬，纹理细密、美观；叶和树皮可提制栲胶。

一级古树，位于北京延庆大庄科乡霹破石村。

楸（楸树）
Catalpa bungei C. A. Mey
紫葳科 Bignoniaceae　梓属 *Catalpa*

二级古树，位于北京海淀大觉寺。

流苏树

***Chionanthus retusus* Lindl. et Paxt.**
木犀科 Oleaceae　流苏树属 *Chionanthus*

二级古树，位于北京大学承泽园。

紫丁香 **_Syringa oblata_ Lindl.**
木犀科 Oleaceae　丁香属 _Syringa_

二级古树，位于北京门头沟戒台寺。

板栗（栗）

Castanea mollissima Blume
壳斗科 Fagaceae　栗属 *Castanea*

位于北京怀柔渤海镇明清栗园。

月季花

三、北京的市树、市花

侧柏

Platycladus orientalis (L.) Franco

柏科 Cupressaceae　侧柏属 *Platycladus*

侧柏详细内容见第 8 页。

槐（国槐）

Styphnolobium japonicum (L.) Schott

豆科 Fabaceae　槐属 *Styphnolobium*

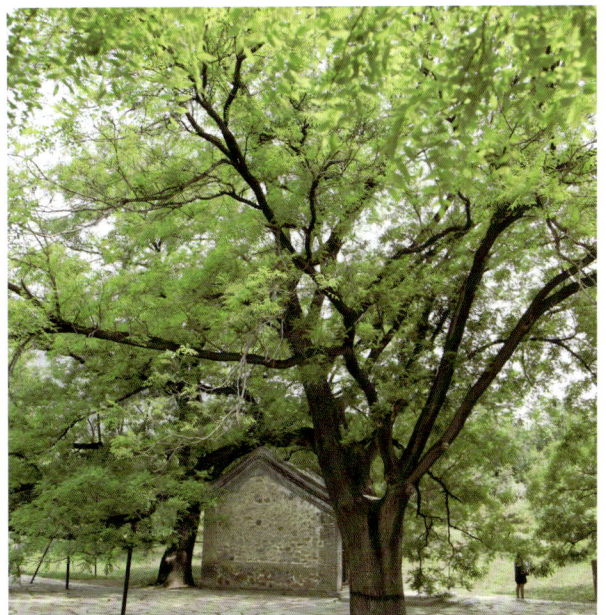

槐（国槐）详细内容见第 187 页。

菊花 *Chrysanthemum* × *morifolium* (Ramat.) Hemsl.

菊科 Asteraceae　菊属 *Chrysanthemum*

形态特征： 多年生草本。叶卵形至披针形，羽状浅裂或半裂，有短柄，叶背面被白色短柔毛。头状花序大小不一；总苞片多层，外层外面被柔毛，舌状花颜色多样，管状花黄色。瘦果不发育。

分布： 北京广泛栽培。遍布我国各城镇与农村，品种繁多，并从我国引种到世界各地。性喜凉爽，稍喜荫蔽和通风良好的环境。

用途： 中国十大名花之一，花中四君子之一，世界四大切花之一。

月季花（月季） *Rosa* hybrid

蔷薇科 Rosaceae　蔷薇属 *Rosa*

月季花（月季）详细内容见第 197 页。

太平花

四、北京的植物名片

北京铁角蕨

Asplenium pekinense Hance

铁角蕨科 Aspleniaceae　铁角蕨属 *Asplenium*

形态特征： 植株高 8~20 厘米。根状茎短而直立，先端密被鳞片；鳞片披针形，全缘或略呈微波状。叶簇生，二回羽状或三回羽裂，叶片披针形；叶脉两面均明显，正面隆起，小脉扇状二叉分枝。孢子囊群近椭圆形，每小羽片有 1~2 枚，位于小羽片中部，排列不甚整齐，成熟后为深棕色。

分布： 见于房山区上方山、海淀区金山、昌平区南口、门头沟区妙峰山，其余各区山地均极常见。除新疆、西藏外，广布于我国其他地区。生于海拔 380~3900 米岩石上或石缝中。

用途： 全草可入药，治感冒咳嗽、跌打损伤、外伤出血。

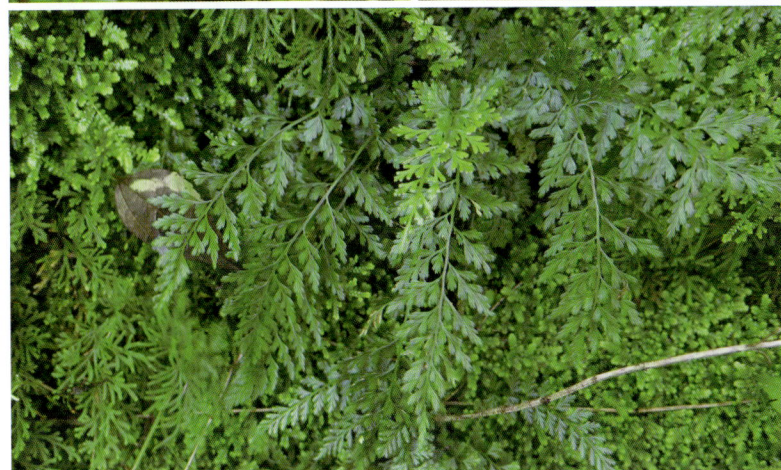

北京忍冬

Lonicera elisae Franch.

忍冬科 Caprifoliaceae　忍冬属 _Lonicera_

北京忍冬详细内容见第 41 页。

北京丁香

**_Syringa reticulata_ subsp. _pekinensis_
(Ruprecht) P. S. Green et M. C. Chang**

木犀科 Oleaceae　丁香属 _Syringa_

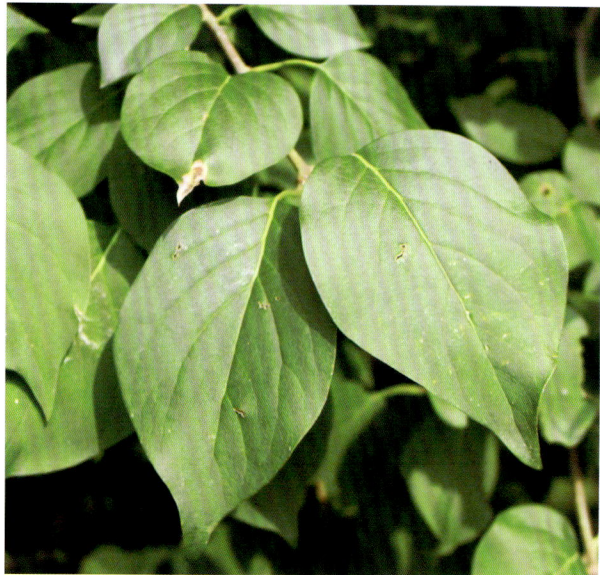

北京丁香详细内容见第 191 页。

京黄芩　**_Scutellaria pekinensis_ Maxim.**

唇形科 Labiatae　黄芩属 _Scutellaria_

形态特征： 一年生草本，高 15~40 厘米。茎四棱。叶对生，茎生叶具柄，卵形，边缘具浅钝齿。花对生，排列成顶生的总状花序，花柄与花序轴密被白色柔毛；花冠蓝紫色，二唇形，雄蕊 4，二强。小坚果卵形，栗色，具瘤。花期 6~8 月，果期 7~10 月。

分布及生境： 北京见于各区，生于石坡、湿谷地或林下。我国分布于全国大部分地区。

用途： 栽培可供观赏。

北京水毛茛

Batrachium pekinense L. Liou

毛茛科 Ranunculaceae　水毛茛属 *Batrachium*

北京水毛茛详细内容见第80页。

北京花楸

Sorbus discolor (Maxim.) Maxim.

蔷薇科 Rosaceae　花楸属 *Sorbus*

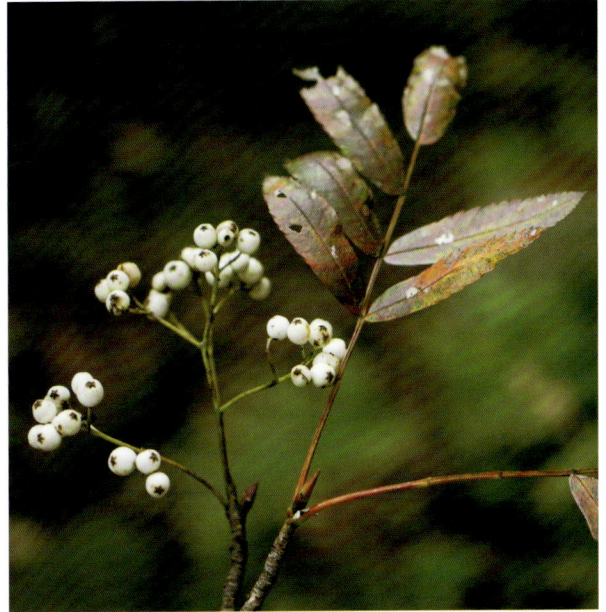

北京花楸详细内容见第 25 页。

百花山葡萄

Vitis baihuashanensis M. S. Kang et D. Z. Lu

葡萄科 Vitaceae　葡萄属 *Vitis*

百花山葡萄详细内容见第76页。

太平花

Philadelphus pekinensis Rupr.

虎耳草科 Saxifragaceae　山梅花属 *Philadelphus*

太平花详细内容见第 202 页。

芍药

凤仙花　*Impatiens balsamina* L.

凤仙花科 Balsaminaceae　凤仙花属 *Impatiens*

形态特征：一年生草本。茎直立，粗壮肉质。叶互生，叶片披针形，先端尖或渐尖，基部楔形，边缘有锐锯齿。花单生或2~3朵簇生于叶腋，白色、粉红色或紫色，单瓣或重瓣，唇瓣深舟状，基部急尖成距，旗瓣圆形，兜状，先端微凹，翼瓣具短柄，倒卵状长圆形，先端2浅裂。蒴果宽纺锤形。花期7~10月。

分布及生境：北京庭院常栽培。我国各地庭园广泛栽培。

用途：民间常用其花及叶染指甲；茎及种子可入药。

牵牛 *Ipomoea nil* (Linnaeus) Roth

旋花科 Convolvulaceae　虎掌藤属 *Ipomoea*

形态特征：一年生缠绕草本。叶宽卵形或近圆形，深或浅的 3 裂，基部心形，叶面或疏或密被微硬的柔毛。花腋生，单一或 2 朵着生于花序梗顶，花序梗长短不一，苞片线形或叶状，花冠漏斗状，蓝紫色或紫红色。蒴果近球形。花期夏季最盛。

分布及生境：北京的公园中常见栽培。我国除西北和东北的部分地区外，大部分地区都有分布。生于海拔 100~200（~1600）米的山坡灌丛、干燥河谷路边、园边宅旁、山地路边，或为栽培。

用途：栽培供观赏；种子为常用中药，有泻水利尿、逐痰、杀虫的功效。

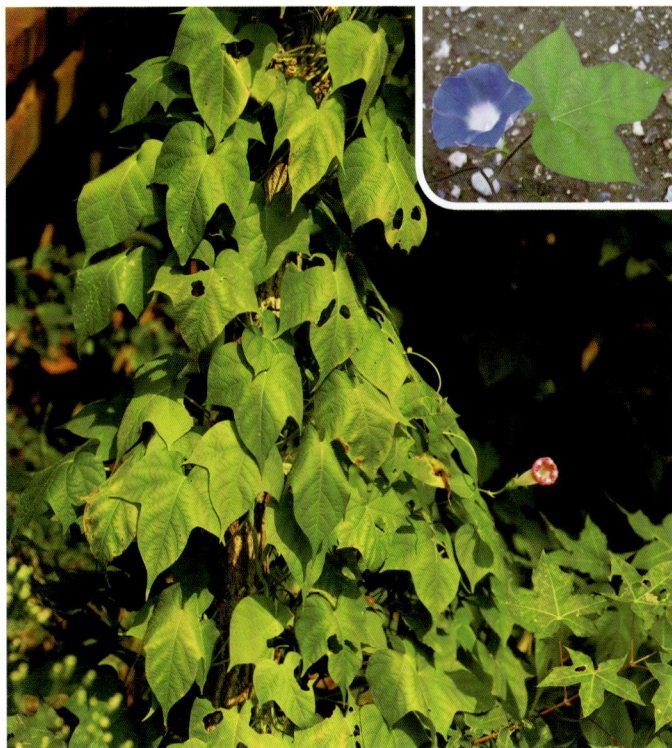

菊花

Chrysanthemum × morifolium (Ramat.) **Hemsl.** 菊科 Asteraceae　菊属 *Chrysanthemum*

菊花详细内容见第 224 页。

柿（柿树）

Diospyros kaki Thunb.

柿科 Ebenaceae　柿属 *Diospyros*

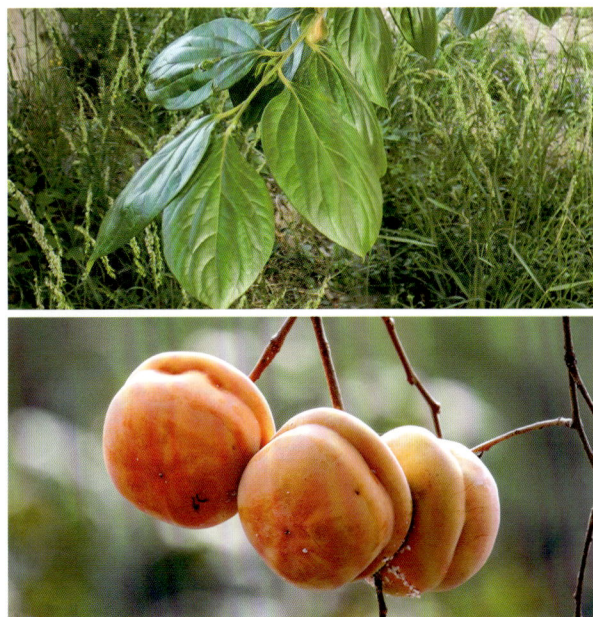

柿（柿树）详细内容见第 184 页。

槐（国槐）

***Styphnolobium japonicum* (L.) Schott**

豆科 Fabaceae　槐属 *Styphnolobium*

槐（国槐）详细内容见第 187 页。

玉兰

***Yulania denudata* (Desr.) D. L. Fu**

木兰科 Magnoliaceae　玉兰属 *Yulania*

玉兰详细内容见第 189 页。

薄荷　***Mentha canadensis* L.**

唇形科 Lamiaceae　薄荷属 *Mentha*

形态特征： 多年生草本。茎四棱。叶对生，长圆状披针形或椭圆形，基部以上边缘有锯齿，两面沿脉密生毛或腺点。轮伞花序腋生；花萼管状，齿尖；花冠淡紫色，二唇形，雄蕊 4，二强，外伸。小坚果黄褐色，长圆形。花期 7~9 月，果期 8~10 月。

分布及生境： 北京各地均可见，生于水旁潮湿地。我国分布广泛。

用途： 全草入药；也可提取芳香油。

紫藤 *Wisteria sinensis* (Sims) DC.

豆科 Leguminosae　紫藤属 *Wisteria*

形态特征： 落叶藤本。奇数羽状复叶，小叶 3~6 对，纸质，卵状椭圆形至卵状披针形。总状花序发自去年生短枝的腋芽或顶芽，花序轴被白色柔毛；苞片披针形；花芳香，花萼杯状；花冠紫色，旗瓣圆形，先端略凹陷，花开后反折，翼瓣长圆形，基部圆，龙骨瓣较翼瓣短。荚果倒披针形，密被绒毛，悬垂枝上不脱落，有种子 1~3 粒。花期5~6 月，果期 7~8 月。

分布及生境： 北京见于各公园及庭院栽培。我国常见于华北、西南地区。

用途： 栽培作庭园棚架植物。

海棠花 *Malus spectabilis* (Ait.) Borkh.

蔷薇科 Rosaceae　苹果属 *Malus*

形态特征： 落叶乔木。叶片椭圆形至长椭圆形，边缘有紧贴细锯齿。花序近伞形，4~6 朵；苞片膜质，披针形，早落，萼片三角卵形，先端急尖，全缘；花瓣卵形，基部有短爪，白色，在芽中呈粉红色。果实近球形，品种众多，黄色、红色。萼片宿存，果梗细长。花期 4~5 月，果期 8~9 月。

分布及生境： 北京庭院多有栽培。我国常见于华北、华东地区。生于海拔50~2000 米平原或山地。

用途： 为我国著名观赏树种。

231

香椿 *Toona sinensis* (A. Juss.) Roem.

楝科 Meliaceae　香椿属 *Toona*

形态特征： 落叶乔木。树皮灰褐色，片状纵裂。羽状复叶，嫩时暗紫色，有特殊气味，小叶 5~10 对，披针形，全缘。大型圆锥花序顶生，下垂，多花；花两性，白色。蒴果木质，椭圆形，熟时 5 裂，种子具翅。花期 5~6 月，果期 8~9 月。

分布及生境： 北京常见栽培于村落中或庭院中。原产中国，分布于长江以南各地区。

用途： 嫩芽称香椿芽，可作鲜菜食用或腌渍，味鲜美；木材为上等家具用材；根皮及果入药，收敛止血、祛湿止痛。

紫丁香 *Syringa oblata* Lindl.

木犀科 Oleaceae　丁香属 *Syringa*

形态特征： 落叶灌木或小乔木。叶片厚纸质，卵圆形至肾形。圆锥花序直立，近球形或长圆形，花冠紫色，花冠管圆柱形，裂片卵圆形至倒卵圆形。果倒卵状椭圆形至长椭圆形。花期 4~5 月，果期 6~10 月。

分布及生境： 北京各公园及庭院普遍栽培。我国分布于东北、华北、西北、西南地区。生于海拔 300~2400 米山坡丛林、山沟溪边、山谷路旁及滩地水边。

用途： 庭园普遍栽培观赏；花可提制芳香油；嫩叶可代茶。

牡丹 *Paeonia × suffruticosa* Andr.

芍药科 Paeoniaceae 芍药属 *Paeonia*

形态特征： 落叶灌木。叶常为二回三出复叶，表面绿色，无毛，背面淡绿色，有时具白粉。花单生枝顶，苞片5，萼片5，花瓣5或为重瓣，花色有玫瑰色、红紫色、粉红色至白色。蓇葖果长圆形，密生黄褐色硬毛。花期5月，果期6月。

分布及生境： 北京各地有栽培。中国是世界牡丹的发源地和世界牡丹王国。

用途： 花色艳丽，素有"花中之王"的美誉；广泛栽培，品种丰富。

五、北京四合院里的植物

233

芍药

Paeonia lactiflora Pall.

芍药科 Paeoniaceae　芍药属 *Paeonia*

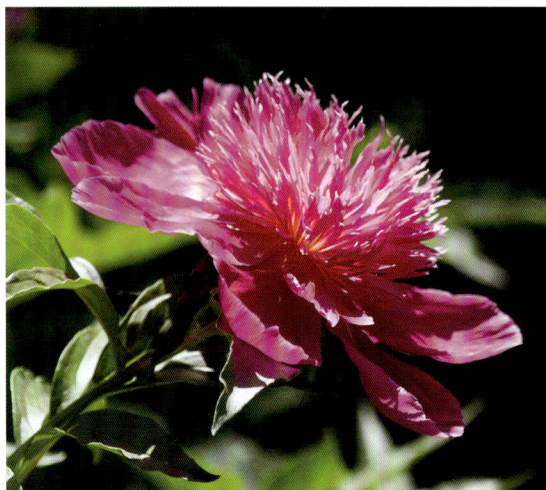

第二部分　见证历史 美化北京

形态特征： 多年生草本。下部茎生叶为二回三出复叶，上部茎生叶为三出复叶，小叶狭卵形、椭圆形或披针形，顶端渐尖，基部楔形或偏斜。花数朵，萼片 4，宽卵形或近圆形，花瓣 9~13，倒卵形，白色或红紫色等，有时基部具深紫色斑块。蓇葖果，顶端具喙。花期 5~6 月，果期 8 月。

分布及生境： 北京各公园有栽培。我国分布于东北、华北地区。在东北地区分布于海拔 480~700 米的山坡草地及林下，在其他各地分布于海拔 1000~2300 米的山坡草地。

用途： 根药用，可镇痛、祛瘀；花大而美丽，广泛栽培供观赏。

石榴 *Punica granatum* L.
石榴科 Punicaceae　石榴属 *Punica*

形态特征：落叶灌木或乔木。叶对生，矩圆状披针形，顶端短尖，基部短尖至稍钝形，正面光亮。花1~5朵生枝顶，萼筒通常红色或淡黄色，裂片略外展，卵状三角形，花瓣红色、黄色或白色，顶端圆形。浆果近球形，种子多数，肉质的外种皮供食用。花期5~7月，果期9~10月。

分布及生境：北京室内栽培，露天栽种冬季需保护。原产巴尔干半岛至伊朗及其邻近地区，全世界的温带和热带都有种植。

用途：我国南北都有栽培，常作果树或园林绿化树种；果皮可入药。

枣 *Ziziphus jujuba* Mill.
鼠李科 Rhamnaceae　枣属 *Ziziphus*

形态特征：落叶小乔木或灌木。具长短枝，短枝比长枝光滑，呈"之"字形曲折，具2个托叶刺。叶纸质，卵形或卵状矩圆形，边缘具圆齿状锯齿，基生三出脉，托叶刺纤细。花黄绿色，两性，5基数，单生或2~8个密集成腋生聚伞花序。核果矩圆形或长卵圆形，成熟时红色，后变红紫色。花期5~7月，果期8~9月。

分布及生境：北京栽培。我国分布于东北、华北、西南、华东、华南等地区。全国各地广泛栽培。

用途：果实味甜，含有丰富的维生素，可食用；也可药用；花期较长，芳香多蜜，为良好的蜜源植物。

月季花（月季）　*Rosa* hybrid

蔷薇科 Rosaceae　蔷薇属 *Rosa*

月季花（月季）详细内容见第 197 页。

葡萄　*Vitis vinifera* L.

葡萄科 Vitaceae　葡萄属 *Vitis*

形态特征： 木质藤本。小枝圆柱形，有纵棱纹。卷须 2 叉分枝，每隔 2 节间断与叶对生。叶卵圆形，3~5 浅裂，边缘具不整齐的锯齿，基生脉 5 出，托叶早落。圆锥花序密集，多花，与叶对生，萼片 5，花瓣 5，雄蕊 5。浆果球形，种子倒卵状椭圆形。花期 4~5 月，果期 8~9 月。

分布及生境： 北京各庭院园林栽培。原产亚洲西部，现世界各地栽培。

用途： 栽培作绿篱植物；著名水果；可酿酒；根和藤药用能止呕、安胎。

柿（柿树）

六、北京人记忆中的那些果树

柿（柿树）

Diospyros kaki **Thunb.**

柿科 Ebenaceae　柿属 *Diospyros*

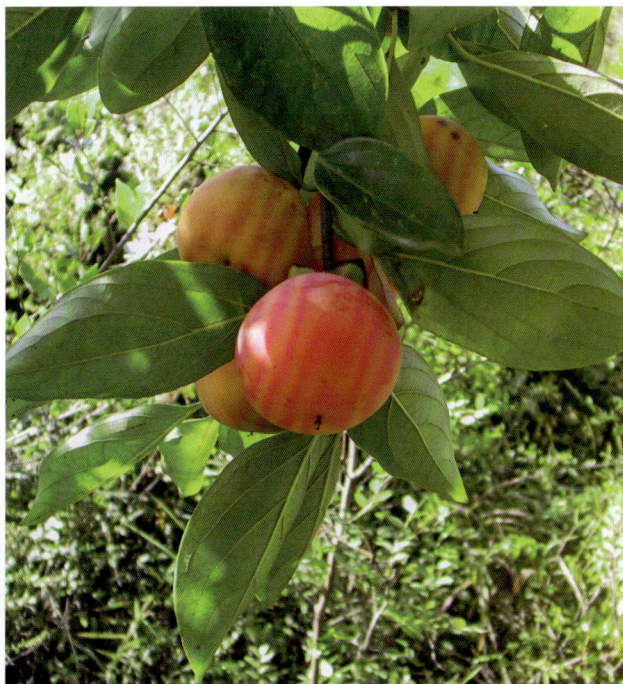

柿（柿树）详细内容见第 184 页。

板栗（栗） *Castanea mollissima* Blume

壳斗科 Fagaceae　栗属 *Castanea*

形态特征： 落叶乔木。老树树皮纵裂。单叶互生，长圆形，侧脉直伸，在叶缘呈芒状锯齿，叶背被灰白色毛。花单性同株，雄花序穗状，雌花数个着生于雄花序基部，2~3 朵生于总苞内。壳斗具刺，全包坚果。坚果卵形，褐色。花期 4~6 月，果期 9~10 月。

分布及生境： 北京各区常见栽培，尤其是怀柔区及昌平区，生于海拔 1000 米以下山坡、田野、丘陵。喜光，不耐严寒。我国各地普遍栽培。

用途： 果实可食，为著名坚果；木材坚硬，可用作硬木或薪炭。

核桃（胡桃） *Juglans regia* L.

胡桃科 Juglandaceae　胡桃属 *Juglans*

形态特征： 落叶乔木。树皮灰色，老时浅纵裂。枝具片状髓心。芽近球形，被毛。奇数羽状复叶，互生，小叶 5~9，全缘，顶生小叶大。雄柔荑花序下垂，雌花常 1~3 朵集生新枝顶。核果球形，果核具 2 纵棱及浅刻纹。花期 4~5 月，果期 9~10 月。

分布及生境： 北京各区常见栽培，生于低山区海拔 1100 米以下。我国广泛分布于华北、华中、华东、东北和西北等地区。

用途： 果仁可食，为世界著名坚果；木材优良；树冠庞大，为庭荫树和园林绿化树种。

石榴

***Punica granatum* L.**

石榴科 Punicaceae　石榴属 *Punica*

石榴详细内容见第 235 页。

枣

***Ziziphus jujuba* Mill.**

鼠李科 Rhamnaceae　枣属 *Ziziphus*

枣详细内容见第 235 页。

花红　***Malus asiatica* Nakai**

蔷薇科 Rosaceae　苹果属 *Malus*

形态特征：落叶小乔木。叶片卵形，边缘有细锐锯齿。伞房花序，具花 4~7 朵，集生小枝顶端，萼筒钟状，萼片三角披针形，花瓣倒卵形或长圆状倒卵形，基部有短爪，淡粉色。果实较小，卵形或近球形，黄色或红色，宿存萼肥厚隆起。花期 4~5 月，果期 8~9 月。

分布及生境：北市常见栽培。我国分布于华北、西南和西北地区。适宜生长在海拔 50~2800 米山坡阳处、平原沙地。

用途：果实可食用；制果干。

苹果 *Malus pumila* Mill.
蔷薇科 Rosaceae　苹果属 *Malus*

形态特征： 落叶乔木。小枝短而粗，幼嫩时密被绒毛，老枝紫褐色。叶片椭圆形，边缘具有圆钝锯齿。伞房花序，具花 3~7 朵，集生于小枝顶端，萼片三角状披针形或三角状卵形，全缘，花瓣倒卵形，基部具短爪，白色，含苞未放时带粉红色。核果扁球形，萼洼下陷，萼片永存。花期 5 月，果期 7~10 月。

分布及生境： 北京常见栽培。原产欧洲及亚洲中部，栽培历史悠久，我国广泛种植。主要适生于通气、排水良好的偏沙性土壤。

用途： 著名果树，经济价值高。

槟子 *Malus* 'Binzi'

蔷薇科 Rosaceae　苹果属 *Malus*

形态特征：落叶乔木，苹果与沙果的杂交种。果实比苹果小，大于花红，熟时紫红色，略带酸涩，香味持久。

分布及生境：北京常见栽培。原产我国，已有 2000 多年栽培历史。

用途：香味持久，用作香氛；制果冻、果酱。

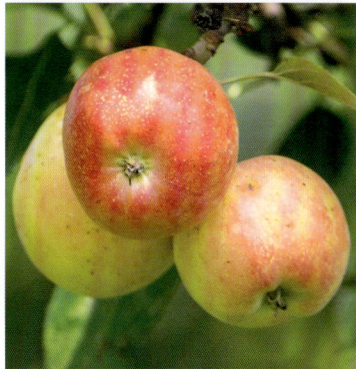

欧洲李 *Prunus domestica* L.

蔷薇科 Rosaceae　李属 *Prunus*

形态特征：落叶乔木。小枝幼时微被短柔毛，后脱落无毛。叶椭圆形或倒卵形，先端急尖或圆钝，稀短渐尖，基部楔形，有稀疏圆钝锯齿，正面无毛或脉上散生柔毛，背面被柔毛，边有睫毛，侧脉 5~9 对，叶基部两侧边缘各具 1 腺体。花 1~3 朵簇生短枝顶端；萼筒钟状，萼片卵形，两面被柔毛；花瓣白色，有时带绿色。核果卵圆形或长圆形，稀近球形，有沟，熟时红、紫、绿或白色，常被蓝黑色果粉；核宽椭圆形。花期 5 月，果期 9 月。

分布及生境：原产西亚和欧洲，由于长期栽培，品种甚多。我国各地引种栽培，有绿李、黄李、红李、紫李及蓝李等品种群。

用途：果实除供鲜食外，可制作糖渍、蜜饯、果酱、果酒，含糖量高的品种作李干。

楸子（海棠果）

***Malus prunifolia* (Willd.) Borkh.**
蔷薇科 Rosaceae　苹果属 *Malus*

形态特征： 落叶小乔木。嫩枝密被短柔毛，老枝无毛。叶卵形或椭圆形，有细锐锯齿，幼时两面中脉及侧脉具柔毛，渐脱落，仅背面中脉稍具短柔毛或近无毛；叶柄嫩时密被柔毛，老时脱落；花4~10朵，近伞房花序；苞片线状披针形，微被柔毛，早落；花托外面被柔毛，萼片披针形或三角状披针形，两面均被柔毛，萼片比被丝托长；花瓣倒卵形或椭圆形，基部有短爪，白色，含苞未放时粉红色；雄蕊20，基部具长绒毛，较雄蕊长。果卵圆形，直径2~2.5厘米，红色或红黄色，顶端渐窄，稍隆起，萼洼微突，宿萼肥厚，果柄细长。花期4月，果期8~9月。

分布及生境： 北京延庆、怀柔等区，及河北、山东、山西、河南、陕西、甘肃、辽宁、内蒙古等地区有野生或栽培。生于山坡、平地或山谷梯田边。

用途： 适应性强，抗寒、抗旱，也能耐湿，是苹果的优良砧木；果可食用。

杏

***Prunus armeniaca* L.**

蔷薇科 Rosaceae　李属 *Prunus*

形态特征：落叶乔木。叶片宽卵形或圆卵形，先端急尖至短渐尖，基部圆形至近心形，叶缘有圆钝锯齿。花单生，先于叶开放；花萼紫绿色，萼片卵形，花后反折；花瓣圆形至倒卵形，白色或带红色，具短爪。果实球形，黄色至黄红色，常具红晕，微被短柔毛。花期 3~4 月，果期6~7 月。

分布及生境：北京郊区各地均有种植。我国分布于全国各地，海拔可达 3000 米，多数为栽培，尤以华北、西北和华东地区种植较多，少数地区逸为野生，在新疆伊犁一带野生成纯林。

用途：果实可食；杏仁入药，有止咳祛痰、定喘润肠之效。

桃

***Prunus persica* L.**
蔷薇科 Rosaceae　李属 *Prunus*

久保

形态特征：落叶乔木。叶片长圆披针形，先端渐尖，基部宽楔形，叶边具细锯齿。花单生，先于叶开放；萼筒钟形，绿色而具红色斑点，萼片卵形至长圆形；花瓣长圆状椭圆形，粉红色，花药绯红色。核果果肉近白色，被毛。花期 3~4 月，果期 8~9 月。

分布及生境：北京各园林庭院均有栽培。原产我国，全国各地广泛栽培。

用途：果实可食；桃胶可用作黏结剂，也可药用。

久保

蟠桃

早玉

瑞光

北京 8 号

久保桃园地点：北京平谷王辛庄镇西杏园村

欧洲甜樱桃

Prunus avium (L.) Moench

蔷薇科 Rosaceae 李属 _Prunus_

形态特征： 落叶乔木。树皮黑褐色，横裂。小枝灰棕色，嫩枝绿色，冬芽卵状椭圆形。叶片倒卵状椭圆形或椭圆卵形，先端骤尖或短渐尖，基部圆形或楔形，叶边有缺刻状圆钝重锯齿，齿端陷入小腺体，叶正面无毛，背面被稀疏长柔毛；托叶狭带形，边有腺齿。花序伞形，有花 3~4 朵，花叶同开，总梗不明显；花瓣白色，倒卵圆形，先端微下凹；雄蕊约 34；花柱与雄蕊近等长，无毛。核果近球形或卵球形，红色至紫黑色，直径 1.5~2.5 厘米；核表面光滑。花期 4~5 月，果期 6~7 月。

分布及生境： 原产欧洲及亚洲西部，欧亚及北美久经栽培，品种亦多。我国东北、华北等地区，引种栽培，市场上常见'那翁''福寿''滨库''黄玉''大紫'均属于本系统。

用途： 早春水果，北京的樱桃实为该种。

梨 *Pyrus* spp.

蔷薇科 Rosaceae　梨属 *Pyrus*

形态特征： 落叶乔木或灌木。叶片卵形，基部楔形，先端渐尖，叶缘具锯齿。大小因品种不同而各异。花形成伞房花序，白色、粉红色；花瓣卵形，花梗较长。核果"梨形"，不同品种的果皮颜色大相径庭。

分布及生境： 北京庭院栽培。最早栽培于我国的西南部，后在世界各地广泛栽培。

用途： 药用可止咳；果实是有重要经济价值的水果；可作观赏树种。

北京常见梨的品种有：

白梨系列：鸭梨、酥梨、红肖梨。

秋子梨系列：京白梨。

砂梨系列：丰水梨。

246

白梨 ***Pyrus bretschneideri* Rehd.**
蔷薇科 Rosaceae 梨属 *Pyrus*

鸭梨

酥梨

鸭梨梨园

红肖梨

秋子梨 ***Pyrus ussuriensis* Maxim.**
蔷薇科 Rosaceae 梨属 *Pyrus*

京白梨

京白梨

京白梨

砂梨 *Pyrus pyrifolia* (Burm. f.) Nakai
蔷薇科 Rosaceae　梨属 *Pyrus*

丰水梨

丰水梨

葡萄 *Vitis vinifera* L.
葡萄科 Vitaceae　葡萄属 *Vitis*

葡萄详细内容见第 236 页。

玉兰

七、为北京绿化美化做出贡献的外来引入树种

银杏 *Ginkgo biloba* L.
银杏科 Ginkgoaceae　银杏属 *Ginkgo*

银杏在北京均为栽培种，无野生种，故称外来引入树种。银杏详细内容见第 176 页。

日本五针松 *Pinus parviflora* Siebold et Zuccarini
松科 Pinaceae　松属 *Pinus*

2018/06/13

2018/06/13

形态特征： 常绿乔木。树皮暗灰色，裂成鳞状块片脱落，树冠圆锥形。针叶5针一束，微弯曲，边缘具细锯齿，叶鞘早落。球果卵圆形，熟时种鳞张开，鳞盾斜方形，先端圆，鳞脐凹下，边缘薄，两侧边向外弯，下部底边宽楔形。种子具翅，二者近等长。花期4~5月，球果翌年10~11月成熟。

分布及生境： 北京各公园盆栽。原产日本。喜生于山腹干燥之地，对土壤要求不严。

用途： 常作庭园树或作盆景用。

圆柏

Juniperus chinensis L.
柏科 Cupressaceae　刺柏属 *Juniperus*

圆柏详细内容见第208页。

白皮松

Pinus bungeana Zucc. ex Endl.
松科 Pinaceae　松属 *Pinus*

白皮松详细内容见第179页。

第二部分　见证历史　美化北京

250

杜仲 *Eucommia ulmoides* Oliver

杜仲科 Eucommiaceae　杜仲属 *Eucommia*

形态特征： 落叶乔木。全株含硬橡胶细丝。树皮灰褐色。单叶互生，椭圆形或长圆状卵形，先端锐尖，边缘有粗锐锯齿。花生于当年枝下部，雌雄异株，无花被，雄花簇生，雌花单生。翅果扁平，长椭圆形，先端2裂。花期4~5月，果期9~10月。

分布及生境： 我国特有植物，原产长江流域各地区，北京各地常见栽培，见于平原路边、公园及丘陵地区。

用途： 树皮药用，补肝肾、强筋骨、降血压；所含硬橡胶（杜仲胶）为重要工业材料；木材供建筑及制家具；常栽培供观赏。

刺槐

Robinia pseudoacacia L.

豆科 Fabaceae　刺槐属 *Robinia*

刺槐详细内容见第187页。

杂交鹅掌楸

Liriodendron chinense × *tulipifera*

木兰科 Magnoliaceae　鹅掌楸属 *Liriodendron*

杂交鹅掌楸详细内容见第189页。

欧洲七叶树

***Aesculus hippocastanum* L.**
七叶树科 Hippocastanaceae　七叶树属 *Aesculus*

形态特征： 落叶乔木。掌状复叶对生，5~7 小叶倒卵形，无小叶柄，先端短急锐尖，基部楔形，边缘有钝尖的重锯齿。圆锥花序顶生，无毛或有棕色绒毛，花萼钟形，5 裂，花瓣 4 或 5，白色，有红色斑纹，爪初系黄色，后变棕色。果实系近于球形的蒴果。花期 5~6 月，果期 9 月。

分布及生境： 北京公园、高校已大量引进种植，生长态势良好。原产阿尔巴尼亚和希腊。我国引种栽培。

用途： 树冠广阔，可作行道树和庭园树。

美国红梣（洋白蜡）

***Fraxinus pennsylvanica* Marsh.**
木犀科 Oleaceae　梣属 *Fraxinus*

形态特征： 落叶乔木。树皮灰色，粗糙皱裂。顶芽圆锥形，被褐色糠秕状毛。羽状复叶，小叶 7~9 枚，狭卵形或椭圆形。圆锥花序生于去年生枝上，花密集，雄花与两性花异株，与叶同时开放，花梢疏离；具花萼。翅果狭倒披针形。花期 4 月，果期 8~10 月。

分布及生境： 北京多为栽培。原产美国东海岸至落基山脉一带，生于河湖边岸湿润地段。

用途： 树姿美丽，我国引种栽培已久，遍及全国各地，多见于庭园与行道树。

玉兰

Yulania denudata (Desr.) D. L. Fu

木兰科 Magnoliaceae　玉兰属 *Yulania*

玉兰详细内容见第 189 页。

牡丹

Paeonia × suffruticosa Andr.

芍药科 Paeoniaceae　芍药属 *Paeonia*

牡丹详细内容见第 233 页。

二球悬铃木

Platanus acerifolia (Aiton) Willd.

悬铃木科 Platanaceae　悬铃木属 *Platanus*

二球悬铃木详细内容见第 193 页。

一球悬铃木

Platanus occidentalis L.

悬铃木科 Platanaceae　悬铃木属 *Platanus*

一球悬铃木详细内容见第 193 页。

甘肃民勤连古城国家级自然保护区第二期综合科学考察报告

刘晓娟　白振清　主编

中国林业出版社
China Forestry Publishing House

图书在版编目（CIP）数据

甘肃民勤连古城国家级自然保护区第二期综合科学考
察报告 / 刘晓娟, 白振清主编. -- 北京 : 中国林业出
版社, 2025. 7. -- ISBN 978-7-5219-3127-3

Ⅰ. S759.992.42

中国国家版本馆CIP数据核字第2025PY8417号

策划编辑：刘家玲
责任编辑：甄美子
装帧设计：北京八度出版服务机构

出版发行：中国林业出版社
　　　　（100009，北京市西城区刘海胡同 7 号，电话 83143616）
电子邮箱：cfphzbs@163.com
网址：https://www.cfph.net
印刷：河北鑫汇壹印刷有限公司
版次：2025 年 7 月第 1 版
印次：2025 年 7 月第 1 次
开本：889mm×1194mm　1/16
印张：12.25
插页：6
字数：280 千字
定价：56.00 元

《甘肃民勤连古城国家级自然保护区第二期综合科学考察报告》
编辑委员会

编写领导小组

主　　任：白振清（甘肃民勤连古城国家级自然保护区管护中心）

纪委书记：赵多明（甘肃民勤连古城国家级自然保护区管护中心）

副 主 任：高万林（甘肃民勤连古城国家级自然保护区管护中心）

编写组

主　　编：刘晓娟（甘肃农业大学）

　　　　　白振清（甘肃民勤连古城国家级自然保护区管护中心）

副 主 编：刘学录（甘肃农业大学）

　　　　　刘长仲（甘肃农业大学）

　　　　　单立山（甘肃农业大学）

　　　　　赵多明（甘肃民勤连古城国家级自然保护区管护中心）

　　　　　高万林（甘肃民勤连古城国家级自然保护区管护中心）

　　　　　曾新德（甘肃民勤连古城国家级自然保护区管护中心）

编　　委（按汉语拼音排序）：

白天霞	柏成林	蔡丽红	陈国锐	陈雅婷	陈永明	富全年	富雅琼	顾兴武
韩鼎	何爱军	何新兵	霍建华	贾斌斌	姜文晶	姜宪武	姜有忠	雷占蓉
李发鸿	李慧	李会保	李开雯	李锐	李威龙	刘红梅	陆云	马晶
马中平	毛焕雄	宁宝山	潘从华	潘茜	邱晓菲	邱作金	孙润峰	王森
王承勋	王红平	王芊	王维明	王晓琴	王新芳	王颖佳	王永成	魏育新
谢瑞德	辛爱民	许明	许燕	许雅娟	许有文	薛斌瑞	杨慧	杨慧琴
杨巨海	杨述睿	杨晓宝	杨雅婷	于冬亮	于文辉	詹天军	张朝祥	张春梅
张杰	张晓丽	张洋	赵博	仲生明	曾祥平			

审　　稿：孙学刚（甘肃农业大学林学院）

摄　　影：刘晓娟　刘长仲　孙学刚　曾新德

前言

　　甘肃民勤连古城国家级自然保护区（以下简称民勤连古城自然保护区或保护区），位于甘肃省河西走廊东北部、石羊河流域下游的民勤县境内，保护区总面积389882.50hm²，主要保护对象为荒漠植被群落、珍稀濒危野生动植物、极其脆弱的荒漠生态系统和古人类文化遗址，是我国典型的荒漠生态系统类型自然保护区。

　　民勤连古城自然保护区的前身是1982年甘肃省人民政府批准建立的民勤县连古城沙生植物保护区，因区内分布有汉代连城、古城等古人类文化遗址而得名，原保护面积为14000hm²。为抢救性保护民勤生态，2002年7月，甘肃省委、省政府批准将原民勤县连古城沙生植物保护区面积扩大28倍，并经国务院批准晋升为国家级自然保护区，保护区范围约占民勤县国土面积的1/4。保护区地处巴丹吉林沙漠和腾格里沙漠前沿，生态区位极为重要，对于遏制两大沙漠合拢，维护民勤绿洲、河西走廊乃至国家西部生态安全发挥着不可替代的重要作用。

　　2005年8月，成立甘肃民勤连古城国家级自然保护区管理局，事业性质，县处级建制，由原甘肃省林业厅管理。2021年5月，更名为甘肃民勤连古城国家级自然保护区管护中心，隶属于甘肃省林业和草原局。内设办公室、组织人事科、计划财务科、保护监测科、科研管理科、信息管理科6个职能科室，下设黄岭、三角城、连古城、勤锋、花儿园、红崖山、南湖保护站7个基层保护站。

　　建区以来，甘肃民勤连古城国家级自然保护区管护中心（以下简称管护中心）在甘肃省林业和草原局的坚强领导下，在地方各级党委、政府和相关部门的大力支持下，始终坚持以自然保护为根本，以创建荒漠生态系统类型国家级示范保护区和标准化国家级公益林管护示范区为目标，坚定不移加强生态环境保护，全力做好资源管护、防沙治沙、生态修复、科学研究、宣传教育、基础建设、森林草原防火、有害生物防治、智慧保护区建设等各项工作。经过20年的不懈努力，保护区植被盖度和森林覆盖率逐年上升，野生动植物种类明显增加，种群数量和分布范围也在逐渐扩大，区域生态环境质量和荒漠生态系统的稳定性得到了恢复性改善。

为了进一步摸清保护区本底资源，精准掌握保护区主要保护对象和各类资源消长变化动态，科学分析保护区成立以来的生物多样性、生态系统、森林群落等的变化趋势，综合评价保护成效，为保护区高质量发展提供科学依据，从2015年开始，甘肃农业大学林学院组织牵头，分植物资源（含真菌）、动物资源、昆虫资源、地质与水文、生态环境（含荒漠化现状）5个专题启动开展保护区第二次综合科学考察工作，全面调查了保护区的气候特征、地质历史、地形地貌、土壤、土地利用现状、荒漠化现状、植物资源与植被、森林资源、脊椎动物资源、昆虫资源、社会经济、保护管理现状等情况，并在实地调查研究的基础上，编撰完成了《甘肃民勤连古城国家级自然保护区第二期综合科学考察报告》。

本书编写分工如下：刘晓娟负责前言、第一章、第八章、附录1；白振清负责第二章、第九章、第十章、第十二章；曾新德负责第十三章、附录2；刘学录负责第三章、第四章、第五章、第六章；单立山负责第七章；刘长仲负责第十一章、附录3、附录4、附录5。其他作者协助完成了外业调查、数据整理等相关工作。

由于编者水平所限，本书中难免存在疏漏和不当之处，敬请专家学者和广大读者批评指正。

编者

2024年12月

目 录

第一章 综述

甘肃民勤连古城国家级自然保护区位于甘肃省河西走廊东北部、石羊河流域下游的民勤县境内，因区内分布有汉代连城、古城遗址而得名，是典型的荒漠生态系统类型国家级自然保护区，地理位置为38°10′09″～39°09′09″N，102°30′02″～103°57′55″E，总面积为389882.50hm²，占民勤县国土面积的1/4，从北、西、南三面护卫着民勤绿洲，扼守住河西走廊的中部，生态区位十分重要。

1 气候

保护区气候属温带大陆性极干旱气候，具有明显的蒙新沙漠气候特征。气候特点是四季分明，常年干燥，降水少而集中，蒸发强烈，冬寒长、夏热短，昼夜温差悬殊，白天升温快，夜间降温也快，日照充足，风多。

根据2005—2021年气候数据统计结果，保护区年平均气温9.82℃，最热月7月，平均气温24.79℃，最冷月1月，平均气温-8.11℃。保护区年平均降水量122.7mm，主要集中在7～9月，占全年降水量的60.4%。保护区年平均蒸发量2359mm，是降水量的18.59倍。蒸发量最大的是5～7月，月平均蒸发量可达319.5mm。保护区八级大风平均日数11.4d，5月最多，平均2.8d，4月次之，为2.12d。保护区年平均日照时数3177h，4～8月平均每天日照9h以上。年平均沙尘暴日数4.7d，4月、5月最多，总体呈下降趋势。

2 地质历史

保护区处于阿拉善板块与祁连加里东板块的缝合线地带，由两个地质单元构成。保护区发育的主要地层为：元古界，包括上元古界震旦纪Z（5821.87hm²）和下元古界Pt_1（20653.03hm²）；古生界仅发育寒武系$\in_2$（4144.60hm²）；中生界发育侏罗系J_2（93.30hm²）、白垩系K_1（2246.32hm²）；新生界中发育有第三系E_3（13648.77hm²）、第三系N（6596.71hm²）、第四系Q_1^{2f}（19826.29hm²）、第四系Q_3^f（40828.90hm²）、第四系Q_3^p（13348.07hm²）和第四系Q_4^e（196155.43hm²）。分布的主要基岩为：加里东期花岗岩y_3^3（2868.83hm²）、华力西期花岗岩y_4^3（3031.01hm²）、华力西期辉长岩y_4^1（14377.80hm²）、富斜花岗岩yv_2（46241.56hm²）。

3 地形地貌

保护区的地貌基本类型包括平原、山地、丘陵和盆地，以平原和盆地为主。地貌的主要类型具有鲜明的荒漠地貌特征，岩漠、砾漠、沙漠、盐漠与泥漠均有分布，以岩漠和沙漠为主，盐漠和泥漠主要分布于低洼地区。

4 土壤

保护区内的土壤以流动风沙土为主，面积最大且空间分布多样性最高。在不同地形上土壤类型和空间分布都存在差异。从平原区、山地区、盆地区至丘陵区，土壤丰富度指数和数量多样性指数递减，平原及丘陵区土壤优势度指数高，盆地土壤空间多样性指数最高。盆地区土壤分布均匀，破碎度高，无优势土壤。

5 土地利用现状

保护区批复面积为389882.50hm²，实际管理图示面积为396653.612hm²。根据民勤县2021年国土变更调查成果，按照《国土空间调查、规划、用途管制用地用海分类指南（试行）》划分，保护区林地面积232282.86hm²，占58.56%，草地面积37341.50hm²，占9.41%，湿地面积2279.48hm²，占0.57%，其他各类土地124749.78hm²，占31.45%，其中，仓储用地0.24hm²，耕地2449.13hm²，工矿用地57.56hm²，公共管理与公共服务用地1.76hm²，公用设施用地3.12hm²，交通运输用地293.54hm²，居住用地25.77hm²，陆地水域120.79hm²，绿地与开敞空间用地0.002hm²，农业设施建设用地238.03hm²，商业服务业用地7hm²，特殊用地11.41hm²，园地103.05hm²，其他用地121438.34hm²。

6 荒漠化现状

保护区荒漠化土地面积较大，占保护区土地总面积的99.60%；其荒漠化类型表现为风蚀荒漠化和盐渍荒漠化两种形式，以风蚀荒漠化为主，风蚀荒漠化土地面积较大，占保护区荒漠化土地总面积的98.75%。保护区荒漠化发生的程度以极重度荒漠化所占比重最大，占保护区荒漠化土地面积的37.62%，且两种荒漠化类型发生的程度有所不同，风蚀荒漠化发生程度较重，以极重度和重度荒漠化为主，而盐渍化荒漠化发生的程度相对较轻，以中度荒漠化为主。保护区不同的土地利用类型占有的荒漠化土地面积有所不同，其中林地用地和未利用土地占有的荒漠化土地面积最大，共计占荒漠化总面积的89.04%，且风蚀荒漠化为主。不同土地利用类型发生荒漠化的程度不同，林地和耕地荒漠化程度以中度为主，草地以重度为主，未利用地以极重度为主。

保护区沙化土地面积较大，占保护区总面积的90.50%；其土地沙化类型多样，分别为流动沙地（丘）、半固定沙地（丘）、固定沙地（丘）、露沙地、沙化耕地、戈壁，且以流动沙地和固定沙地为主，其面积占到沙化土地面积的31.84%、31.17%。保护区沙化土地程度以极重度为主，占保护区沙化土地面积的47.81%。按土地利用类型分，林业用地沙化土地面积最大，占保护区沙化土地总面积的47.25%，且主要分布于固定沙地和半固定沙地两种沙化土地类型，但其沙化土地程度为中度；未利用土地沙化土地面积次之，占保护区沙化土地总面积的41.42%，主要集中为流动沙地和戈壁两种沙化土地类型，且以极重度沙化程度土地为主。保护区荒漠化现象是人为活动和脆弱生态环境相互影响、相互作用的产物，是人地关系矛盾的结果。在防治土地荒漠化过程中，保护区遵循"适地适树"的理念，采取以林草植被建设为主以及生物与工程相结合的综合防治体系，有效地增加地表植被覆盖，减少尘源。

7 植物资源与植被

保护区内共有维管植物44科151属249种3变种。其中，蕨类植物1科1属2种，裸子植物1科1属2种，被子植物42科149属245种3变种。保护区植物区系温带性质显著，表现出一定旱生性和古老残遗性，植物区系生境独特、区系年轻，且与各大洲之间交流较少。保护区植物群落可划分为7个植被型组，9个植被类型，13个植被亚型，39个植物群系，45个群丛。保护区共有药用植物117种，盐生植物80余种，牧草植物比较重要的有20余属，近百种，以禾本科和莎草科植物为主。根据2021年国家林业和草原局、农业农村部公布的《国家重点保护野生植物名录》，保护区有国家重点保护野生植物10种，其中一级保护植物有发菜1种，二级保护植物有瓣鳞花、蒙古扁桃、绵刺、沙冬青、肉苁蓉、甘草、黑果枸杞、阿拉善单刺蓬、锁阳，共9种。

8 森林资源

保护区面积较大，林业用地资源丰富。目前区内林业用地232282.86hm²，占保护区总面积的58.56%，其中：乔木林地97.95hm²，占林业用地的0.06%；灌木林地231142.15hm²，占林业用地的99.5%；其他林地1042.76hm²，占0.44%。

在林分起源上，天然林121356.47hm²，占林地面积的52.24%，盖度达到37%，全部为灌木林，其中柠条灌丛13259.27hm²、柽柳灌丛84.36hm²、白刺灌丛84774.49hm²、珍珠猪毛菜灌丛3099.86hm²、绵刺灌丛563.26hm²、麻黄灌丛4455.68hm²、沙拐枣灌丛2827.32hm²、红砂灌丛6818.11hm²、盐爪爪灌丛1512.64hm²、梭梭灌丛526.53hm²、其他灌丛3428.12hm²。人工林48249.84hm²，占林地面积的20.77%，盖度达到35%：乔木林9.7638hm²，其中沙枣林3.6166hm²、杨树林6.099hm²、榆树林0.0482hm²；灌木林48240.08hm²，其中梭梭灌丛36228.08hm²、沙拐枣灌丛208.14hm²、柠条灌丛34.02hm²、柽柳灌丛59.93hm²、白刺灌丛11637.3hm²、其他灌丛72.6hm²。

9 脊椎动物资源

保护区共有陆栖野生脊椎动物180种，隶属4纲28目63科115属，占甘肃省物种总数的21.25%，占全国物种总数的7.24%。鸟纲（Aves）20目46科89属151种，哺乳纲（Mammalia）6目9科16属17种，爬行纲（Reptilia）1目6科7属9种，两栖纲（Amphibian）仅1目2科3属3种。按区系划分，广布种88种，古北界91种，东洋界只有1种。分布型有10种，以北方类群为主。国家一级保护动物有11种，国家二级保护动物有30种。中国林蛙、白尾地鸦和荒漠沙蜥为中国特有种。保护区鸟类相对丰富，哺乳类次之，两栖爬行类较低，以蒙新区特点为主。

10 昆虫资源

保护区昆虫共计13目94科365种和螨类1目2科5种。鞘翅目、鳞翅目、半翅目、直翅目、膜翅目类群丰富，分别占总科数的21.88%、19.79%、16.67%、11.46%、11.46%，占总种类数的

31.62%、14.32%、14.05%、12.43%、7.30%。双翅目虽然只有6个科，但种类较多（36种），占全部种类的9.73%。在370种昆虫和螨类种，有害虫241种，害螨5种，分属于8目66科。其中鞘翅目、鳞翅目、半翅目、直翅目害虫类群多，分别占总科数的25.76%、28.79%、19.70%、16.67%，占总种类数的34.15%、21.54%、19.51%、18.29%。保护区内天敌种类较多，共有113种，隶属于100目26科。其中鞘翅目、双翅目、膜翅目种类丰富，分别占总种类数的27.43%、25.66%、15.93%。在害虫中，夜蛾科的僧夜蛾、叶甲科的沙蒿金叶甲、白刺粗角萤叶甲和蝗虫类，种群数量较大，若遇适宜条件，有暴发成灾的风险。在天敌昆虫中，鞘翅目步甲类、膜翅目寄生蜂类、脉翅目草蛉类、半翅目姬猎蝽类等种群数量较大，对害虫有一定控制作用。

11　社会经济

2021年末民勤县户籍人口25.79万人，常住人口17.39万人，主要分布在绿洲，人口密度11人/km²。保护区周边涉及14个乡镇，常住人口18.68万人，占民勤县常住人口的77.4%。民族以汉族为主，并有回族、藏族、蒙古族、满族、彝族、土族等少数民族。

保护区内的南湖、花儿园保护站长期居住的牧民从事以牛羊养殖为主的畜牧业。区内无农业和工业生产。民勤县2021年地区生产总值（GDP）91.24亿元，其中，第一产业增加值42.17亿元，第二产业增加值13.77亿元，第三产业增加值35.30亿元。按常住人口计算，人均地区生产总值（GDP）51940元。

第二章 气候特征

保护区气候属温带大陆性极干旱气候，具有明显的蒙新沙漠气候特征。气候特点是四季分明，常年干燥，雨量少而集中，蒸发强烈，冬寒长、夏热短，昼夜温差悬殊，白天升温快，夜间降温也快，日照充足，风多。

1 温度

2005—2021年，保护区年平均气温9.82℃，最热月7月，平均气温24.79℃，最冷月1月，平均气温−8.11℃（图2-1）。平均年较差达32.91℃，极端气温年较差为67.2℃（2008年）（图2-2）。

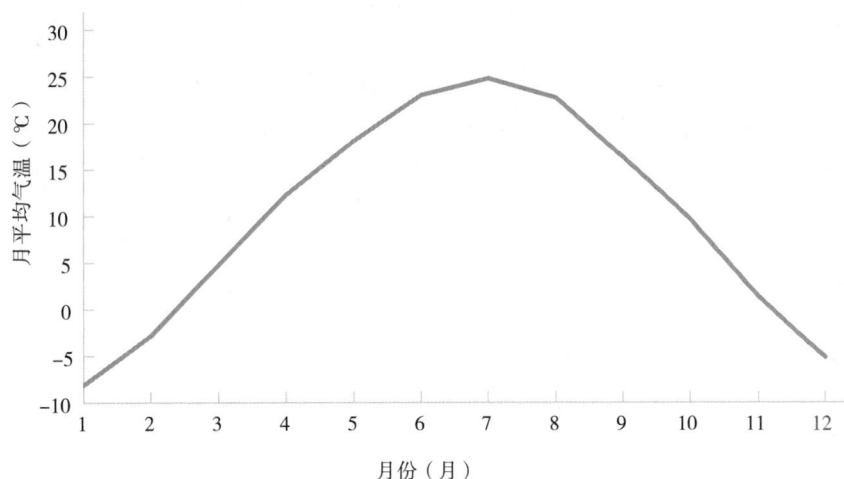

图2-1 2005—2021年月平均气温

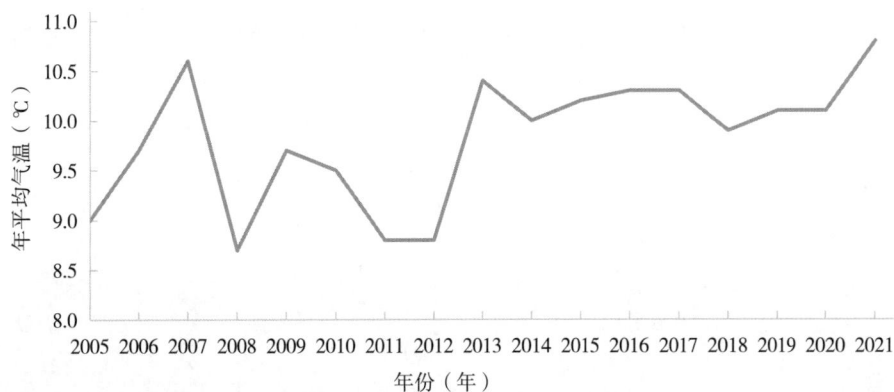

图2-2 2005—2021年年平均气温

保护区春季温度上升迅速，秋季温度下降剧烈。形成这种年变化特征的主要原因是气候干燥，全年天空少云、少雾；春季太阳直射北移，大陆地面热容量小，热传导慢，热量集中于表层，气温上升快，加之地面上又缺少植被而造成的，秋季则相反。

2 水汽压和相对湿度

保护区水汽压年平均570Pa，全年以7月和8月最大，平均1330Pa；1月最小，平均150Pa。水汽压有较明显的年变特征，即夏季大，冬季小。这是因为夏季温度高，从下垫面蒸发出来的水汽远多于冬季，夏季受东南季风的影响，冬季常受北方冷高压的干冷气团控制，加之温度低，蒸发微弱，因而水汽含量少，水汽压小。相对湿度年平均47%，最大12月和9月，平均58%，最小4月，只有30%。相对湿度秋冬最大在50%以上，最小是春季，在35%左右。说明相对湿度的年变主要受温度的控制，其次受降雨的影响也较大，如秋季的相对湿度较大，特别是9月和12月近似相等。从而进一步说明深居内陆的连古城保护区很少受夏季风的影响。

3 降水和蒸发

2005—2021年，保护区年平均降水量122.7mm（图2-3），主要集中在7～9月（图2-4），降水量为74.09mm，占全年降水量的60.4%，降水量最多的月达70.2mm（2006年8月），占全年的44.88%。2018年降水量最多，达171.1mm，8月降水量达70mm。2020年降水量最少，只有80.5mm，2～4月连续3个多月无降水，全年4个月无降水。这种降水稀少，且集中于夏秋季，年际、日际变化巨大，是典型大陆性气候的特征之一。

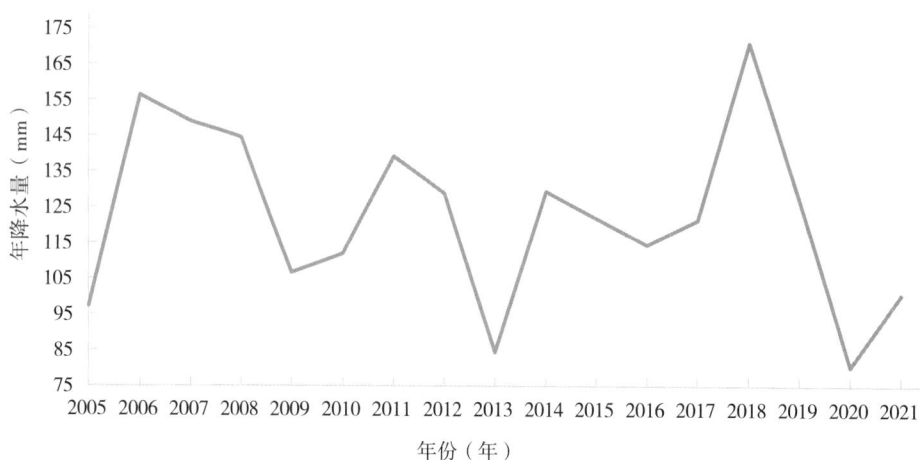

图2-3 2005—2021年年降水量

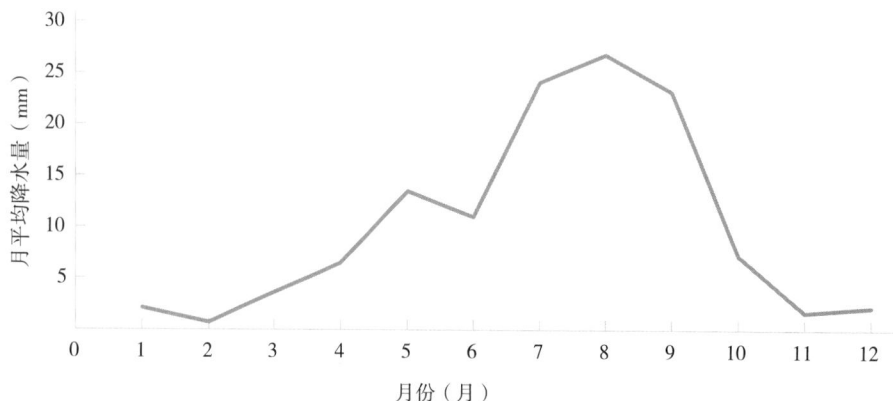

图2-4 2005—2021年月平均降水量

2005—2018年，保护区年平均蒸发量2359mm，是降水量的18.59倍（图2-5）。蒸发量最大的是5～7月，月平均蒸发量可达319.5mm（图2-6）。2009年蒸发量最大，达2924mm，是该年降水量的27.4倍。2017年蒸发量最小，为1913mm，是该年降水量的15.7倍。

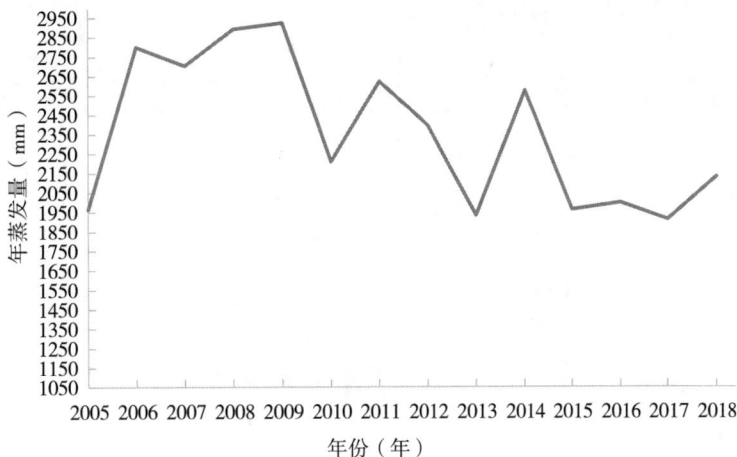

图2-5　2005—2018年年蒸发量

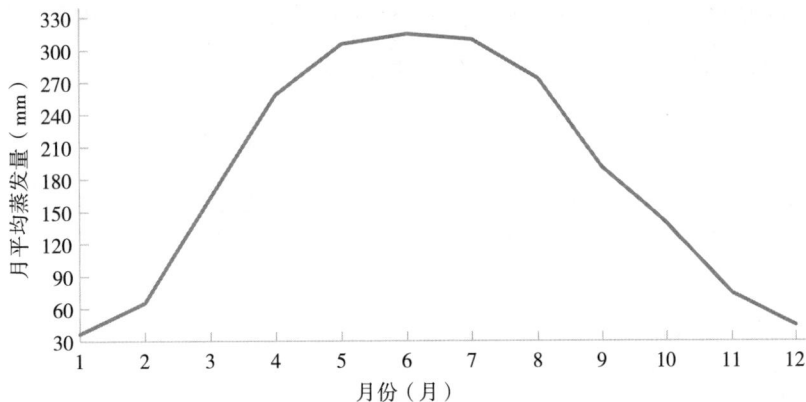

图2-6　2005—2018年月平均蒸发量

4　风

2005—2021年，保护区八级大风平均日数11.4d，5月最多，平均2.8d，4月次之，为2.12d（图2-7）。2016年八级大风日数最多，为19d。2016年和2015年八级大风日数最多，分别达19d和18d（图2-8）。

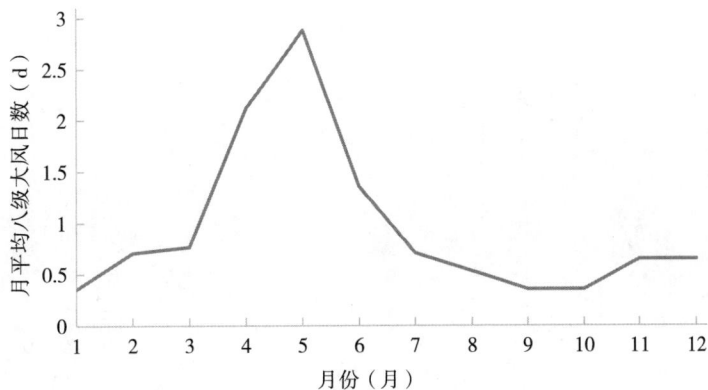

图2-7　2005—2021年月平均八级大风日数

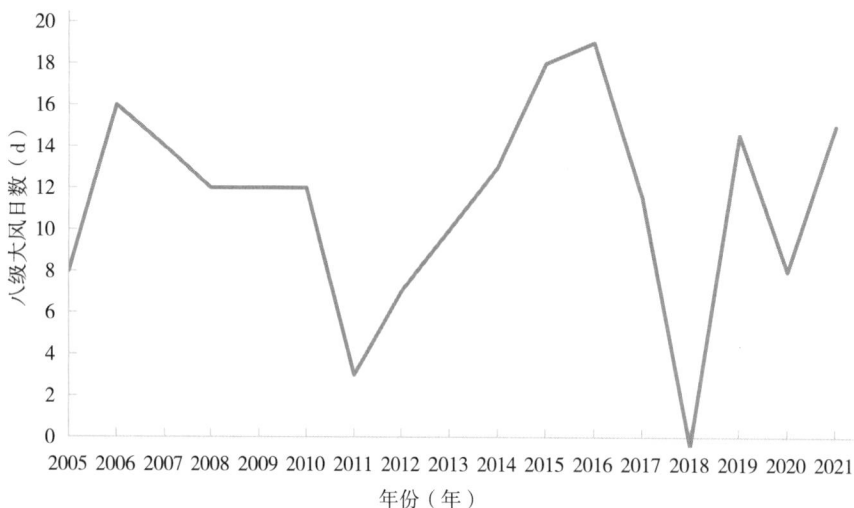

图2-8　2005—2021年八级大风日数

5　日照

2005—2021年，全年平均日照时数3177h（图2-9），4～8月平均每天日照9h以上。2016年日照时数最长，达3360.8h，有5个月平均每天日照9h以上。月平均日照时数以5月最高，达312.8h，12月至翌年2月的月平均日照时数均较低，约230h（图2-10）。

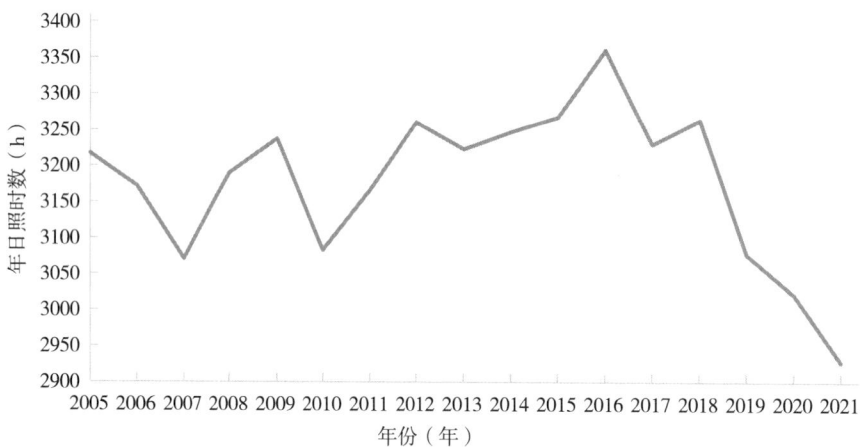

图2-9　2005—2021年年日照时数

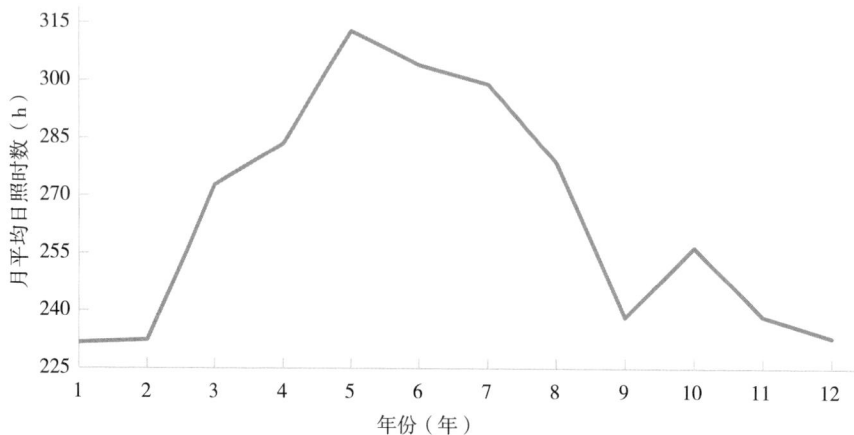

图2-10　2005—2021年月平均日照时数

6 沙尘暴

2005—2021年，年平均沙尘暴日数4.7d，2006年沙尘暴日数最多，达14d（图2-11）。月平均沙尘暴日数以4月、5月最多，2021年6月沙尘暴日数达5d（图2-12）。

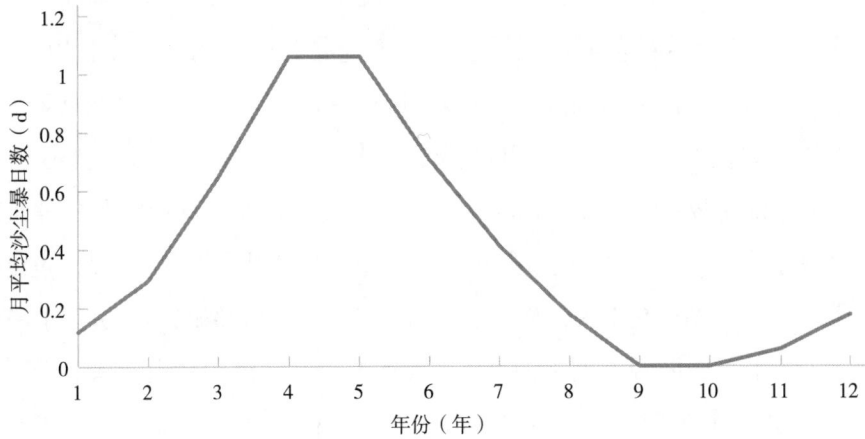

图2-11　2005—2021年月平均沙尘暴日数

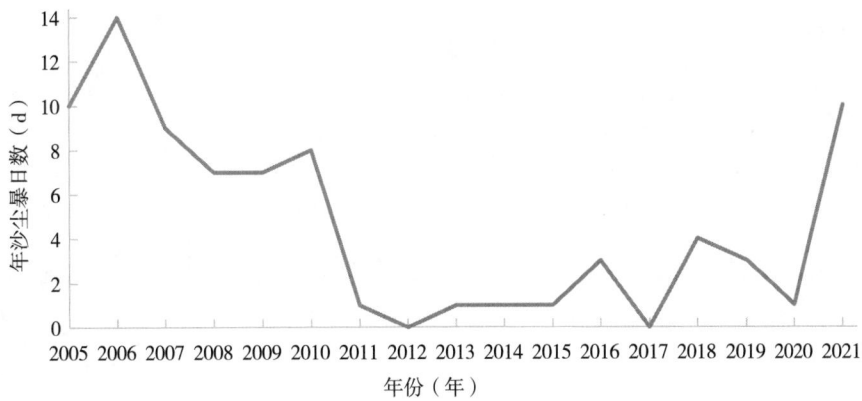

图2-12　2005—2021年年沙尘暴日数

第三章 地质历史

保护区处于阿拉善板块与祁连加里东板块的缝合线地带，由两个地质单元构成。红崖山以南属于武威盆地范围，古石羊河冲积扇缘末端，为卵砾石和细砂物质覆盖的平原区。红崖山以北的民勤盆地为近代河湖相冲积—洪积—淤积层及沙漠分布区，并有一些岛状低山丘零星散分布于其中。民勤盆地最北部以下羊房隐伏断层为界，北由北大山东延余脉横贯延伸，构成连续起伏的低山丘陵（俗称民勤北山），是阻止巴丹吉林沙漠伸入保护区的天然屏障，也是保护区内主要基岩出露地带。北大山湖相构造带的隆起，和红崖山一线的断裂凹陷，决定了民勤盆地的沉积环境。稳定上升的低山丘陵经长期剥蚀风化而被逐渐夷平，沉积物大量松散堆积的盆地，被上游河水携带的大量泥沙逐渐加厚，形成冲积砂砾—湖积砂土—半盐渍化亚黏土平原和风积沙丘。

1 地层与岩体

1.1 地层

保护区主要出露有上元古界震旦系到新生界第四系的地层。其中第四系的地层分布较广，其他地层仅有小范围零散分布。各时期地层中不同程度存在褶皱与倾斜，连续程度不同，这与漫长的地质时期内发生过多次强烈的构造运动，导致地层的分布与出露等方面形成差异有很大关系。

1.1.1 元古界

（1）上元古界震旦系Z：韩母山群

成分：下部为冰碛砾岩、含砾千枚岩，上部为板岩、灰岩。

a.冰碛岩：全称为冰碛砾泥岩，是世界稀有的岩石种类之一。其色为灰褐、暗褐，密度大，坚而脆，内夹杂有砂石或其他小生物化石。

b.千枚岩：具有千枚状构造的低级变质岩。原岩通常为泥质岩（或含硅质、钙质、炭质的泥质岩）、粉砂岩及中、酸性凝灰岩等，经区域低温动力变质作用或区域动力热流变质作用的绿片岩相阶段形成。显微变晶片理发育，片理面上呈绢丝光泽，变质程度介于板岩和片岩之间。

c.板岩：一种浅变质岩。由黏土质、粉砂质沉积岩或中酸性凝灰质岩、沉凝灰岩经轻微变质作用形成。黑色或灰黑色。岩石致密，板状劈理发育，板面上常有少量绢云母等矿物，使板面微显绢丝光泽。没有明显的重结晶现象。显微镜下可见一些分布不均匀的石英、绢云母、绿泥石等矿物晶粒，但大部分为隐晶质的黏土矿物及碳质、铁质粉末。具变余结构和斑点状构造。常见类型有碳质板岩、钙质板岩、黑色板岩等；也可根据岩石的其他特点，如矿物成分、结构构造等，分为空晶石板岩、斑点状板岩、粉砂质板岩、硅板岩等。

d.灰岩：又称石灰岩，是一种沉积岩。几乎由纯的方解石构成，其他成分的总含量常在5%以下，其中较为常见的是黏土矿物、石英粉砂、铁质微粒、海绿石、有机质等。在与砂岩过渡的灰岩中可含较多陆源碎屑，白云石化也可使白云石含量增加。结构较为复杂，有碎屑结构和晶粒结构两种。碎屑结构多由颗粒、泥晶基质和亮晶胶结物构成。颗粒（又称粒屑）主要有内碎屑、生物碎屑和鲕粒等，泥晶基质为由碳酸钙细屑或晶体组成的灰泥，质点大多小于0.05mm，亮晶胶结物是充填于岩石颗粒之间孔隙中的化学沉淀物，为直径大于0.01mm的方解石晶体颗粒；晶粒结构是由化学及生物化学作用沉淀而成的晶体颗粒。

（2）下元古界Pt_1：北大山群、龙首山群

成分：斜长片麻岩、大理岩、片麻岩、斜长角闪岩、片岩。

a.斜长片麻岩：长石成分主要为斜长石（不含或含少量钾长石）的片麻岩。它是片麻岩中最常见的岩石类型。岩石主要由中酸性斜长石、石英、黑云母、普通角闪石、辉石等组成。斜长片麻岩是中酸性侵入岩、火山岩或硬砂岩等经中高级变质作用的产物。

b.大理岩：一种变质岩，又称大理石。因在中国云南省大理县盛产这种岩石而得名。由碳酸盐岩经区域变质作用或接触变质作用形成。主要由方解石和白云石组成，此外含有硅灰石、滑石、透闪石、透辉石、斜长石、石英、方镁石等。具粒状变晶结构，块状（有时为条带状）构造。通常白色和灰色居多。其中，质地均匀、细粒、白色者，又称汉白玉。一般认为，大理岩可形成于不同的温度压力条件下，如透闪石大理岩形成于低－中温条件下，透辉石大理岩、镁橄榄石大理岩则形成于中高温变质条件下。

c.片麻岩：一种变质岩，具有明显的片麻状构造或条带状构造，主要由长石、石英和各种暗色矿物（云母、角闪石、辉石等）组成，其中长石和石英含量大于50%，长石多于石英。通常为中～高级变质作用的产物。具有鳞片粒状变晶，主要由长石、石英、云母等组成，根据岩石的物质成分可分为富铝片麻岩、斜长片麻岩、碱长（二长）片麻岩和钙质片麻岩等。还可依所含矿物种类进一步分为角闪石斜长片麻岩、石榴子石斜长片麻岩、黑云母斜长片麻岩等。其原岩类型比较复杂，可以是正常沉积岩（黏土岩、粉砂岩等），也可以是火山岩、火山碎屑岩或各种侵入岩。在一定的温度和压力条件下，可由区域变质作用或接触变质作用形成。

d.斜长角闪岩：主要为由角闪石和斜长石组成的中、高级造山变质岩。又称角闪岩。主要由占半数以上的角闪石和稍次要的斜长石构成，无石英或很少，其他常见矿物还有帘石、透辉石、铁铝榴石和黑云母，以及榍石、磷灰石、钛铁矿等副矿物。常为纤状－粒状变晶结构，块状构造，亦可呈片状或片麻状构造，粒度变化不定，有时还可出现条带状、斑杂状、雪花状和芝麻点状等特殊构造，可能与原岩类型关系密切。

e.片岩：具有片理构造，是常见的区域变质岩。原岩已全部重结晶，由片状、柱状和粒状矿物组成。一般为鳞片变晶结构、纤维状变晶结构和斑状变晶结构。常见矿物有片状矿物云母，粒状矿物以石英、长石为主，常含有红柱石、蓝晶石、石榴石、董青石、十字石、绿帘石类及蓝闪

石等特征变质矿物。片岩的类型主要取决于原岩类型，也与经历的温度压力条件密切相关，主要有云母片岩类、钙硅酸盐片岩类、绿片岩类、镁质片岩类、闪石片岩类、蓝闪石片岩类等。

1.1.2　古生界

下古生界寒武系∈₂：硅质岩、灰岩（含磷）

成分：以硅质岩夹薄层灰岩为主，含磷结核或磷块岩扁豆体，半生有矾矿等，所见古生物化石以三叶虫为主。

a.硅质岩： 指几种氧化硅矿物或由石英、蛋白石、玉髓、碧玉中的一种矿物组成的沉积岩、交代岩或变质岩。硅质岩包括硅藻岩、石英岩、燧石板岩、粉状石英岩、蛋白高岭岩，也称燧石岩。

b.灰岩： 岩石学特征与上元古界韩母山群基本相似。

c.磷块岩： 一种以碳氟磷灰石为主要矿物组分的沉积磷矿，脉石矿物有石英、玉髓、方解石、白云石、水云母、高岭石、海绿石及有机质等。颜色呈黄褐、绿褐、浅灰、深灰或黑色。硬度 $2\sim4$，密度 $2.8\sim3.0g/cm^3$。

1.1.3　中生界

（1）侏罗系 J_2

成分：河湖相、沼泽相碎屑岩、页岩，夹油页岩、煤层。

a.碎屑岩： 由机械破碎的岩屑，经过搬运、沉积、压实、胶结等过程形成的岩石，又称陆源碎屑岩。碎屑岩中碎屑含量达50%以上，除此之外，还含有基质与胶结物。基质和胶结物胶结了碎屑，形成碎屑结构。按碎屑颗粒大小可分为砾岩、砂岩、粉砂岩等。按物质来源可分为陆源碎屑岩和火山碎屑岩两类。火山碎屑岩按碎屑粒径又分为集块岩（>64mm）、火山角砾岩（64～2mm）和凝灰岩（<2mm）、粗砾岩（256～64mm）、中砾岩（64～4mm）、细砾岩（4～2mm）。砂岩按砂粒大小可细分为巨粒砂岩（2～1mm）、粗粒砂岩（1～0.5mm）、中粒砂岩（0.5～0.25mm）、细粒砂岩（0.25～0.1mm）、微粒砂岩（0.1～0.0625mm）。粉砂岩按粒度可分为粗粉砂岩（0.0625～0.0312mm）、细粉砂岩（0.0312～0.0039mm）。碎屑岩主要由碎屑物质和胶结物质两部分组成。碎屑物质又可分为岩屑和矿物碎屑两类。岩屑成分复杂，各类岩石都有。矿物碎屑主要是石英、长石、云母和少量的重矿物。胶结物主要是化学沉积形成的矿物，它们充填在碎屑之间的孔隙中起胶结作用，主要有硅质矿物、硫酸盐矿物、碳酸盐矿物、磷酸盐矿物及硅酸盐矿物。碎屑岩的孔隙是储存地下水及油、气的空间，研究碎屑岩对寻找地下水及油气矿床有实际意义。

b.页岩： 一种沉积岩，成分复杂，但都具有薄页状或薄片层状的节理，由黏土物质经压实作用、脱水作用、重结晶作用后形成。除黏土矿物外，还含有许多碎屑矿物和自生矿物，混杂有石英、长石的碎屑以及其他化学物质。由黏土物质硬化形成的微小颗粒易裂碎，很容易分裂成为明显的岩层。页岩抵抗风化的能力弱，在地形上往往因侵蚀形成低山、谷地。页岩透水能力弱，在地下水分布中往往成为隔水层。

（2）白垩系K_1

成分：河湖相、山麓相碎屑岩、泥岩，夹石膏、煤线。

a.石膏：一般所称石膏可泛指生石膏和硬石膏两种矿物。生石膏为二水硫酸钙（Ca［SO_4］·$2H_2O$），又称二水石膏、水石膏或软石膏，单斜晶系，晶体为板状，通常呈致密块状或纤维状，白色或灰、红、褐色，玻璃或丝绢光泽，摩氏硬度为2，解理平行完全，密度$2.3g/cm^3$。硬石膏为无水硫酸钙（Ca［SO_4］），斜方晶系，晶体为板状，通常呈致密块状或粒状，白、灰白色，玻璃光泽，摩氏硬度为3～3.5，解理平行完全，密度2.8～$3.0g/cm^3$。两种石膏常伴生产出，在一定的地质作用下又可互相转化。

b.泥岩：一种层理或页理不明显的黏土岩。泥质岩是粒度<0.0039mm（即<4μm）主要由黏土矿物组成的岩石。矿物成分复杂，主要由黏土矿物（水云母、高岭石、蒙脱石等）组成，其次为碎屑矿物（石英、长石、云母等）、后生矿物（绿帘石、绿泥石等）以及铁锰质和有机质。质地松软，固结程度较页岩弱，重结晶不明显。

c.碎屑岩：岩石学特征与侏罗系的碎屑岩相似。

1.1.4 新生界

（1）第三系E_3

成分：河湖相碎屑岩、泥岩，夹石膏。

a.泥岩：岩石学特征与前述泥岩相似。

b.碎屑岩：岩石学特征与前述碎屑岩相似。

（2）第三系N

成分：为河湖相浅红色碎屑岩，由河流砂岩体和湖泊砂岩体组成。

a.河流砂岩体：由河流成因的砂岩体称为河流砂岩体。河流砂岩体包括砾、砂、粉砂和黏土等各类碎屑沉积物，但以砂质为主，成分复杂，分选差至中等。河流砂岩体的形态极不规则，多呈带状，树枝状或网状，边缘呈锯齿状。

b.湖泊砂岩体：湖泊是陆地上水流汇集的地方，由于它距物源近，大量碎屑物质在湖泊中堆积，使湖泊砂岩体十分发育。湖泊的水动力条件和沉积过程与开阔的浅海相似，同样有波浪和沿岸流作用。在湖浪、湖岸流以及河流的地质作用下，湖泊砂岩体的类型是多种多样的，包括洪积成因的湖边扇砂砾岩体、湖成三角洲砂岩体、滨浅湖的湖滩砂岩体、水下隆起上的浅滩砂岩体、深湖的湖底扇砂岩体等，其中以滨浅湖的湖滩砂岩体和湖成三角洲砂岩体最为发育。

（3）第四系Q_1^{2f}：大南湖组、八格楞组

成分：大南湖组由灰、灰绿、灰褐色玄武凝灰岩，火山角砾岩和砂质灰岩、细砂岩、复矿砂岩、大理岩、燧石条带夹灰紫色安山玢岩、英安斑岩、安山玄武岩、霏细岩等组成。八格楞组下部为紫红色、橘红色半胶结砾岩和含砾砂岩；上部为粉砂岩、粉砂质泥岩。

a.凝灰岩：一种火山碎屑岩，火山碎屑物质有50%以上的颗粒直径小于2mm，成分主要是火山灰，外貌疏松粗糙或致密，有层理的称为层凝灰岩；因成分不同导致颜色多样，有紫红色、灰

白色、灰绿色等。根据其含有的火山碎屑成分，可以分为：晶屑凝灰岩、玻屑凝灰岩、岩屑凝灰岩。

b. 火山角砾岩： 由直径大于4mm的火山岩片组成，是一种压实固结的火山碎屑岩。多数具明显的棱角，分选差，大小不等。填隙物是火山灰、火山尘。常与火山集块岩伴生，位于火山口外侧。所含熔岩碎片以凝灰岩居多，玻璃细片及整石较少。主要由粒径为2～64mm的火山角砾组成，也含有其他岩石的角砾及少量的石英、长石等矿物晶屑。有些火山角砾岩含有大量的火山岩渣，砾块多具棱角，直径10～30cm居多，堆积情形不显层次，皆由火山物质胶结，一部分集块岩胶结紧密，砾块与胶结物之间无明显界限，砾块一般为安山岩，矿物种类有普通辉石、紫苏辉石及角闪石等多种，惯称为安山岩质集块岩。

c. 砂岩： 有物源区的岩石经风化、剥蚀、搬运在盆地中堆积形成。岩石由碎屑和填隙物两部分构成。碎屑常见矿物：石英、长石、白云母、方解石、黏土矿物、白云石、鲕绿泥石、绿泥石等。填隙物包括胶结物和碎屑杂基两种组分。常见胶结物有硅质和碳酸盐质胶结；杂基成分主要指与碎屑同时沉积的颗粒更细的黏土或粉砂质物。填隙物的成分和结构反映砂岩形成的地质构造环境和物理化学条件。砂岩按其沉积环境可划分为：石英砂岩、长石砂岩和岩屑砂岩三大类。砂层和砂岩构成石油、天然气和地下水的主要储集层。砂和砂岩可用作磨料、玻璃原料和建筑材料。一定产状的砂层和砂岩中富含砂金、锆石、金刚石、钛铁矿、金红石等砂矿。

d. 安山玢岩： 岩浆岩的一种，是中性喷出岩安山岩的次生岩石，也可以理解成喷出岩中次火山相的产物。岩石斑晶以斜长石和暗色矿物为主，基质为隐晶质－玻璃质。安山岩在受到次生变化时，斜长石往往变成绿泥石、绿帘石、高岭石等，失去光泽，颜色变绿。这种变化了的安山岩称安山玢岩，或称玢岩（但玢岩有时是一类岩石的总称）。

e. 斑岩： 具有斑状结构，以钾长石、副长石或石英为斑晶的喷出岩、浅成岩和超浅成侵入岩的统称。斑晶一般由碱性长石或石英组成，基质为细粒或隐晶质－玻璃质的喷出岩和浅成岩。喷出岩可分为流纹斑岩、粗面斑岩、白榴斑岩等；浅成岩可分为石英斑岩、花岗斑岩、正长斑岩等。斑状结构指岩石中可明显分出粗粒的斑晶矿物和细粒或隐晶质的基质两部分；以石英和碱性长石为斑晶的中、酸性岩石为主，如石英斑岩、花岗斑岩等；以暗色矿物，如黑云母、角闪石等为斑晶的基性或超基性脉岩称为煌斑岩；以斜长石为斑晶的中、基性浅成岩称为玢岩。斑岩和玢岩是岩浆分两个阶段结晶的产物；斑晶为岩浆早阶段在地下较深部位结晶形成，基质为岩浆活动晚阶段在地壳浅部结晶的产物。

f. 玄武岩： 一种基性喷出岩，其化学成分与辉长岩或辉绿岩相似，SiO_2含量变化于45%～52%，K_2O+Na_2O含量较侵入岩略高，CaO、Fe_2O_3+FeO、MgO含量较侵入岩略低。矿物成分主要由基性长石和辉石组成，次要矿物有橄榄石、角闪石及黑云母等，岩石均为暗色，一般为黑色，有时呈灰绿色以及暗紫色等。呈斑状结构，气孔构造和杏仁构造普遍。

g. 霏细岩： 酸性喷出岩的一类。酸性喷出岩中，通常存在斑状结构，斑晶为正长石（流纹岩）、石英（石英斑岩）或斜长石（英安岩）。但也有的无斑状结构，全部由隐晶质构成，即称为霏细岩。霏细岩的定义应该为：无斑或少斑的隐晶质流纹岩，具霏细结构。霏细岩如具有长石斑晶，则称为霏细斑岩。常见的如无斑的流纹岩，即为一种霏细岩。

h.砾岩：指由30%以上直径大于2mm的颗粒碎屑组成的岩石。其中由磨圆度较好的砾石、卵石胶结而成的称为砾岩；由带棱角的角砾石、碎石胶结而成的称为角砾岩。砾岩中碎屑组分主要是岩屑，只有少量矿物碎屑，填隙物为砂、粉砂、黏土物质和化学沉淀物质。根据砾石大小，砾岩分为漂砾（>256mm）砾岩、大砾（64～256mm）砾岩、卵石（4～64mm）砾岩和细砾（2～4mm）砾岩。根据砾石成分的复杂性，砾岩可分为单成分砾岩和复成分砾岩。根据砾岩在地质剖面中的位置，可分为底砾岩和层间砾岩。底砾岩位于海侵层序的底部，与下伏岩层呈不整合或假整合接触，代表了一定地质时期的沉积间断。

砾岩的形成决定于3个条件：有供给岩屑的源区；有足以搬运碎屑的水流；有搬运能量逐渐衰减的沉积地区。因此，地形陡峭、气候干燥的山区，活动的断层崖和后退岩岸是砾岩形成的有利场所。巨厚的砾岩层往往形成于大规模的造山运动之后，是强烈地壳抬升的有力证据。砾岩的成分、结构、排列方位，砾岩体的形态反映陆源区母岩成分、剥蚀和沉积速度、搬运距离、水流方向和盆地边界等自然条件。愈靠近盆地边界，沉积物的粒度愈大，陆源碎屑总含量也愈高。此外，古砾石层常是重要的储水层，砾岩的填隙物中常含金、铂、金刚石等贵重矿产，砾岩还可作建筑材料。

i.粉砂岩：主要由粉砂碎屑组成的沉积岩。粉砂岩是在经过了长距离搬运、水动力条件比较安静、沉积速度缓慢的环境下形成的。在横向上和纵向上可渐变成砂岩或黏土岩，并构成韵律性层理。粉砂岩形成于弱的水动力条件下，常堆积于潟湖、湖泊、沼泽、河漫滩、三角洲和海盆地等环境。

粉砂碎屑的粒径大小为0.0039～0.0625mm。比粉砂更细者称为泥。主要由粉砂碎屑组成的沉积岩是粉砂岩。粉砂岩的碎屑组分一般比较简单，以石英为主，长石和岩屑少见，有时含较多的白云母。填隙物有钙质、铁质及黏土质等。粉砂岩中常具有薄的水平层理，沉积物含水时易受液化产生变形层理及其他滑动构造。粉砂岩按粒度分为：粗粉砂岩（0.0312～0.0625mm）和细粉砂岩（0.0039～0.0312mm）；按混入物成分分为：泥质粉砂岩、铁质粉砂岩、钙质粉砂岩等。

按碎屑成分划分为石英粉砂岩、长石粉砂岩、岩屑粉砂岩（少见）和它们间的过渡类型。根据胶结物成分划分为黏土质粉砂岩、铁质粉砂岩、钙质粉砂岩和白云质粉砂岩。粉砂岩多形成于河漫滩、三角洲、潟湖和海洋的较深水部位。

（4）第四系Q_2^p：酒泉组，洪积

成分：底部为灰黑色含细砾泥灰岩，含植物碎片；中部为灰绿色、黄色亚黏土，含土螺、琥珀螺；上部为含砾泥灰岩，产平卷螺、肋齿螺等，酒泉组的时代与华北周口店和江西的大姑冰期相当。

a.灰岩：与前述灰岩的岩石学特征相似。

b.洪积物：由洪水堆积的物质，它是组成洪积扇的堆积物。洪积物是山区溪沟间歇性洪水挟带的碎屑物质，一般堆积在山前沟口。属快速流水搬运，因此一般颗粒较粗，除砂、砾外，还有巨大的块石，分选性也差，大小混杂。因为洪流搬运距离不长，碎屑磨圆度不好，多呈次棱角状。斜层理和交错层理发育。

（5）第四系Q_3^f：粉砂，冲积

成分：以粉砂为主。

粉砂：粒径大于0.075mm的颗粒含量超过全重50%，分布于石羊河的古河道内。由于地处石羊河流域的下游地区，沉积的水动力条件以流速缓慢为主，携带的搬运物质较细，除粉砂（石英、长石类矿物为主，其次为云母类矿物）外，含有丰富的泥质，有轻微黏着感，色调偏灰，松散，有一定程度的胶结，分选性高，水平层理发育，极易在风的搬运作用下再次移动，形成沙尘天气。

（6）第四系Q_3^p：粉砂，洪积

成分：与前述第四系Q_3^f的岩石学特征相似，但粗颗粒物质较多，松散性更高，层理以斜层理和交错层理为主，水平层理不发育。具有显著的流动性，沙丘规模不大，白刺群落发育，成为阻止其流动性的主要因素。

（7）第四系Q_4^e：风积

风积：保护区分布最广的第四系沉积物，占第四系沉积物分布区域的72.61%，由土壤等地表细颗粒物质经风力搬运后的再沉积而成。矿物成分以石英、长石类矿物为主，浅黄色，沙丘规模大，流动性强。

1.2 岩体

保护区属于华北板块华北地台阿拉善地块。阿拉善区的主要岩浆活动时期为早远古期及华力西期。

火成岩（花岗岩类）：早元古期富斜花岗岩、斜长花岗岩与同期中压相系变质岩呈渐变过渡关系，均属S型；华力西期岩体多为I型。元古代侵入岩部分分布于民勤北，侵入体呈东西向延展，与区内构造线一致，均受区域东西向构造控制。岩石类型以酸性为主，岩石具有麻片状构造，仅个别岩体为中性岩和基性岩。

变质岩：敦煌–阿拉善区基本为结晶基底裸露区，下远古界均为中压相系变质岩，混合岩化强烈。

1.2.1 元古期

元古期以富斜花岗岩yv_2为主，成分以斜长花岗岩为主，颜色呈灰色。

斜长花岗岩：岩石呈灰色，局部具片麻状构造，中心相为粗粒或斑状花岗结构，边缘相为中细粒花岗结构，局部为碎裂结构、交代结构及变晶结构。一般由斜长石（45%～60%）、钾长石（5%～10%）、石英（25%～30%）、黑云母（10%）及磷灰石、锆石、榍石、金红石、褐帘石、电气石、锡石、磁铁矿和黄铁矿等副矿物组成。斜长石为更中长石（An28～32），半自形状或粒状，聚片双晶弯曲，环带构造发育；钾长石为微斜条纹长石，他形粒状，具格子双晶及微纹构造，钾长石与斜长石接触常形成蠕英、净边、蚕食等交代结构；石英呈乳白色，不规则粒状，具波状消光；黑云母为绿色，自形片状，解理扭曲，半定向排列，其中常包裹副矿物，具强烈绿泥石化。岩体一般具中细粒结构，推测生成深度不大，剥蚀较浅。岩体由片麻状斜长花岗岩构成，偶尔过渡为花岗闪长岩，岩石普遍破碎甚至糜棱岩化。

岩石结构比较均匀，岩体生成深度中等，一般为中等剥蚀。岩性比较稳定，不易分相带，有的岩体可相变为斜长花岗岩或二长花岗岩。成矿作用：岩体赋存有大型钨矿床，接触带往往具矽卡岩型、热液型铁矿及多金属矿化，在钠化蚀变地段伴有铜、铅、金矿化等多种成矿作用。

1.2.2　加里东期

加里东期包括志留纪花岗岩 y_3^3、二长花岗岩 $y\eta_3^3$。

a. 花岗岩：肉红色，中细粒花岗结构，片麻状构造。由斜长石（20%～25%）、钾长石（40%）、石英（25%～30%）、黑云母（1%～3%）及锆石、磷灰石组成。一般生成深度较浅，剥蚀亦浅。

花岗岩与玄武岩同属岩浆岩，不同是在岩浆喷发的时候，花岗岩是地下部分，在高压下形成，质地比喷出地表后形成的玄武岩致密得多，因此很坚硬。花岗岩是岩浆在地下深处经冷凝而形成的深成酸性粒状结晶质火成岩，部分花岗岩为岩浆和沉积岩经变质而形成的片麻岩类或混合岩化的岩石。花岗岩主要组成矿物为长石、石英、黑白云母等，石英含量是10%～50%。长石含量约为总量之2/3，分为正长石、斜长石（碱石灰）及微斜长石（钾碱）。不同品种的矿物成分不尽相同，还可能含有辉石和角闪石。通常长石含量多于石英，两者成互嵌组织。按所含矿物种类，可分为黑色花岗岩、白云母花岗岩、角闪花岗岩、二云母花岗岩等；按结构构造，可分为细粒花岗岩、中粒花岗岩、粗粒花岗岩、斑状花岗岩、似斑状花岗岩、晶洞花岗岩及片麻状花岗岩和黑金沙花岗岩等。按所含副矿物，可分为含锡石花岗岩、含铌铁矿花岗岩、含铍花岗岩、锂云母花岗岩、电气石花岗岩等。花岗岩是一种分布广泛的岩石，各个地质时代都有产出。形态多为岩基、岩株、岩钟等。

b. 二长花岗岩：灰白或浅肉红色，中细粒花岗结构、似斑状结构，片麻状构造。由斜长石（30%～40%）、钾长石（30%～42%）、石英（20%～28%）、黑云母（5%～10%）及锆石、磷灰石、榍石、磁铁矿等副矿物组成，个别岩体中含白云母（5%）。斜长石为更长石（An12～19）；钾长石为微斜长石和条纹长石，明显交代斜长石；石英破碎并具波状消光。岩体属中深到浅成相，浅到中等剥蚀，通常岩体矿物成分和结构变化无规律，划分不出规则的相带。成矿作用：与许多重要内生金属矿关系密切，岩石微量元素普遍高，含硫化矿床元素、钨、钼族元素及稀有和放射性元素，副矿物中有用矿物种类丰富。

1.2.3　华力西期

华力西期主要为泥盆纪花岗岩 y_4^1、二叠纪花岗岩 y_4^3、二长花岗岩 $y\eta_4^3$。岩石学特征与前述相似。

2　地质构造

保护区一部分属于北祁连槽缘拗陷带内，称南（武威）盆地；大部分地域位于阿拉善台隆东南缘，称北（民勤）盆地。阿拉善地块由下元古界基底及中上元古界盖层组成。阿拉善南缘褶皱带为华北地台的西南缘大陆边缘，由麓坡相寒武系—志留系组成。总趋势南高北低，四周隆起，中部平缓，呈阶梯状地垒构造。阿拉善台隆二级构造单元内，分两个三级单元，北部北大山地区为北大山拱断束，南部平原地区为民勤中新断陷，二者以下羊房隐伏断层为界。北大山拱断束内还存在两个四级构造，以及深井坑和青土湖新凹陷。民勤中新断陷（即民勤盆地）内，存在有新构造运动时所形成的低山残丘，即莱菔山、狼刨泉山、枪杆岭山、苏武山等。

2.1 地块

2.1.1 阿拉善地块

阿拉善地块在大地构造上位于华北板块西缘、塔里木板块东缘和兴蒙造山带的接壤部位，北邻兴蒙造山带，南经河西走廊与祁连造山带相依。区内发育恩格尔乌苏和阿拉善北缘两条断裂带。以北部的恩格尔乌苏为边界，阿拉善地块被划分为南蒙古和阿拉善微陆块两大构造区。不同板块及其边缘活动带所经历的构造运动、伴随的岩浆活动各具特色。龙首山—北大山一带广泛分布加里东晚期花岗岩，它们构成了阿拉善地块南部的板内花岗岩带。阿拉善位于传统认为的中朝古板块西部，其南侧为正在隆起的青藏高原，北部是新生代活动的蒙古高原，东侧为鄂尔多斯高原。

2.1.2 阿拉善台隆东南缘

阿拉善台隆是连接塔里木地台与华北地台的咽喉构造带，属华北地台的次级构造单元，它的南、北两侧毗邻古生代地槽活动带，直接影响阿拉善台隆的构造发展并使其复杂化。

阿拉善台隆是中朝准地台的次级构造单元。它北邻内蒙古优地槽褶皱带，南邻走廊过渡带（冒地槽褶皱带），东与鄂尔多斯西缘褶皱带毗邻，沿溺水大致以北东向断裂作为阿拉善台隆与塔里木地台分界线。

2.1.3 祁连山加里东褶皱带

加里东期是指古生代早期。古生代早期地壳运动总称为加里东运动，其所形成的褶皱带称加里东褶皱带。

早古生代时，地球发生过强烈的构造运动，地质学家们统称"加里东运动"（即加里东构造旋回），而狭义的"加里东运动"则是指发生在志留纪末期，或志留纪与泥盆纪之交的褶皱运动、造山运动。加里东运动所形成的褶皱带称为加里东褶皱带。

2.2 断裂系统

2.2.1 对接消减带

消减带：按照板块构造说，大洋板块在俯冲带进入地幔，到了一定深度时，即由地幔熔融同化，以至消失，所以称之为消减带。但也有的译为"消亡带"或"消失带"，也就是"俯冲带"。地壳对接消减带指两个相对的古大陆边缘区相互接近，并从边缘海和岛弧的弧弧碰撞、弧陆碰撞到最后的大陆拼接，使其间的大洋地壳及过渡地壳陆续形成褶皱山系（即后来的造山带），最后完全拼接的缝合带。由于大陆及其边缘区规模近于对称，故称为对接消减带。

2.2.2 蓝闪石片岩带

中国蓝闪石片岩带根据其平均温度、压力梯度和构造地质环境可分为：①元古代克拉通内蓝闪石片岩带；②加里东期克拉通内裂谷型蓝闪石片岩带；③古生代中国陆台北缘蓝闪石片岩带；④中新生代与俯冲作用有关的蓝闪石片岩带。

蓝闪石变质作用的形成和演化与构造地质环境有关。中国蓝闪石片岩带大部分形成于硅铝壳环境，从陆壳开始裂开，直至出现洋壳。这一演化与地壳内热流变化格局有关，形成机理不属于均变论的观点。

3　地质历史

3.1　构造历史

3.1.1　南（武威）盆地

早在元古代以前，祁连山及武威盆地为地槽，海洋覆盖沉积了巨厚的深海相地层，构成了沉积基底。最古老的岩系龙首山群，吕梁运动使其上升为陆地，和阿拉善地台连为一体。至中、晚元古代时期遭受海浸。武威盆地地处地槽边缘的浅海地带，沉积了浅海陆棚相地层；晚古代末期，蓟县运动使祁连山上升为陆地。进入古生代以来，祁连山及走廊地带再次海浸。在寒武纪至志留纪时，强烈下沉为地槽，沉积了巨厚的火山岩和碎屑岩为主的海相地层。加里东运动使北祁连山褶皱成高山，开始遭受剥蚀，在走廊地带接受山麓堆积，并在石炭纪、二叠纪再次海浸。到二叠纪末，海西造山运动褶皱上升为陆地。进入中新生代，长期处于陆地阶段。受印支和喜马拉雅运动的影响，祁连山持续上升，河流发育，盆地强烈下降，沉积了巨厚的中新生代山麓堆积和河湖相沉积。

3.1.2　北（民勤）盆地

远在中元古代（距今约6亿年）以前，西起弱水，北达雅布赖山路，东延至贺兰山，南连武威盆地末端—民勤盆地的一个巨大三角形区域为地槽，沉积了巨厚（5000m以上）的水成岩。中元古代时的构造活动，受南北向地应力作用，产生和发展为略近东西向浅海（滨海沉积环境，接受了巨厚碎屑岩和碳酸盐岩建造，为构成弧形带东翼基底），前中元古界奠定了形迹雏形。

早古生代（距今6亿~5亿年）强烈的断裂褶皱活动，促进了弧形构造带雏形骨架的生成和发展，沿断裂破碎带，侵入了加里东晚期基性—酸性岩浆的侵入岩和部分脉岩。侵入体的产生，受弧形构造带的控制，长轴展布方向呈北东—南西向。其构造规模表现为两个二级构造单元，即红柳园-东镇槽地和山口子-红山隆起。

晚古生代石炭—二叠系（距今3.5亿~2.25亿年），弧形带构造活动极其强烈，随着褶皱和断裂的加剧，产生了大规模的酸性岩浆岩侵入；在次级拗陷带内，接纳了石炭—二叠系陆相喷发的火山熔岩和火山碎屑岩夹沉积岩的共同建造，厚度大于700m。因受构造活动的波及，岩体展布和脉岩的产出，随构造线而扭动。以地层的巨大厚度，火山岩大规模喷出，强烈的华力西期花岗岩侵入及中轻质岩存在，说明本区当时是活化的地台。

中生代侏罗纪和白垩纪（距今1.8亿~0.7亿年），弧形构造活动并未停息，随着祁（连）吕（梁）贺（兰）"山"字构造体系的出现，在阿宁盾地与原有北东向地槽内，表现为二者重叠复合，使凹陷范围和下沉幅度不断扩大，接受了侏罗系和白垩系陆相杂色碎屑岩堆积，在区域西南边的唐家沟青苔泉一带沉积形成了中生代侏罗系煤系地层。该层与下伏岩体不整合接触，并发育有背斜褶皱构造，展布方向与弧形构造线基本一致。

中生代末期和新生代以来（距今约7000万年）"河西系"构造的生成和发展，形成以北西向断裂控制的隆起和凹陷，并斜列横跨于较早的构造体系上，形成具有一定规模的"多"字形构造形态。受"河西系"构造控制，在次级拗陷带内，中小型红色盆地十分发育，低洼处接受了河湖相灰色黏土和粉细沙沉积。

第三纪喜马拉雅运动时，大黄山翘起，迫使西大河流向由西北改为东北注入潮水盆地，汇入石羊河。因下游地势平坦，无固定河流，夏季祁连山冰雪融水，携带大量泥沙自南向北漫流，注入青土湖与白亭海。其时民勤绿洲及沙漠地带均为湖泊占据。由于河水携带泥沙的沉积，湖底不断淤高，加之古气候逐渐趋于干燥少雨，上游来水逐渐减少，致使湖泊面积不断缩小，出露之处逐渐演变为水草丛生的沼泽地带。

早更新世时，境内仍以河湖相沉积为主，县城以南冲积层、洪积层厚达150~200m，形成坝区；县城以北则冲积淤积而成湖区。

中更新世期间，境内仍有继续断裂活动，北大山拱断束继承稳定上升趋势，沉降幅度达300m以上。沉降区局部又形成小规模隆起为苏武山、狼刨泉山、土山子、枪杆岭山等低山残丘。

晚更新世是形成腾格里沙漠的物质基础。该期形成的冲积砂层广布腾格里沙漠外，内外沙漠边缘厚达30m，腹地厚度更大。该砂层是沙漠的主要沙源。

全新世时期，地质作用复杂，湖泊仍很发育。在北山山前平原、沙漠内外均沉积有大面积湖相地层，沿内外湖发育有两个扇形冲积带，延至湖区连为一体。沙漠的形成和发育则处于全新世后期，风为主要地质营力。山地内冲沟堆积，剥蚀平原的薄层覆盖，湖泊渐趋干涸，形成的化学沉积均属该期风积产物。

3.2 断层与褶皱

下羊房一线近东西向隐伏断层，为北大山拱断束与民勤中部凹陷两大构造单元的分界。该断层由阿拉善右旗的黑山头进入县境内，经过抱疙瘩山、独青山、莱菔山、团山子、东平湖并向北东延伸，至关照山南麓，伸入阿拉善左旗境内。断层规模宏大，断距达100~300m，为县境内主要断层构造。

红崖山一线伸入大断裂，为武威盆地和民勤盆地分界线。断层由永昌县西山口子进入境内，经馒头山、红崖山东延至阿拉古山、青山，伸入阿拉善左旗境内二道山终止。

马莲泉山平推断层，近南北向延长，碎屑带宽80~100m，断层面产状陡峻，倾角大于70°。除此以外，南北山发育有一系列北东–南西向逆断层、冲断层以及褶皱和复式褶皱。而近南北方向则发育为平推断层，如山口子复式向斜、下八浪井复式背斜、苏武山及狼刨泉山短轴背斜；枪杆岭山倾伏背斜等。断线沿走向多呈"S"形扭动，倾角一般在50°~80°。

第四章 地形地貌

1 地貌的成因及演变

保护区被腾格里沙漠和巴丹吉林沙漠所环绕，故保护区内地貌以荒漠地貌为主。荒漠地貌的形成主要有4种地貌营力，即风化作用、重力作用、流水作用和风力作用。

1.1 风化作用

荒漠地貌的风化作用有物理风化和化学风化两种。

物理风化：保护区产生物理风化的原因主要有温差分化和盐类结晶。一般而言，由于岩石导热率很小，在昼夜变化中岩石表层与内部的温度不一致，导致岩石表面布满了相互交错的裂缝网，产生鳞片状剥落，使岩石变小、变细。同时含盐矿物晶体，由于体积膨胀引起撑裂作用。在岩石中的水溶解了大量盐类时，一旦水分蒸发，浓度逐渐达到饱和，盐类再结晶，体积增大，从而产生很大的膨胀力致使岩石崩裂。

化学风化：由于气候干燥，化学风化较为微弱，主要是矿化水将岩石溶化为盐质粉末与熔盐沉积在岩石表面，形成暗红色至黑色的矿物薄膜（荒漠岩漆，又称荒漠漆、沙漠漆，其主要成分为氧化铁、氧化锰和二氧化硅，通常需2000年左右时间形成）。风蚀作用侵蚀掉较软的岩类，并把岩漆磨出光泽。

1.2 重力作用

强劲的物理风化作用使荒漠地区产生丰富的碎屑物质，在坡度较大的地方（如悬崖或陡壁）便发生重力引起的崩落，在山坡或陡壁下平坦地面上形成碎屑堆积。重力是碎屑崩落的根本驱动力，诱发因素主要为短时的强降雨过程，偶尔有风力地质作用的扰动，由于相对海拔高度不大，搬运距离较短，形成的倒石堆规模不大，组成碎屑松散，棱角分明，成分基本与斜坡的基岩一致。

1.3 流水作用

荒漠区多位于无水外泄的内陆区，河流很少，但骤然暴雨常形成力量巨大的洪流，冲刷山坡，使山坡更加陡峻，且携带风化物，在山口或山间盆地堆积，因而形成由洪积物组成的洪积堆、洪积扇乃至洪积平原，同时暴雨的侵蚀及漫流作用也比较明显，在地貌塑造过程及地貌特征当中表现突出。

1.4 风力作用

在荒漠地区风是地貌塑造的最重要营力，具体表现为风的侵蚀作用、搬运作用和堆积作用。

1.5　地貌营力对地貌成因的综合影响

岛状山、剥蚀平原及剥蚀台地：风化作用及洪流冲击，使山坡上不断产生大量碎屑物质并被带到低处沉积，使山坡不断后退，形成山麓剥蚀面，其上残留的一些由坚硬岩石形成的孤立高地形，称为岛状山。如果地壳长期稳定，山麓剥蚀面扩大联合成为剥蚀平原。如山地发生间歇性抬升，山麓剥蚀面被升到不同的高度，形成山麓阶梯。荒漠地区还分布有平台状的地形，称为剥蚀台地。有的台地是第四纪初期剥蚀面的残余，有的则是新构造运动抬升所形成的，它由基岩组成，上覆风化作用形成的碎石。干燥剥蚀作用还使丘坡布满切沟、冲沟，地面切割破碎，形成岗状丘陵。中国弱水以西的北山戈壁是干燥剥蚀平原，其上残存岛状山。这种干燥剥蚀平原是干旱气候带地貌发育到成熟阶段的标志，犹如准平原是湿润气候带地貌发育成熟的产物一样。

干旱盆和干浅盆：荒漠区内的低洼地形，位于该区的最低部分。发生洪水时，它们被淹没时成为干荒湖。干浅盆通常比干荒盆小，但成因相类似。

大型干荒盆起源于地壳运动，区域性凹陷、断陷和褶皱作用均可形成荒漠盆地。第四纪气候变化也是大型干旱盆形成的另一个原因，在与冰期相当的雨期，降水量大增，气候温凉，因而在现今的干旱地带形成雨期湖。湖水干涸或蒸发后，成为干荒盆。风力对干浅盆的形成也有很大作用，可以吹蚀出原始的凹地，并决定和改变盆地的外形。

洪积扇和洪积平原：荒漠地带山麓常分布着一系列的单个冲积堆、洪积扇。它们扩大相连，形成洪积平原。洪积扇形成后，山体不断抬升，山前平原相对下降，在已经形成的洪积扇上，往往有新洪积扇形成，而且部分覆盖在老洪积扇上，形成垒叠式洪积扇。如上升的规模、幅度都比较大，老洪积扇的下方形成新洪积扇，形成串珠状洪积扇。

龟裂土平原：指该区地势低凹处的淤泥黏土地面，并被裂隙网分成多边形块体。最大的龟裂地发育在山前洪积平原的边缘，这些地方遭遇稀有的但是相当大的暴雨时，停积着含有大量悬浮黏土颗粒的水，黏土颗粒继而发生沉淀、压紧，然后在干涸时龟裂，从而导致龟裂地的形成。

盐土平原：波状起伏的盐壳平原，是盐沼在干旱气候条件下蒸发干裂而形成的，大部分由氯化物、硫酸盐、碳酸盐等组成。在风力强盛的地区，风的吹蚀常形成风蚀盐土丘及洼地。有些盐土表面覆盖着整片的结晶盐层，盐层在结晶力的作用下，被裂缝分割成多边形块体。多边形体在晶体继续增长的影响下扩大，边缘向上弯曲，然后各盐层互相堆积起来，最终形成交错的难以通行的小地貌——盐礁。内陆盆地中的一些湖泊长期蒸发，含盐的湖水不断浓缩，盐度增大，成为盐湖；当湖中盐水达到饱和状态后，即沉淀成为岩盐。

干燥剥蚀作用形成的地貌常成为岩漠。洪积扇、洪积平原因其地面常由砂砾、砾石组成，称为砾漠，又称戈壁。

2　基本地貌类型与空间分布

2.1　影响地貌类型的大地构造特征

保护区地质构造处于阿拉善板块与祁连加里东板块缝合线地带，分为武威盆地和民勤－潮水盆地两个截然不同的地质单元。保护区一部分属于北祁连槽缘拗陷带内，称南（武威）盆地。大部分地域位于阿拉善台隆东南缘，称为（民勤）盆地。总趋势南高北低，四周隆起，中部平缓，呈阶梯状地堑构造。阿拉善台隆二级构造单元，分两个三级单元，北部北大山地区为北大山拱断束。南部平原地区为民勤中新断裂，二者以下羊房隐伏断层为界。北大山拱断束内还存在两个四级构造。民勤中新断裂内存在有新构造时所形成的低山残丘。西北部隆起被沙漠和低山丘陵环绕，中部地势平坦与农田绿洲接壤。

就地质构造来看，本区分属两个不同的单元：馒头山至红崖山至阿拉古山一线以南属祁连山地槽，是武威盆地—走廊南盆地的一部分，地处祁连山冲积扇之下游，包括环河区二乡，海拔1400～1500m，地面坡降约1/600。以北属阿拉善边缘拗陷区，是民勤—潮湖盆地走廊北盆地的一部分，盆地中心在绿洲东北部之白亭海（又称马王庙湖），海拔1180～1400m，地面坡降1/1500～1/1000。

2.2 地形

根据地貌成因、形态和地表组成物质，将保护区的地形地貌分为4种类型，即平原、山地、丘陵、盆地。

2.2.1 平原

平原是陆地地形当中海拔较低而平坦的地貌称呼，地势低平，起伏和缓，相对高程一般不超过50m，坡度在5°以下，主要分布在黑敖包区和连古城区，地势平缓，地势自西南向东北缓倾（图4-1）。

（a）　　　　　　　　　　　　（b）

图4-1　平原地貌

2.2.2 山地

山地一般指海拔在500m以上的高地，起伏较大，坡度陡，沟谷深，多呈脉状分布。保护区内山地主要分布在东沙窝原始荒漠区和红崖山区内，海拔一般在1500～1700m，平均相对高差在160m左右，沟谷地切割在30～40m，山体浑圆、无尖锐山峰，多为岛状孤山，基岩表面被剥碎沙石覆盖（图4-2）。

（a）　　　　　　　　　　　　　　　　（b）

图4-2　山地地貌

2.2.3　丘陵

丘陵是指地球表面形态起伏和缓，相对高度不超过200m，由各种岩类组成的坡面组合体。坡度一般较缓，没有明显的脉络，顶部浑圆，切割破碎，无一定方向，海拔在1300～1500m，为中海拔丘陵（图4-3）。

（a）　　　　　　　　　　　　　　　　（b）

图4-3　丘陵地貌

2.2.4　盆地

盆地是指四周高（山地或高原）、中低部（平原或丘陵）的盆状地形。由于红崖山水库和青土湖的海拔低于保护区的平均海拔，故将红崖山水库和青土湖划归于盆地。

3　地貌组合类型与空间分布

保护区的地貌组合类型为荒漠（图4-4）。荒漠是干旱、半干旱气候区大型地貌组合类型，分为岩漠、砾漠、沙漠、盐漠、泥漠等类型。荒漠地貌的形成，不单是风力作用的结果，水的作用（特别是暂时性水流和片流）也起着重要的作用。

（a）　　　　　　　　　　　　　（b）

图4-4　荒漠地貌

3.1　岩漠

裸露的基岩受到风化作用的侵蚀，产生的风化产物原地堆积形成的地貌类型称为岩漠，在成因上属于剥蚀或者侵蚀地貌。主要特点：由于未受到搬运作用的影响，岩屑大小混杂，棱角分明，风化产物的岩石、矿物特征与母岩相同，尤其是在干旱、半干旱地区。通常以岛状的侵蚀残山出现，也可在长期侵蚀作用下表现为地势平坦的平原，貌似砾漠，俗称假戈壁。

保护区主要山系有近东西向分布的低缓山脉，分布在民勤盆地的南北边缘。北有毛条子山、土山子、菜菔山和红山等横贯保护区北部，构成连续起伏的剥蚀低山丘陵，为主要的岩漠分布区域。保护区西境内古老基岩出露，岩漠地貌非常典型，为阻止巴丹吉林沙漠伸入境内的天然屏障。保护区南部的岩漠由红崖山、阿拉古山等呈带状断续分布，横贯保护区南部边缘。诸山相对高差在100～200m，平均海拔为1500～1700m，最高山峰为抱疙瘩山，海拔1936m。

3.2　砾漠

砾漠称砾石荒漠，又称"戈壁"，是古代堆积物经强劲风力作用，吹走较细的物质，留下粗大砾石覆盖于地表，形成砾漠。砾漠的组成物质是经过长期风化剥蚀的基岩碎屑物或为山下坡积物，也可以是经流水（包括冰雪水）的搬运，在山麓地带堆积的洪积、冲积物。地表无基岩，无细粒物质。砾石多呈圆状或者次圆状，反映出风力、流水或其他动力作用引起的搬运作用在砾漠的形成过程中扮演的重要作用。因此，砾漠是侵蚀地貌，也具有堆积地貌的特征。

3.3　沙漠

沙漠是荒漠中规模最大，最常见的一种类型，也是保护区内主要的荒漠地貌类型，分布范围广，区内均有分布。依其形态分为蜂窝状沙丘、新月形沙丘、复合式沙丘、固定沙丘、丛草沙丘、风积覆盖沙丘和波状沙丘等。成因上以风蚀作用为主，成分简单，以石英、长石为主，分选性好。低洼的盆地区和古河道中分布的沙漠，粒径更细，以细粉砂为主，甚至含有大量的黏土矿物，与砾漠紧邻的沙漠，粒径粗大，以砂砾为主，间或分布含有大量砾石的沙漠。

3.4 盐漠

盐漠又称盐沼泥漠、盐碱地、盐水浸渍的泥漠，成因上与堆积作用关系密切。分布于保护区的低洼部分，盐分易于吸收水分引起膨胀，所以长期处于潮湿状态。干涸时可形成龟裂地。仅能生长少数盐生植物，是荒漠中土壤最贫瘠的地区。

3.5 泥漠

泥漠为黏土组成的荒漠，是典型的堆积地貌，分布于保护区中地势平坦的低洼处，与盐漠的分布相似，以地表黏土常龟裂、表面平坦、植被稀少为其特征。在地下水面较高的泥漠地带，富含盐分的地下水沿毛细管孔隙上升地表，水分蒸发后，盐分聚集于地表，即成盐。

4 地貌类型的空间分布

4.1 花儿园保护站

保护站所在区域内分布有山地、丘陵、沙丘和平原。山地分布于保护站内西北部抱疙瘩山附近及正东部区域，相对高度在500m以内；高海拔丘陵位于抱疙瘩山附近，海拔1936m；沙丘分布于保护站中部，为风积覆盖沙丘，由长期风力剥蚀搬运堆积而成。沙层厚度3～5m，沙丘高度小于10m。其余地区为平原，主要有假戈壁、泥漠、盐漠、砾漠及沙漠，盐漠分布在保护站核心区内，周围被沙漠包围，砾漠与假戈壁、泥漠零星分布于沙漠中。

4.2 三角城保护站

保护站范围内分布有山地和平原。山地分布于驴头山、下泉子山、毛条山附近，平原以冲积、洪积平原和砾漠为主，砾漠分布于保护区中北部地区，保护区西部为沙漠（沙丘），东部为冲洪积平原，有泥漠、盐漠分布。

4.3 连古城保护站

保护站内有冲积洪积平原、沙漠（沙丘）分布。冲洪积平原位于保护站东南区域，其他区域均为沙漠（沙丘）。

4.4 勤锋保护站

保护站内主要以沙漠（沙丘）和冲积、洪积平原为主，沙漠（沙丘）占多数呈条状分布，东南部主要以冲洪积平原为主，其中沙漠、盐漠、泥漠，盐漠和泥漠位于保护站核心区内，四周被沙漠所包围。

4.5 黄岭保护站

保护站内主要以沙漠（沙丘）、冲洪积平原、湖盆盐碱滩为主。沙漠（沙丘）类型主要有蜂窝状及网格状沙丘、风积覆盖沙丘、固定沙丘。蜂窝状及网格状沙丘主要分布于下巴浪井和吉星海子等处，沙丘高度低于30m，被四周沙埂围成圆形窝地，直径小于200～300m；固定沙丘集中分布于腾格里沙漠和冲洪积平原过渡带间，如板滩沿子等地，此类沙丘外形特殊，个体高大浑圆，高达40～50m，形成年代较老，表面坚硬。冲洪积平原位于南部呈条状分布，在黄岭保护站的中部地带分布有湖盆盐碱滩，是蓄纳湖水的地表洼地形成的湖盆，降水稀少蒸发量大时形成盐碱滩。

4.6　红崖山保护站

保护站内以平原为主，分布有沙漠、盐漠、砾漠地貌，泥漠与砾漠位于保护站的核心区，有黑山（1433m）、红崖山（1574m）等山峰分布，周围与沙漠相连接，砾漠位于缓冲区边缘。

4.7　南湖保护站

保护站内的地形有山地、平原与盆地。山地和砾漠、盐漠位于保护站的核心区；沙漠（沙丘）为保护区内主要荒漠类型，分布面广，区内均有分布；盆地位于缓冲区南部边缘，主要有阿拉古山（1682m）、青山（1552m）、乱山（1542m）、香分槽（1465m）。

第五章　土壤

1　成土因素

1.1　绿洲盆地演变过程

公元前2000年至公元220年，保护区所处的民勤为一内陆盆地。由于地质构造运动，盆地的大部，尤其是东北部缓慢沉降，石羊河切开红崖山和黑山间的峡谷，注入民勤盆地；金川河切开金川峡亦从西端注入盆地，盆地变成了内陆湖泊，其范围远比现在绿洲范围大。由于河水夹带泥沙的沉积，湖底不断淤高，加之来水逐渐减少，湖泊面积不断缩小，高处露出水面，演变成水草丰美的环湖绿洲，成为早期部落民族牧猎之地。

公元220年以后，灌溉农业在本地逐渐兴起，经过各期发展，筑坝引水，开渠垦荒，改变沙碛草原与河湖荒滩为农田。随着上游种植业发展，用水增多，石羊河下游水量不断减少，大部分支流从常流水变成季节性间歇河流。每条小河流的终端湖在洪水期汇集来水成为大小不等且具有明显季节变化的湖沼。有些河道及支流，由于绿洲农业的发展，经常加固疏通，已失掉自然河流的特色，变成原始灌溉渠道。原生的大片湖泊随补给水源的减少，演变为湖沼荒地，进而演变成为绿洲，面积不断扩大。到20世纪40年代，除石羊河终端的青土湖、白亭海仍有积水外，其他各湖全部干涸。随着上流来水量的持续减少，已无余水泄入青土湖及白亭海。除靠地下水补给，白亭海至今尚有一汪极少水面，至50年代初全部干涸。绿洲盆地的演变过程，决定了绿洲土壤沼泽土—草甸土—沼泽土—沼泽草甸土—草甸土—耕作土壤的演变过程。

历史上的水泊生态，向旱生、沙生转变。植被由高变矮，由密变疏，减弱了固沙、阻沙能力。沿河乔灌木因河水减少而残败，加速了沙漠东移，沙漠又阻塞河道而促使河流改道。多次的沧桑变迁形成数量众多的旱沙河，成为保护区内部的沙库，经风力运移，是今日保护区和绿洲内中沙窝和大片浮沙地的主要成因。由于流域中游用水量增加，迫使下游河水越来越少。20世纪70年代以来超量提取地下水，地下水位急剧下降，更使地面植被日渐枯萎，加速了荒漠化。

1.2　土壤形成的自然因素

1.2.1　气候

保护区气候属于温带大陆性极干旱气候，具有明显的蒙新沙漠气候特征。突出特点是气候干燥温差大，蒸发强烈多风沙，光热充足降水少，晚霜较迟早霜早。特殊的气候条件直接影响土壤水热变化进程和土壤盐分的转移。3～4月土壤开始解冻，随着气温的升高，土壤水分不断蒸发而散失，加之降水减少，淋洗作用微弱，使土壤盐分随水向地表迁移，土壤耕层开始积聚盐分。5～8月气温逐渐升高，降水集中在这一时期，加之夏灌补充土壤水分，使土壤水分较足，温度适宜，生物活动旺盛，有机质转化迅速。由于浇灌，土壤耕层盐分被淋洗向下层移动，耕层开始脱盐。9~11月气温降低，植物生长基本停止，有机物质累积减弱，土壤微生物的分解作用继续进行。植物遗留给土壤的枯枝、落叶、根茬补充了土壤有机质。此时地面裸露，气温渐高，随之蒸发加剧，土壤又开始积盐。12月至翌年2月进入封冻期，生物作用停止，土壤中物质与能量的迁移转化处于稳定时期。

1.2.2 地貌

保护区地处河西走廊东端构造盆地——武威盆地和民勤盆地之内，总的地势是西南高、东北低。地形条件对保护区土壤形成影响的主要特点是：一般低洼地地下水位较高，土壤形成过程经过沼泽化向草甸化演进，形成被埋藏的潜育层和腐殖层。山地及山前平原地带，地下水位深，土壤形成过程不受地下水位的影响，在沙漠地带形成了地带性土壤——灰棕漠土。由于地形决定了地下水流动的方向，含碳酸钙的水通过地下径流，使低凹和低平的地区性土层碳酸钙聚积形成明显的砂姜结核或砂姜层。地下水向低凹地段流动，夹带溶解土壤盐分，矿化度增高，强烈的蒸发将盐分带到地表，引起土壤盐渍化。

1.2.3 地表水与地下水

（1）地表水

连古城国家级自然保护区多年平均降水量122.7mm，而蒸发量却达2359.0mm，为降水量的18.59倍。区内无地表水，区外唯一地面水源——石羊河水含盐量不高，红崖山水库以上矿化度为0.5g/L左右。绿洲东北部的湖区是石羊河可溶盐分的积盐区。

（2）地下水

保护区地下水的形成、分布和区内的气候、水文、地貌、地质构造、水文地质等自然特点和条件密切相关。地下水的补给来源主要是地表水的输水渗漏和灌溉入渗，其水量与地表水的引入量成正比。其中最主要的来源是地面灌溉的渗漏。在20世纪70年代以前，大水漫灌制度使耕区地下水位升高。随季节不同，变幅在0.5~3m。蒸发散失是地下水出流的主要方式。盐随重力水下渗积聚于土层之中，又随毛管水泛布于土壤表层，造成次生盐渍土壤。20世纪70年代以来，大量提取地下水以后，大部分地区地下水下降到3m以下，蒸发已不是盐分上升的主要形式，而是随提取的地下水被带到地表。又由于使用河水泡地洗盐，使盐分随储水泡地而迁移至耕层以下，再随井水灌溉而被带到地面。虽然地下水位下降使大部分耕地处于脱盐状态，但部分地下水矿化度较高地区又因提灌而积盐。

1.2.4 母质

土壤是成土母质在其他各种成土因素的影响下，逐渐演变而来的，所以母质对土壤的理化性质和肥力状况有着巨大影响。母质是土壤大部矿质元素的来源。土壤的许多物理性质，如通透性、持水性和保肥性都与母质的粗细和排列次序密切相关。

绿洲外围低山残丘和山前倾斜地上的灰棕漠土、山地灰棕漠土、山地石膏灰棕漠土和砂砾质灰棕漠土是在残积、坡积母质上发育而成的，质地粗糙且有小石块，土层薄，通透性良好，保水保肥能力很差。风沙土是由风力搬运来的风积砂性物质发育而成的，整个剖面多为松砂，少数为紧砂。

1.3 人为成土因素

人类农事活动是农业耕作土壤发育最积极、最活跃的因素。保护区有史以来所延续使用的耕翻、耙耱、镇压、中耕等耕作措施，使土壤保持较疏松的状态和较适宜的空隙比例，创造了水、肥、气、热较好的协调环境。有利于土壤有机质的腐熟分解，使熟化层不断加厚，理化性质得到改善，因而为作物生长发育创造了良好的土壤条件。

2 土壤类型概述

土壤是环境条件与植被长期作用的产物，在不同的条件下发育着不同的荒漠土壤类型。保护区主要荒漠土壤有温带的荒漠性土壤灰棕漠土、石膏灰棕漠土、山地灰棕漠土、沙化灰棕漠土、沙砾质灰棕漠土。主要分布于保护区西北部的独青山、莱菔山等山地和山前洪积平原上。在青土湖等低洼碟形地上，以及湖盆周围，由于气候干旱，降水稀少，土壤长年处在积盐过程中而形成盐渍化土壤、盐土。在旧渠道两侧的低洼滩地中，因冲积物、洪积物发育而形成半水成型土壤、草甸土。保护区处于腾格里和巴丹吉林两大沙漠包围之中，风力的搬运堆积作用盛行，风沙土在全域范围内有大面积分布。

根据成土条件、成土过程和土壤表面属性，保护区土壤共有4个土类（灰棕漠土、风沙土、盐土、草甸土）15个亚类。

2.1 灰棕漠土

灰棕漠土为保护区内的地带性土壤，质地粗，土层薄，有机质含量低，剖面发育不明显；着生植物多为深根、耐旱、肉质的半灌木或灌木，主要有珍珠、红砂、泡泡刺、蒙古包打宁等。生物成土作用微弱，石灰表聚性很强，石膏等易溶性盐分淀积不明显，有的形成石膏层，部分地区有残积盐化现象。除农、林区边缘个别地段开垦种植外，大部分地区为天然草场，产草量很低，覆盖度5%～30%。灰棕漠土在地貌上主要分布在保护区内海拔1500m左右的低山剥蚀残丘和山前倾斜洪积扇形地上，总面积111655.59hm²，占保护区总面积的28.64%。根据本土类成土过程及剖面属性，可分为以下5个亚类。

2.1.1 灰棕漠土

面积14406.99hm²，占灰棕漠土类总面积的12.90%。

成因：主要在较年代较新的砾质洪积物和风沙土上发育而成，与盐化灰棕漠土相间分布。

特征：剖面发育微弱，石膏含量较低，质地上部较细，中下部较粗。

厚度0～5cm，呈黄棕色，质地为轻壤，为鳞片状结构，较紧实，土壤湿润，植物根系多；深度5～24cm，呈浅棕色，质地为中壤，呈小块状结构，较紧实，土壤较润，新生体一般为假菌丝，植物根系多。

厚度24～50cm，呈灰棕色，质地为沙壤，土壤较松，湿润，植物根系少。

厚度50～75cm，呈灰色，质地为紧沙，土壤较润，新生体一般为假菌丝，植物根系少。

厚度75～120cm，质地为松沙，土壤较松，较润，新生体为假菌丝，不存在植物根系；着生植物为红砂、珍珠、合头草、垫状短包菊、莳蔓蒿、念念、沙生针茅、多根葱等，覆盖度15%左右，长势较好，是较好的天然荒漠草场。

分布范围：主要分布在保护区的西北部，蔡旗和重兴东部也有小面积存在。

2.1.2 石膏灰棕漠土

面积19671.84hm²，占灰棕漠土类总面积的17.62%。

成因：由残积物、坡积物发育而成。

特征：剖面形态特征与灰棕漠土相似，但在地表4cm以下，出现粉末状或斑点状石膏淀积，甚至形成石膏层；有残积盐化现象，盐分自上而下逐渐增多。

厚度0～4cm，呈浅灰色，质地为沙壤，呈层块结构，土壤紧实，较干。

厚度4～18cm，呈浅黄棕色，质地为沙壤，为小块结构，土壤较松，稍润，新生体为粉末石膏，植物根系多。

厚度18～31cm，呈黄棕带绿色，质地为紧砂，土壤紧实，稍润，新生体为中量斑点石膏，植物根系少。

厚度31～45cm，呈灰白色，质地为松砂，稍润，新生体为大量白色斑块；多生长珍珠、红砂、白垩假木贼、泡泡刺、灌木艾菊等耐旱植物，覆盖度5%～10%。

分布范围：主要分布在连古城国家级自然保护区的西北部，南部有少量分布。

2.1.3 山地灰棕漠土

面积12901.80hm²，占灰棕漠土类总面积的11.55%。

成因：由残积物、坡积物发育而成，不受地下水的影响。

特征：地下水位数10m以下，成土过程不受地下水的影响，土层薄，质地粗，多为沙壤或沙；其下为残积、坡积母质。没有明显的石膏层，植被稀疏，长势弱，主要有合头草、莳蔓蒿、白蒿，细柄茅等，覆盖度5%～10%。

分布范围：主要分布在保护区内东北部的横山、北山、南长山、月牙山、红泉山，西北部的莱菔山、独青山、三个尖山，五照子红山、红崖山等海拔高度1500～1936m的低山和剥蚀残丘上。

2.1.4 沙化灰棕漠土

面积6004.75hm²，占灰棕漠土类总面积的5.38%。

成因：母质的沙化和堆积的结果。

特征：因沙化的结果，地表覆盖有一层厚30cm左右的沙层，沙层厚度有的达80cm以上。沙化灰棕漠土质地为细沙。

厚度0～6cm，呈浅黄棕色，土壤松散，较干，植物根系少。

厚度6～11cm，呈浅灰棕色，层块结构，土壤稍紧，稍润，植物根系少。

厚度11～42cm，呈浅红棕色，块状结构，土壤紧实，稍润；新生体为菌丝体，有大量植物根系。

厚度42～57cm，颜色较淡，呈块状结构，土壤紧实，稍润，不存在植物根系。

厚度57～65cm，呈黄棕色，土壤稍润。局部地区堆积成小沙丘，有的沙层中夹有小石块，土层下部有假菌丝。地表着生植物以猫头刺、柠条、针茅、泡泡刺为主，覆盖度15%～25%。

分布范围：主要分布在五托井、花儿园周围及石头照子、长山、黑山等低山剥蚀残丘的山前平地上。其四周被绵延不断的沙丘包围。

2.1.5　砂砾质灰棕漠土

面积58670.21hm²，占灰棕漠土类总面积52.55%。

成因：母质的砾质化、碳酸钙表聚过程明显。

特征：呈小块结构，地表覆盖有一层杂色不规则的砾石为其主要特征，石砾层下面，土层质地粗，多为粗沙，且夹有砾石，粉末状或条纹状石膏淀积较明显，剖面发育微弱，过渡很不明显。

厚度0～4cm，呈浅灰棕色，质地为细沙砾石，土壤松散，较干。

厚度4～25cm，呈浅黄棕色，质地为细沙，土壤稍紧，较潮，新生体为粉末条纹石膏，植物根系少。

厚度25～48cm，呈浅黄棕色，土壤稍松，较潮。

厚度48～68cm，呈浅黄棕色，土壤稍紧，较润，新生体为粉末白色条纹。

厚度68～100cm，呈浅黄棕色，土壤较润；地表着生猫头刺、针茅、艾木灌菊、棉蓬等植物，覆盖度5%～10%。

分布范围：主要分布在西北部的五照子红山，东北部的团山子及西南部的马莲泉至黑山头之间海拔1500m左右的山前砾质砾漠上。

2.2　风沙土

风沙土是由风积母质发育而成。风沙土地区降水稀少，气候干燥，温差悬殊，物理风化强烈，沙源丰富；而且植被稀疏，大风沙暴频繁，在风的吹蚀搬运下，流沙堆积，经微弱的成土作用，形成风沙土。由于成土时间短，剖面发育十分微弱，有的甚至无发育。风沙土在区内广泛分布，面积241258.34hm²，占保护区面积的61.88%。根据成土阶段，分为流动风沙土、半固定风沙土和固定风沙土3个亚类。

2.2.1　固定风沙土

面积4223.63hm²，占风沙土类总面积的1.75%。

成因：半固定风沙土在各种成土因素的综合作用下，特别是在生物成土作用下，剖面进一步发育，沙丘坡度进一步变缓，多数变为波状平地，"沙"进一步变细、变紧，呈"弱团块状"结构，物理化学性质与流动风沙土有明显不同，有机质等植物养分增加，上层与下层之间发生明显分异，初步具备了土壤肥力特征，已处于土壤稳定发育阶段。

特征：地表植物长势较好，覆盖度达25%以上。

厚度0～28cm，颜色较浅，质地为细沙，呈小块分布，土壤稍紧，较干，植物根系多。

厚度28～63cm，呈灰色，质地为细沙，土壤较松，较干，植物根系适中。

厚度63～72cm，呈棕色，质地为中壤，呈块状结构，土壤紧实，较干。

厚度72～106cm，质地为细沙，土壤较紧，较干，植物根系少。

厚度106～170cm，细沙，呈小块状结构，土壤较紧，稍润；主要是唐古特白刺、黑沙蒿、霸王、黄花补血草、沙葱等，着生植物是较好的荒漠天然草场。

分布范围：主要分布在保护区的中部以及青山东南部地区。

2.2.2 半固定风沙土

面积28897.77hm²，占风沙土类总面积的11.98%。

成因：流动风沙土在微弱的生物成土作用下，表面呈半固定状态，沙面变紧，沙丘背风坡坡度变缓，失去原来的外貌，地表开始形成薄层"沙土"，剖面发生分异。

特征：成土过程较明显，养分状况优于流动风沙土，开始着生植物，覆盖度可达10%～20%，主要植物有唐古特白刺、梭梭、霸王等。因植物固沙的结果，沙不易随风移动。

分布范围：在保护区的北部呈条带状分布，中部和南部也有少量分布。

2.2.3 流动风沙土

面积208136.94hm²，占风沙土类总面积的86.27%。

成因：由风的搬运堆积作用形成。

特征：指流动沙丘和平沙地。又称"明沙窝"。

厚度0～16cm，呈浅灰棕色，小块单粒结构，土壤较紧，较干。

厚度16～87cm，呈浅黄棕色，小块单粒结构，土壤较松，较干，植物根系多。

厚度87～132cm，呈浅灰棕色，土壤较松，稍润，植物根系少；地表植被稀疏，多数"寸草不生"，剖面无发育，土质很粗，几乎全由细沙、粗沙组成，物理性黏粒含量少。

分布范围：分布范围广，面积大，在保护区的东北部、中部和南部都有大面积分布。

2.3 盐土

盐土是含水溶性盐类较多的低产土壤，表面有盐霜或盐结皮；pH值一般不超过8.5，盐土中常见的水溶性盐类有钠、钾、钙、镁的氯化物、硫酸盐、碳酸盐和碳酸氢盐等，成斑块状分布于区内东北部青土湖和东南部南湖的山间低谷。面积35529.98hm²，占保护区土壤总面积的9.11%。根据成土过程和剖面特征分为典型盐土、草甸盐土、残积盐土、沙化盐土4个亚类。

2.3.1 典型盐土

面积4748.02hm²，占风沙土类总面积的13.36%。

成因：由于区内气候干燥，降水较少，蒸发作用显著，使地表盐分含量增加，形成盐土。

特征：盐分组成以氯化物为主，其次为硫酸盐。盐分含量表面高，下层低，表层含盐量5cm处高达8%左右。60cm土体平均含盐量仅2%左右，pH8.1～8.3。

分布范围：成斑块状分布在东北部的九个井、田家井、硝坑井、梭梭井周围及香麦子坑、青土湖滩、白碱湖滩、田家湖滩，保护区北部也有少量分布。

2.3.2 草甸盐土

面积5210.54hm²，占风沙土类总面积的14.67%。

成因：由各种类型的草甸土逐渐演变而成，形成受地下水常年上下活动的影响，积盐过程和草甸过程相伴进行，以积盐过程为主。

特征：盐分组成以氯化物为主，其次为硫酸盐，盐分表聚性很强，形成了厚1~3cm的盐结皮层，地表覆白色盐霜，中下部有大量盐粉淀积或盐晶出现，锈纹、锈斑明显可见；地表植物以盐爪爪为主，其次为苏枸杞，覆盖度10%左右。

分布范围：主要分布在东北部的野马湖滩，东南部的套黄湾、大碱湖、小碱湖、头道湖、麻刺杆湖等湖盆滩地及青土井、梭梭井、南毛条井、白土井周围。

2.3.3 残积盐土

面积24014.87hm²，占风沙土类总面积的67.59%。

成因：由于地下水位较高，经自然蒸发积盐而形成；又因地下水位逐渐下降，蒸发积盐过程停止，在无灌溉、自然降水淋洗盐分的条件下形成。

特征：地下水位5m以下，土壤盐分上聚作用减缓，积盐特点与典型盐土类似，水分状况较典型盐土干燥，几乎全剖面都是干的，同时地面出现龟裂，结皮反面多荒漠气孔。

分布范围：残积盐土仅出现在西南部的黑茨林东侧的洼地上，南湖乡西北部、昌宁乡东南部与花儿园乡西南部有斑状分布，收成乡东南部与腾格里沙漠交界处有斑状分布。

2.3.4 沙化盐土

面积1556.55hm²，占风沙土类总面积的4.38%。

成因：由盐土遭受沙化而形成。

特征：盐分组成以氯化物为主，其次为硫酸盐，盐分含量表面高，下层低，表层含盐量5cm处高达8%左右，60cm土体平均含盐量仅2%左右，pH8.1~8.3。

分布范围：东湖镇东部有片状分布，半个山西北、西南方向以及义梁滩东南部沿沙窝一线有零星分布。

2.4 草甸土

草甸土是由冲积物、洪积物发育成的半水成型土壤，面积1613.32hm²，占保护区内土壤总面积的0.41%。由于河流、渠道流水的渗透补充，地下水位始终较高（0.5~2m），水质好，矿化度低，土壤生草化过程仍在继续。由于受沙化、盐化过程的影响，加之气候干燥的作用，腐殖质累积少，腐殖质层极不明显。根据附加成土过程，分为草甸土、荒漠化草甸土、灌耕草甸土3个亚类。

2.4.1 草甸土

面积159.79hm²，占风沙土类总面积的9.9%。

成因：由于风力作用，乔木生长困难，仅有灌丛及耐湿性草甸植被生长，因受外界环境影响，林木小时，逐渐为耐风耐寒的灌丛及草甸植被替代，形成草甸层，逐渐成为草甸土。

特征：不受盐化、沙化危害，地表生长芦苇等草甸植被，长势良好，覆盖度＞40%；土层上部腐殖质层明显，剖面下部有大量锈纹锈斑，局部还出现浅育化特征；是良好的天然草场。

分布范围：零星分布在保护区内南部的石羊河阶地和东支、外河两岸的低洼地段和各大支渠两侧的洼地上以及扎子沟湖滩、柴湖、苇湖一带。

2.4.2　荒漠化草甸土

面积1136.21hm²，占风沙土类总面积的70.43%。

成因：由盐化草甸土受沙化作用演变而来。

特征：目前地下水位4m左右，成土过程已脱离地下水的影响，积盐过程已停止，但残存盐分含量仍然较高，1m土层平均含盐量1.50%左右，盐分组成以硫酸盐为主；植被稀疏，风沙盛行，生草化、盐化过程被沙化过程所代替；剖面仍有腐殖质斑，24cm以下有锈纹锈斑存在，地表植物多为芨芨草、骆驼蓬；剖面特征为片状的淡黄色时，深度为0～24cm，质地为中壤，松紧度呈松状，干湿度为湿，有较多的植物根系。深度为24～79cm，质地为轻壤，干湿度为干，有锈纹锈斑，有较少的植物根系。当呈块状的棕灰色时，质地为重壤，松紧度呈紧状，干湿度为润，无植物根系。

分布范围：主要分布在夹河东北部。

2.4.3　灌耕草甸土

面积317.33hm²，占风沙土类总面积的19.67%。

成因：由林灌草甸土逐渐演化而形成。

特征：当呈块状的淡黄色时，深度为0～47cm，质地为轻壤，松紧度为松，干湿度为润，有较多的植物根系；当呈块状的灰黄色时，深度为47～67cm，质地仍为轻壤，松紧度为紧，干湿度为润，有锈纹，植物根系少；当呈片状的灰白色时，深度为67～82cm，质地为中壤，松紧度为紧，干湿度为湿润，有锈纹，无植物根系；当呈块状的棕黄色时，深度为82～100cm，质地为轻壤，松紧度为紧实，干湿度为潮湿，有锈纹，无植物根系；当呈灰黄色时，深度为100～150cm，质地为松沙，松紧度为散，干湿度为潮湿，无植物根系。

分布范围：零星分布在农林区内各地。

3　土壤多样性

3.1　地貌与土壤多样性

3.1.1　不同地貌下土壤数量多样性

保护区内不同地貌类型的土壤丰富度指数（Pa）、土壤破碎度指数（C）、土壤种类多样性指数（H'）、土壤均匀度指数（J）和土壤优势度指数（D）分析结果见表5-1。

表5-1　保护区不同地貌下的土壤多样性指数

地貌	面积（km²）	土壤丰富度指数（Pa）	土壤破碎度指数（C）	土壤种类多样性指数（H'）	土壤均匀度指数（J）	土壤优势度指数（D）
平原	3458.40	15	0.035	1.643	0.607	1.245
山地	279.46	6	0.061	1.463	0.817	0.149
丘陵	154.91	2	0.026	0.202	0.292	0.491
盆地	7.80	3	0.897	1.048	0.954	0.051

（1）土壤丰富度指数

平原、山地、盆地和丘陵4种不同地貌类型的土壤丰富度指数依次递减，平原具有分布于整个研究区的所有土壤种类，土壤丰富度指数为15；山地的土壤丰富度指数为6；盆地面积最小，土壤丰富度指数为3；丘陵丰富度指数仅为2，只有2种土壤。

（2）土壤破碎度指数

土壤破碎度指数用来反映土壤被分割开来的破碎程度，可以反映土壤的空间结构复杂性。如表5-1所示，研究4种地貌上土壤斑块个体的分布情况，在盆地区土壤破碎度指数较大（0.897），即在单位面积内斑块数量比较多，单个斑块的面积较小，因而各个土壤斑块间的连接程度低，土壤生态系统较为脆弱。平原和丘陵区的土壤破碎度指数较小（0.035、0.026），说明区域内土壤的连接性较好，土壤斑块数量少，单个斑块面积大，该区域的土壤自然条件一般较好。

（3）土壤种类多样性指数

土壤种类多样性反映不同地貌上土壤分布的非均匀化，体现土壤的异质性。保护区的土壤多样性在空间上具有很大的差别，平原面积大，土壤种类最多，多样性指数较大。相反地，丘陵土壤种类少，丰富度指数仅为2，丘陵的两种土壤面积差别较大，因而丘陵地区土壤种类分布较不均匀，土壤多样性指数较小，仅为0.202。盆地面积最小，但由于盆地地区存在的3种土壤，且面积相似，因此盆地的土壤种类多样性指数高于丘陵。

土壤种类多样性与各地貌下的土壤种类数量的二阶多项式拟合函数（图5-1）拟合度最高，$R^2=0.9194$。说明不同地貌下的土壤种类多样性指数与土壤种类具有明显的相关关系。

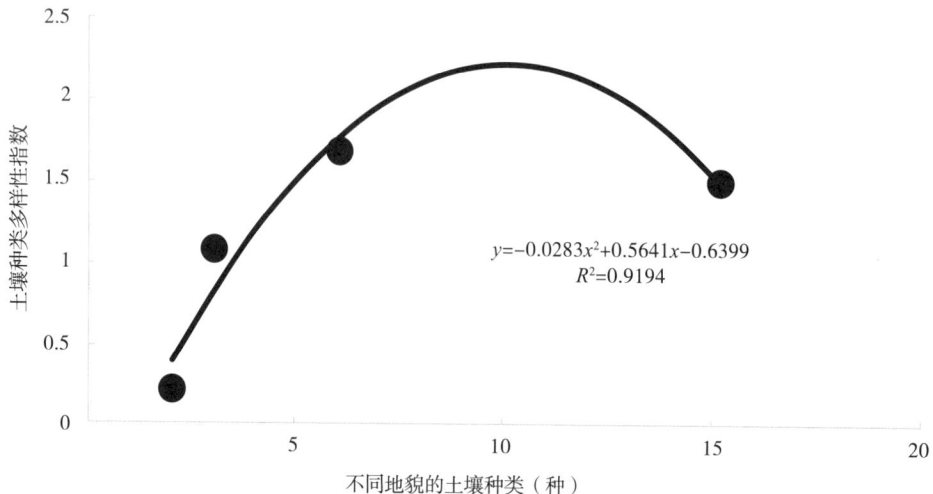

图5-1　不同地貌下土壤种类与土壤种类多样性指数拟合曲线图

（4）土壤均匀度指数

土壤均匀度指数与土壤多样性及土壤种类有关，可以反映土壤斑块分配的均匀程度。由表5-1可知，不同地貌下的土壤均匀度也存在较大差异，盆地土壤均匀度指数为0.954，说明盆地土壤结构稳定，各土壤类型分布较为均匀，各种土壤趋于融合性。丘陵土壤均匀度为0.292，该区域土壤出现了零散分布，各土壤类型的面积也差别较大，与实际情况相符合。均匀度盆地区＞山地＞平原＞丘陵。

（5）土壤优势度指数

土壤优势度指数可以用来衡量某种地貌下的土壤分布受一种或几种土壤类型支配的程度。由表5-1可知，平原和丘陵的优势度指数较大，则在该区域内存在一种或几种起到支配作用的土壤类型。盆地的优势度最小为0.051，说明盆地内各土壤类型所占比例基本相同，没有占据优势的土壤。

3.1.2 不同地貌下土壤空间分布多样离散性

保护区不同地貌下的土壤空间分布离散性指数结果如表5-2所示。

表5-2 保护区不同地貌的土壤分布空间多样性

土壤类型		平原区		山地区		丘陵区		盆地区	
		面积（km²）	多样性	面积（km²）	多样性	面积（km²）	多样性	面积（km²）	多样性
灰棕漠土	灰棕漠土	136.12	0.604	—	—	7.95	0.460	—	—
	石膏灰棕漠土	139.21	0.608	57.51	0.698	—	—	—	—
	山地灰棕漠土	68.85	0.538	60.17	0.703	—	—	—	—
	沙化灰棕漠土	56.00	0.512	4.05	0.362	—	—	—	—
	沙砾质灰棕漠土	562.36	0.754	24.34	0.609	—	—	—	—
风沙土	固定风沙土	42.24	0.489	—	—	—	—	—	—
	半固定风沙土	272.24	0.692	16.74	0.497	—	—	—	—
	流动风沙土	1816.13	0.883	116.65	0.797	146.96	0.942	1.62	0.450
盐土	盐土	43.86	0.487	—	—	—	—	3.62	0.488
	草甸盐土	49.55	0.503	—	—	—	—	2.56	0.535
	残积盐土	240.15	0.653	—	—	—	—	—	—
	沙化盐土	15.57	0.354	—	—	—	—	—	—
草甸土	草甸土	1.60	0.137	—	—	—	—	—	—
	荒漠化草甸土	11.36	0.328	—	—	—	—	—	—
	灌耕草甸土	3.17	0.201	—	—	—	—	—	—
总计		3458.39	—	279.46	—	154.91	—	7.80	—

（1）平原

在平原地貌上分布有15种土壤类型，包含保护区内所有的土壤种类。保护区气候干燥，蒸发量强而降水稀少，温差较大。平原地区地下水位高，土壤形成过程中由于自然物理风化强烈，在风沙的吹蚀搬运下，流动风沙土成为优势土壤类型分布范围最广，分布多样性也最大（0.883），在平原地区的东北部，中部和南部都大面积分布；沙砾质灰棕漠土在平原区面积少于流动风沙土，保护区内95.85%的沙砾质灰棕漠土分布于平原区，空间分布多样性较大（0.754），位于平原区西北部、北部。

此外，保护区内，固定风沙土、残积盐土、沙化盐土、草甸土、荒漠化草甸土和灌耕草甸土6种土壤类型仅存在于平原区。草甸土是由冲积物，洪积物发育成的半水成型土壤，保护区3种草甸土全部位于平原区。由于河流、渠道流水的渗透补充，地下水位始终较高（0.5~2m），水质好，矿化度低，土壤生草化过程仍在继续。草甸土（0.137）、荒漠化草甸土（0.328）和灌溉草甸土（0.201）的空间分布多样性较低。

灰棕漠土（94.48%）、沙化灰棕漠土（93.26%）、沙砾质灰棕漠土（95.85%）、半固定风沙土（94.21%）、盐土（92.38%）和草甸盐土（95.08%）6种土壤在平原区分布的面积占土壤类型总面积的90%以上。

（2）山地区

山地区总共有6种土壤分布，为石膏灰棕漠土、山地灰棕漠土、沙化灰棕漠土、沙砾质灰棕漠土、半固定风沙土和流动风沙土。山地区海拔较高，降水少，地下水位深，土壤形成过程不受地下水的影响。由于风蚀作用，山体浑圆、无尖锐山峰，基岩表面被剥蚀碎屑覆盖，形成了地带性土壤灰棕漠土。流动风沙土在山地区面积大，空间分布离散型值最高为0.797；山地灰棕漠土的空间分布离散性（0.703）和石膏灰棕漠空间分布离散性（0.698）也较高。山地6种土壤的空间分布离散性大小为流动风沙土＞山地灰棕漠土＞石膏灰棕漠土＞沙砾质灰棕漠土＞半固定风沙土＞沙化灰棕漠土，土壤分布较为分散。

（3）丘陵区

丘陵内土壤丰富度指数最小，仅为2，土壤组分构成简单，分布单一。丘陵区地形起伏和缓，没有明显的脉络，顶部浑圆，切割破碎，无一定方向，位于整个保护区域的南部。丘陵区有流动风沙土和灰棕漠土2种土地类型。流动风沙土面积占丘陵区总面积的94.87%，土壤空间分布离散性也最大（0.942），基本上位于整个丘陵区，是丘陵区的优势土壤。灰棕漠土面积占丘陵区的5.13%，且全部位于丘陵区的西南部，仅有一块图斑，土壤空间离散性较小（0.460）。

（4）盆地区

盆地区有3种土壤类型：流动风沙土、盐土和草甸盐土。盆地为保护区内地势较低地区，地下水位较高，土壤形成经过沼泽化、草甸化的成土过程，地下水流动时夹带溶解了土壤中的盐分，矿化度高，强烈的蒸发将盐分由地下带至地上，易引起土壤盐渍化。盐土仅存在于平原区和盆地区海拔较低处。盐土在盆地区面积最大，但由于分布集中，其空间多样性（0.488）低于草甸盐土（0.535）。流动风沙土的空间多样性指数最低（0.450）。由表5-2可以看出，盆地中3种土壤面积差别不大且图斑个数相近，土壤的分布离散性指数也相似，无优势土壤且分布离散性程度皆不高。

盆地区土壤类型分布的多样性也进一步证明，土壤的空间分布离散性程度和面积有关，但并不只有面积决定，与土壤类型所占空间网格数量也有重要关系。

盆地区土壤组分均匀，空间分布多样性的平均值为0.491。是4种地貌中土壤空间多样性最低的区域。这与盆地区土壤破碎度高、均匀度高有着直接关系。盆地并无优势土壤，与优势度计算结果相吻合。

以平原区为例，将土壤面积和图斑数量分别与土壤空间分布离散性指数做拟合曲线分析，结果如图5-2和图5-3所示。由图可知，不同土壤的面积和不同土壤的斑块数量与土壤空间离散性的关系在对数函数拟合下，决定系数R^2最高，而且土壤面积的拟合度为0.998，土壤图斑数量的拟合度为0.992。证明土壤空间多样性指数与研究区域的土壤种类面积及图斑数量密切相关。不同土壤面积的大小和破碎情况与多样性指数呈对数上升。初期上升速度非常快，后面随着土壤面积和斑块数量增加，土壤多样性指数上升会越来越慢。

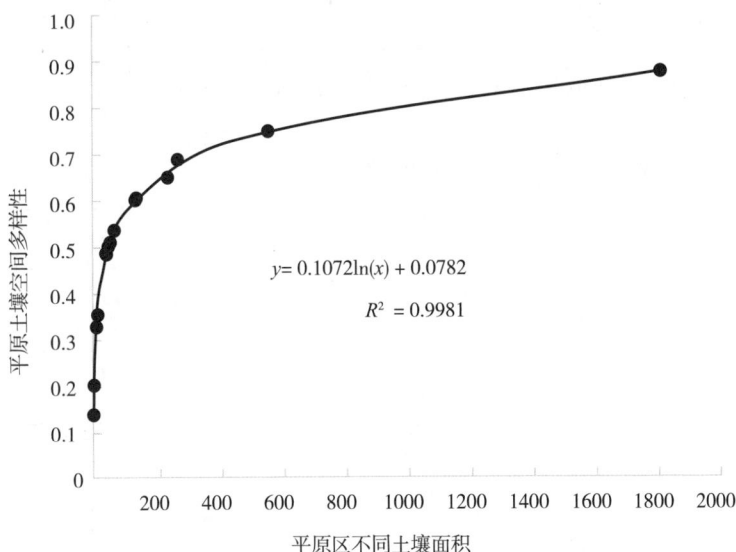

图5-2　平原区不同土壤类型的面积和土壤空间分布多样性的拟合曲线

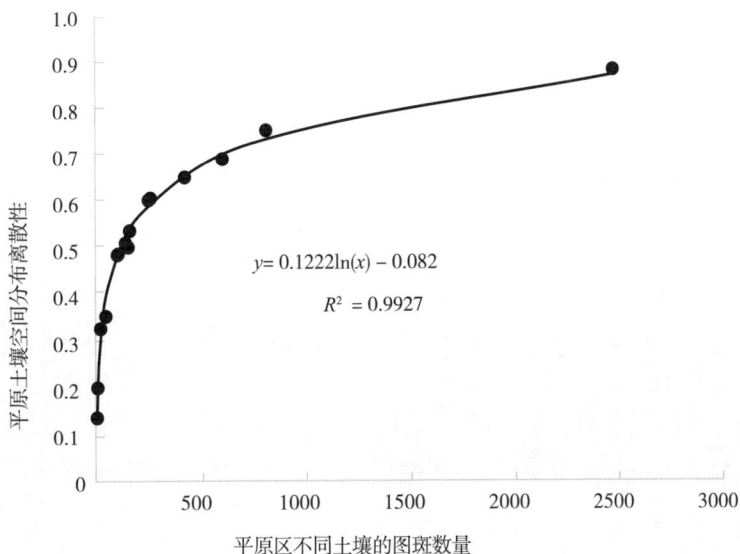

图5-3　平原区不同土壤图斑数量和土壤空间分布多样性的拟合曲线

3.2 土壤类型的多样性

以保护区15个土壤亚类为研究单位，探讨了保护区土壤数量分布多样性及空间离散多样性。

由表5-3可知，保护区内土壤类型以流动风沙土为主，面积2081.36km²，占保护区总面积的53.36%，是保护区的优势土壤，且空间离散性指数值最大（0.889）。沙砾质灰棕漠土次之，面积1116.55km²，占总面积的15.04%，且空间离散性指数也略小，为0.752。面积较小的土壤类型为草甸土，仅为1.6km²，占保护区总面积的0.04%，空间离散性指数也最小，为0.136。保护区内土壤沙化严重，且大部分区域为泥漠、盐漠、砾漠及沙漠等生态环境脆弱的地貌。

表5-3　保护区土壤离散性指数

土壤类型	灰棕漠土	石膏灰棕漠土	山地灰棕漠土	沙化灰棕漠土	沙砾质灰棕漠土	固定风沙土	半固定风沙土	流动风沙土	盐土	草甸盐土	残积盐土	沙化盐土	草甸土	荒漠化草甸土	灌耕草甸土
面积（km²）	144.07	196.72	129.02	60.05	586.70	42.24	288.98	2081.36	47.48	52.11	240.15	15.57	1.60	11.36	3.17
多样性指数	0.603	0.635	0.590	0.518	0.752	0.485	0.692	0.889	0.490	0.503	0.648	0.352	0.136	0.325	0.200

第六章 土地利用现状

1 土地利用类型

保护区批复面积为389882.50hm²，实际管理图示面积为396653.612hm²。

保护区的土地利用类型比较丰富，包含（林地、草地、湿地、耕地、园地、陆地水域、交通运输用地、农业设施建设用地、居住用地、特殊用地、绿地与开敞空间用地、公共管理与公共服务用地、商业服务业用地、仓储用地、工矿用地、公用设施用地、其他土地）17个一级类型（表6-1）。其中，林地面积最大，为232282.86hm²，占保护区土地总面积的58.56%；其次为其他土地、草地，面积分别为121438.34hm²、37341.50hm²，分别占保护区土地总面积的30.62%、9.41%；其余土地利用类型在保护区的分布均不足1%。

表6-1 甘肃民勤连古城国家级自然保护区各类土地面积　　　　单位：hm²

一级类型（地类代码）	二级类型（地类代码）	黄岭保护站	三角城保护站	连古城保护站	勤锋保护站	花儿园保护站	红崖山保护站	南湖保护站	合计
林地（03）232282.86	灌木林地（0303）	30947.89	30935.34	33382.94	31031.15	40555.19	49177.62	15112.02	231142.15
	乔木林地（0301）	10.44	3.31	40.58	37.02	3.89	2.71	—	97.95
	其他林地（0304）	630.11	43.71	11.37	90.88	5.88	260.81	—	1042.76
草地（04）37341.50	天然牧草地（0401）	—	6808.96	—	—	18164.47	—	—	24973.43
	人工牧草地（0402）	2.44	—	—	—	—	—	—	2.44
	其他草地（0403）	962.49	289.41	598.81	834.14	8934.69	746.09	—	12365.63
湿地（05）2279.48	沼泽草地（0503）	1931.81	—	—	—	—	—	—	1931.81
	内陆滩涂（0506）	—	—	—	—	—	347.67	—	347.67
耕地（01）2449.14	水浇地（0102）	194.80	491.23	505.88	775.20	—	482.03	—	2449.14
交通运输用地（12）293.55	公路用地（1202）	13.41	32.77	—	31.69	96.75	69.80	41.36	285.78
	铁路用地（1201）	—	—	—	—	6.76	—	—	6.76
	城镇道路用地（1207）	0.24	0.20	—	0.12	0.08	0.37	—	1.01

一级类型 （地类代码）	二级类型 （地类代码）	黄岭 保护站	三角城 保护站	连古城 保护站	勤锋 保护站	花儿园 保护站	红崖山 保护站	南湖 保护站	合计
陆地水域 （17） 120.80	沟渠（1705）	48.14	20.09	15.11	21.95	—	14.66	—	119.95
	坑塘水面 （1704）	—	—	—	—	0.79	0.06	—	0.85
园地（02） 103.05	果园（0201）	0.31	22.93	—	8.94	—	0.53		32.71
	其他园地 （0204）		6.43	2.57	45.75		15.59		70.34
农业设施 建设用地 （06） 238.04	农村道路 （0601）	44.83	20.33	37.62	45.64	0.54	44.28	3.25	196.49
	设施农用地 （0602）	5.32	6.15	4.83	14.54	0.47	10.24	—	41.55
居住用地 （07） 25.76	农村宅基地 （0703）	6.92	1.01	0.05	—		0.78		8.76
	城镇住宅用地 （0701）	—	0.54	0.08	5.65	1.98	8.75		17.00
特殊用地 （15） 11.40	其他特殊用地 （1507）	3.61	5.11	0.69	—		1.99		11.4
绿地与 开敞空间用 地（14） （0.002）	公园绿地 （1401）	—	0.002	—	—	—	—	—	0.002
公共管理与 公共服务用 地（08） 1.76	机关团体用地 （0801）	—	1.60	—	—		0.05	—	1.65
	科教文卫用地 （0802）	—	0.11						0.11
商业服务业 用地（09） 6.99	商业用地 （0901）	—	0.20	—	0.36	6.43	—	—	6.99
仓储用地 （11） （0.24）	物流仓储用地 （1101）	—	0.24						0.24
工矿用地 （10） 57.57	采矿用地 （1002）	—	—	—	0.01	51.87	0.62	—	52.50
	工业用地 （1001）					5.07			5.07
公用设施用 地（13） 3.13	公用设施用地 （1301）	—	—	—	—	0.73	0.06	0.08	0.87
	水工建筑用地 （1307）	—	—	—	—	—	2.26	—	2.26
其他土地 （23） 121438.34	沙地（2305）	24617.03	726.57	463.34	542.29	9708.01	7499.98	66294.54	109851.76
	盐碱地（2304）	—	16.38	—	—	—	0.63	170.43	187.44
	裸土地（2306）	—	—	—	0.20	28.84	0.41	—	29.45
	裸岩石砾地 （2307）		520.02			8125.52	172.58	2551.57	11369.69

1.1 耕地

耕地面积为2449.14hm²，全部为水浇地，占保护区土地总面积的0.62%。主要分布于勤锋（775.20hm²，31.65%）、连古城（505.88hm²，20.66%）、三角城（491.23hm²，20.06%）、红崖山（482.03hm²，19.68%）等保护站，花儿园和南湖保护站没有耕地分布。

1.2 林地

林地面积为232282.86hm²，占保护区土地总面积的58.56%，为保护区最主要的土地利用类型，在7个保护站均有分布。其中，红崖山保护站的林地面积最大，为49441.14hm²，占保护区林地总面积的21.28%；其次为花儿园保护站，面积为40564.96hm²，占保护区林地总面积的17.46%；面积最小的为南湖保护站，面积为15112.02hm²，占保护区林地总面积的6.51%。连古城、黄岭、勤锋、三角城保护站的林地面积分别为33434.89hm²、31588.44hm²、31159.05hm²和30982.36hm²。

林地中以灌木林地为主，面积为231142.15hm²，占林地总面积的99.51%；其他林地呈块状分布在保护区域南部，面积为1042.76hm²，占林地总面积的0.45%；林分疏密度>0.4。保护区仅有97.95hm²的乔木林地。

灌木林地以人工灌木林为主，呈块状分布在保护区内，主要种植梭梭、麻黄等，面积为211354.17hm²，占林地总面积的90.99%；显示人类活动对于保护区的土地利用方式存在巨大的影响。天然灌木林面积为20928.69hm²，占保护区总面积的9.01%。主要分布于连古城保护站中部，在花儿园及三角城保护站内零星分布。

1.3 草地

草地面积为37341.50hm²，占保护区土地总面积的9.41%。其中，天然牧草地24973.43hm²，占保护区草地总面积的66.88%；其他草地12365.63hm²，占保护区草地总面积的33.11%；人工牧草地，面积仅为2.44hm²。草地主要分布于花儿园保护站（27099.16hm²，占保护区草地总面积的72.57%）及三角城保护站（7098.37hm²，占保护区草地总面积的19.00%），黄岭、勤锋、红崖山、连古城等保护站的分布面积均较小，南湖保护站则没有草地分布。

1.4 湿地

保护区的湿地面积不大，为2279.48hm²，占保护区土地总面积的0.57%。其中，沼泽草地1931.81hm²，占保护区湿地总面积的84.75%；内陆滩涂347.67hm²，占保护区湿地总面积的15.25%。

保护区的湿地主要分布在黄岭保护站和红崖山保护站，面积分别为1931.81hm²、347.67hm²。占保护区湿地总面积的84.75%、15.25%。其他保护站没有湿地分布。

1.5 园地

保护区园地面积仅为103.05hm²。其中，果园面积为32.71hm²，占园地总面积的31.74%；其他园地面积为70.34hm²，占园地总面积的68.26%。

园地主要分布在勤锋保护站，面积为54.69hm²，占保护区园地总面积的53.07%；其次为三角城保护站，面积为29.36hm²，占保护区园地总面积的28.49%；红崖山保护站有园地16.12hm²，占保护区园地总面积的15.64%；连古城保护站有园地2.57hm²，占保护区园地总面积的2.49%；黄岭保护站有园地0.31hm²，占保护区园地总面积的0.30%；花儿园和南湖保护站没有园地分布。

1.6 居住用地

保护区居住用地面积为25.76hm²。其中，农村宅基地8.76hm²，占保护区居住用地总面积的34.01%；城镇住宅用地17.00hm²，占保护区居住用地总面积的65.99%。

居住用地除了在南湖保护站没有外，在其他保护站均有分布。其中，红崖山保护站的居住用地面积最大，为9.53hm²，占保护区居住用地总面积的37.00%；黄岭保护站6.92hm²，占保护区居住用地总面积的26.86%；勤锋保护站5.65hm²，占保护区居住用地总面积的21.93%；花儿园、三角城和连古城保护站的居住用地分别为1.98hm²、1.55hm²和0.31hm²，分别占保护区居住用地总面积的7.69%、6.02%和0.50%。

1.7 陆地水域

陆地水域面积为120.80hm²。其中，沟渠119.95hm²，占保护区陆地水域总面积的99.30%；坑塘水面0.85hm²，占保护区陆地水域总面积的0.70%。

陆地水域除了在南湖保护站没有外，在其他保护站均有分布。其中，黄岭保护站48.14hm²，占保护区陆地水域总面积的39.85%；勤锋保护站21.95hm²，占保护区陆地水域总面积的18.17%；三角城保护站20.09hm²，占保护区陆地水域总面积的16.63%；连古城保护站15.11hm²，占保护区陆地水域总面积的12.51%；红崖山保护站14.72hm²，占保护区陆地水域总面积的12.19%；花儿园保护站0.79hm²，占保护区陆地水域总面积的0.65%。

1.8 交通运输用地

保护区的交通运输用地面积为293.55hm²。其中，公路用地285.78hm²，占保护区交通运输用地总面积的97.35%；铁路用地6.76hm²，占保护区交通运输用地总面积的2.30%；有1.01hm²的城镇道路用地，占保护区交通运输用地总面积的0.34%。

保护区交通运输用地主要分布在花儿园保护站，面积为103.59hm²，占保护区交通运输用地总面积的35.29%；其次为红崖山保护站，面积为70.17hm²，占保护区交通运输用地总面积的23.90%；南湖、三角城、勤锋保护站的交通运输用地面积为41.36hm²、32.97hm²、31.81hm²，分别占保护区交通运输用地总面积的14.09%、11.23%和10.84%；连古城保护站没有交通运输用地分布。

1.9 农业设施建设用地

保护区的农业设施建设用地面积为238.04hm²。其中，农村道路196.49hm²，占保护区农业设施建设用地总面积的82.54%；设施农用地41.55hm²，占保护区农业设施建设用地总面积的17.46%。

农业设施建设用地在保护区的各保护站均有分布，主要分布在勤锋保护站，面积为60.18hm²，占保护区农业设施建设用地总面积的25.28%；其次为红崖山和黄岭保护站，面积分别为54.52hm²、50.15hm²，占保护区农业设施建设用地总面积的22.90%和21.07%；连古城、三角城、南湖、花儿园保护站的农业设施建设用地面积为42.45hm²、26.48hm²、3.25hm²、1.01hm²，分别占保护区农业设施建设用地总面积的17.83%、11.23%、1.37%和0.42%。

1.10 特殊用地

保护区的特殊用地面积为11.40hm²。只有其他特殊用地一个二级类型，主要分布在三角城保护站，面积为5.11hm²，占保护区特殊用地总面积的44.82%；其次为黄岭保护站，面积为3.61hm²，占保护区特殊用地总面积的31.67%；红崖山、连古城保护站的特殊用地面积为1.99hm²、0.69hm²；分别占保护区特殊用地总面积的17.46%、6.05%。勤锋、南湖、花儿园3个保护站没有特殊用地分布。

1.11 绿地与开敞空间用地

保护区的绿地与开敞空间用地仅为0.002hm²。仅有公园绿地一个二级类型，全部分布在三角城保护站。

1.12 公共管理与公共服务用地

保护区的公共管理与公共服务用地面积为1.76hm²。其中，机关团体用地1.65hm²，占保护区公共管理与公共服务用地总面积的93.75%；科教文卫用地0.11hm²，占保护区公共管理与公共服务用地总面积的6.25%。

保护区的公共管理与公共服务用地主要分布在三角城保护站，面积为1.71hm²，占保护区公共管理与公共服务用地总面积的97.16%；红崖山保护站分布有0.05hm²的公共管理与公共服务用地，占保护区公共管理与公共服务用地总面积的2.84%；其余保护站没有公共管理与公共服务用地的分布。

1.13 商业服务业用地

保护区的商业服务业用地面积为6.99hm²。仅有商业服务业设施用地一个二级类型，主要分布在花儿园保护站，面积为6.43hm²，占保护区商业服务业用地总面积的91.99%；勤锋、三角城保护站的商业服务业用地分别为0.36hm²、0.20hm²，分别占保护区商业服务业用地总面积的5.15%和2.86%；其余保护站没有商业服务业用地的分布。

1.14 仓储用地

保护区的仓储用地面积为0.24hm²。只有物流仓储用地一个二级类型，全部分布在三角城保护站。

1.15 工矿用地

保护区的工矿用地面积仅为57.57hm²。其中，采矿用地52.50hm²，占保护区工矿用地总面积的91.19%；工业用地5.07hm²，占保护区工矿用地总面积的8.81%。工矿用地主要分布在花儿园保护站，面积为56.94hm²，占保护区工矿用地总面积的98.91%；红崖山和勤锋保护站的工矿用地分别为0.62hm²、0.01hm²，其余保护站没有工矿用地分布。

1.16 公用设施用地

保护区的公用设施用地面积仅为3.13hm²。其中，水工建筑用地2.26hm²，占保护区公用设施用地总面积的72.20%；公用设施用地0.87hm²，占保护区公用设施用地总面积的27.80%。保护区的公用设施用地主要分布在红崖山保护站，面积为2.32hm²，占保护区公用设施用地总面积的74.12%；其次分布在花儿园保护站，面积为0.73hm²，占保护区公用设施用地总面积的23.32%；南湖保护站有0.08hm²的共用设施用地，占保护区公用设施用地总面积的2.56%。其余保护站没有共用设施用地分布。

1.17 其他土地

其他土地面积为121438.34hm²，占保护区土地总面积的30.62%。其中，沙地109851.76hm²，占保护区其他土地总面积的90.46%；裸岩石砾地11369.69hm²，占保护区其他土地总面积的9.36%；盐碱地187.44hm²，裸土地29.45hm²，分别占保护区其他土地总面积的0.15%和0.02%。

其他土地主要分布于南湖保护站，面积为69016.54hm²，占保护区其他土地总面积的56.83%；其次分布于黄岭保护站，面积为24617.03hm²，占保护区其他土地总面积的20.27%；花儿园保护站其他土地的面积为17862.37hm²，占保护区其他土地总面积的14.71%；红崖山、三角城、勤锋、连古城保护站的其他土地分别为7673.60hm²、1262.97hm²、542.49hm²、463.34hm²，分别占保护区其他土地总面积的6.32%、1.04%、0.45%和0.38%。

2 土地利用类型的空间分布

保护区土地面积为396653.612hm²。其中，面积最大的保护站为花儿园保护站，土地总面积85697.96hm²，占保护区土地总面积的21.61%；其次为南湖保护站，土地总面积84173.25hm²，占保护区土地总面积的21.22%；黄岭、红崖山、三角城、连古城保护站的土地面积分别为59419.79hm²、58860.57hm²、39952.642hm²、35063.87hm²，占保护区土地总面积的14.98%、14.84%、10.07%、8.84%；面积最小的保护站为勤锋保护站，土地总面积33485.53hm²，占保护区土地总面积的8.44%。

2.1 花儿园保护站

花儿园保护站土地总面积85697.96hm²，是保护区面积最大的保护站，占保护区土地总面积的21.61%，由林地、草地、其他土地、交通运输用地、陆地水域、农业设施用地、居住用地、商业服务业用地、工矿用地、公用设施用地10个一级土地利用类型组成，面积较大的土地利用类型为林地、草地和其他土地，面积分别为40564.96hm²、27099.16hm²、17862.37hm²，占花儿园保护站土地总面积的47.33%、31.62%、20.84%。

花儿园保护站的林地，由灌木林地、乔木林地、其他林地3个二级土地利用类型构成，其中灌木林地面积最大，为40555.19hm²，占花儿园保护站林地面积的99.98%，乔木林地（3.89hm²）、其他林地（5.88hm²）仅零星分布。

花儿园保护站的草地，由天然牧草地、其他草地2个二级土地利用类型构成，没有人工牧草地分布；其中天然牧草地面积最大，为18164.47hm²，占花儿园保护站草地总面积的67.03%，其他草地8934.69hm²，占花儿园保护站草地总面积的32.97%。

花儿园保护站的其他土地，由沙地、裸土地、裸岩石砾地3个二级土地利用类型构成，没有盐碱地分布；其中沙地面积最大，为9708.01hm²，占花儿园保护站其他土地面积的54.35%，裸岩石砾地8125.52hm²，占花儿园保护站其他土地面积的45.49%，裸土地面积仅为28.84hm²，占花儿园保护站其他土地面积的0.16%。

2.2　南湖保护站

南湖保护站土地总面积84173.25hm²，占保护区土地总面积的21.22%；由其他土地、林地、交通运输用地、农业设施建设用地、共用设施用地5个一级土地利用类型组成；其中其他土地面积最大，为69016.54hm²，占南湖保护站土地总面积的81.99%；其次为林地，面积为15112.02hm²，占南湖保护站土地总面积的17.95%。

南湖保护站的土地利用二级类型比较单一，林地中，只有灌木林地分布，交通运输用地仅有公路用地分布，农业设施建设用地中仅有农村道路用地分布，公用设施用地中仅有公用设施用地分布。只有其他土地的二级类型较多，由沙地、盐碱地、裸岩石砾地3个二级类型组成，其中沙地面积66294.54hm²，占南湖保护站其他土地总面积的96.06%；其次为裸岩石砾地，面积为2551.57hm²，占南湖保护站其他土地总面积的3.70%，盐碱地面积为170.43hm²，占南湖保护站其他土地总面积的0.24%。

2.3　黄岭保护站

黄岭保护站土地总面积59419.79hm²，占保护区土地总面积的14.98%，由林地、其他土地、湿地、草地、耕地、园地、交通运输用地、陆地水域、农业设施建设用地、居住用地、特殊用地11个一级土地利用类型组成。其中，林地面积最大，为31588.44hm²，占黄岭保护站土地总面积的53.16%；其次为其他土地，面积为24617.03hm²，占黄岭保护站土地总面积的41.43%；湿地、草地、耕地的面积分别为1931.81hm²、964.93hm²、194.8hm²，占黄岭保护站土地总面积的3.25%、1.62%、0.33%。

黄岭保护站的林地由灌木林地、其他林地、乔木林地3个二级类型构成，其中灌木林地面积最大，为30947.89hm²，占保护站林地总面积的97.97%，其次为其他林地，面积为630.11hm²，占保护站林地总面积的1.99%，乔木林地面积为10.44hm²，占保护站林地总面积的0.03%。

黄岭保护站的草地由其他草地、人工牧草地2个二级类型构成，没有天然牧草地分布。其中其他草地地面积最大，为962.49hm²，占保护站草地总面积的99.75%，其次为人工牧草地，面积为2.44hm²，占保护站林地总面积的0.25%

黄岭保护站的其他土地全部为沙地，没有盐碱地、裸土地、裸岩石砾地分布；湿地全部为沼泽草地，耕地均为水浇地。

2.4　红崖山保护站

红崖山保护站土地总面积58860.57hm²，占保护区土地总面积的14.84%，由林地、其他土地、草地、湿地、耕地、交通运输用地、陆地水域、园地、农业设施建设用地、居住用地、特殊用地、公共管理与公共服务用地、工矿用地、公用设施用地14个一级土地利用类型组成。林地、其他土地、草地的面积较大，分别为49441.14hm²、7673.6hm²、746.09hm²，分别占保护站土地总面积的84.00%、13.04%、1.27%。

红崖山保护站的林地由灌木林地、其他林地、乔木林地3个二级类型构成，其中灌木林地面积最大，为49177.62hm²，占保护站林地总面积的99.47%，其次为其他林地，面积为260.81hm²，占保护站林地总面积的0.53%，乔木林地面积为2.71hm²，占保护站林地总面积的0.01%。

红崖山保护站的其他土地由沙地、裸岩石砾地、盐碱地、裸土地4个二级类型组成，以沙地为主，面积7499.98hm²，占红崖山保护站其他土地总面积的97.74%；其次为裸岩石砾地，面积为172.58hm²，占红崖山保护站其他土地总面积的2.25%，盐碱地、裸土地面积很小，仅为0.63hm²、0.41hm²。

草地只有其他草地一个二级类型，湿地全部为内陆滩涂，耕地全部为水浇地。

2.5　三角城保护站

三角城保护站土地总面积39952.642hm²，占保护区土地总面积的10.07%，由林地、草地、其他土地、耕地、交通运输用地、陆地水域、园地、农业设施建设用地、特殊用地、绿地与开敞空间用地、居住用地、仓储用地、商业服务业用地、公共管理与公共服务用地14个一级土地利用类型组成，其中面积较大的为林地、草地、其他土地、耕地4个土地利用类型，面积分别为30982.36hm²、7098.37hm²、1262.97hm²、491.23hm²，占保护站土地总面积的77.55%、17.77%、3.16%、1.23%。

三角城保护站的林地由灌木林地、其他林地、乔木林地3个二级类型构成，其中灌木林地面积最大，为30935.34hm²，占保护站林地总面积的99.85%；其次为其他林地，面积为43.71hm²，占保护站林地总面积的0.14%；乔木林地面积为3.31hm²，占保护站林地总面积的0.01%。

三角城保护站的草地由天然牧草地、其他草地2个二级类型构成，没有人工牧草地分布。其中天然牧草地面积最大，面积为6808.96hm²，占保护站草地总面积的95.92%；其次为其他草地，面积为289.41hm²，占保护站草地总面积的4.08%。

三角城保护站的其他土地由沙地、裸岩石砾地、盐碱地3个二级类型组成，没有裸土地分布；以沙地为主，面积726.57hm²，占保护站其他土地总面积的57.53%；其次为裸岩石砾地，面积为520.02hm²，占保护站其他土地总面积的41.17%；盐碱地16.38hm²，占保护站其他土地总面积的1.30%。

2.6　连古城保护站

连古城保护站土地总面积35063.87hm²，占保护区土地总面积的8.84%；由林地、草地、其他土地、耕地、陆地水域、园地、农业设施建设用地、特殊用地、居住用地9个一级土地利用类型组成，其中面积较大的为林地、草地、耕地、其他土地4个土地利用类型，面积分别为33434.89hm²、598.81hm²、505.88hm²、463.34hm²，占保护站土地总面积的95.35%、1.71%、1.44%、1.32%。

连古城保护站的林地由灌木林地、乔木林地、其他林地3个二级类型构成，其中灌木林地面积最大，为33382.94hm²，占保护站林地总面积的99.84%；其次为乔木林地，面积为40.58hm²，占保护站林地总面积的0.12%；其他林地面积为11.37hm²，占保护站林地总面积的0.03%。

连古城保护站的草地仅有其他草地一个二级类型，耕地全部为水浇地，其他土地仅有沙地一个二级类型。

2.7 勤锋保护站

勤锋保护站土地总面积33485.53hm²，占保护区土地总面积的8.44%，由林地、草地、耕地、其他土地、交通运输用地、陆地水域、园地、农业设施建设用地、居住用地、商业服务业用地、工矿用地11个一级土地利用类型组成，其中面积较大的地类为林地、草地、耕地、其他土地4个类型，面积分别为31159.05hm²、834.14hm²、775.2hm²、542.49hm²，分别占保护站土地总面积的93.05%、2.49%、2.32%、1.62%。

勤锋保护站的林地由灌木林地、乔木林地、其他林地3个二级类型构成，其中灌木林地面积最大，为31031.15hm²，占保护站林地总面积的99.59%；其次为其他林地，面积为90.88hm²，占保护站林地总面积的0.29%；乔木林地面积为37.02hm²，占保护站林地总面积的0.12%。

勤锋保护站的草地仅有其他草地一个二级类型，耕地全部为水浇地，其他土地中分布有沙地和裸土地2个二级类型，沙地占绝对优势，仅有0.2hm²的裸土地。

3 土地利用存在的问题及改进措施

（1）保护区位于两大沙漠之间，是民勤绿洲与两大沙漠的缓冲地带，对绿洲起着极大的保护作用。但从空间上来看，保护区西北部与东南部与沙漠紧连处裸地广泛分布，面积较大；且在东南部裸地对天然草地和天然灌木林呈现包围状，极大地威胁到保护区生态系统。中部地区主要以天然草地为主，但在其内部有裸地分布，这对天然草地生态系统构成了威胁。西北部在保护区边界与居民点相接处裸地也有分布，并有内延趋势。因此，通过栽植人工植被来逐渐提高裸地的植被盖度，转变裸地的利用类型，避免裸地，尤其是绿洲内部裸地的蔓延式扩张对土地利用格局的影响，是今后保护区土地利用管理的主要方向。

（2）从土地利用结构图上可以看出，陆地水域所占面积仅为保护区总面积的0.03%，加之保护区内年降水量远小于年蒸发量，水资源极其匮乏，节约用水和合理分配水资源，积极维持、不断增加陆地水域的保护规模是今后保护区的重要研究方向。

（3）保护区其他土地面积为121438.34hm²，占保护区土地总面积的30.62%；因此，通过人工修复与自然修复相结合的方式加强其他土地的生态修复是土地利用结构与布局优化的重点。

（4）积极、合理推进耕地、园地、工矿用地等与自然护区保护目标不一致的土地利用方式的有序退出。

（5）合理控制居住用地、交通运输用地、特殊用地、仓储用地、公共管理与公共服务用地、公用设施用地等建设用地的规模，不断提高其节约集约利用水平。

1 荒漠化土地

荒漠化是指由自然和人为等多种因素造成的在干旱、半干旱地区及半湿润地区的土地退化过程。截至2014年年底，全国荒漠化土地面积261.16万km²，约占国土面积的27.20%，甘肃省荒漠化土地面积19.50万km²，占全省土地总面积的45.8%。荒漠化严重威胁着人类的生存，阻碍资源、环境和社会经济的可持续利用与发展，及时准确地对发生荒漠化的土地进行评价，了解荒漠化动态变化，掌握其发生的机理，对中央提出的西部大开发战略的实施、国家生态安全屏障建设、"一带一路"国民经济可持续发展具有重要的现实意义，同时，也为防治荒漠化提供决策依据。

遥感作为一种新兴技术手段，以其大范围的同步观测、短周期、低成本、信息量大、能反映动态变化，受地面条件限制少，手段丰富、收益大等优点，为获取荒漠化类型、强度及动态变化信息提供了有效的信息源。近年来，在荒漠化评价中得到了广泛应用，20世纪90年代末期，黄敬峰等（1999）利用TM遥感影像研究了西部干旱区土地资源调查和土地利用变化，在波段选择、图像校正和信息提取上都得到较精确的分析；2000年，国家林业局介绍了荒漠化监测分布图编制技术方法；2002年，王建等利用"多层"及决策树技术对荒漠化类型等信息进行提取；2010年，潘竟虎等应用光谱混合分析技术对土地覆盖类型信息进行提取，建立反照率－植被（Albedo-Vegetation，A-V）特征空间，据此对荒漠化土地有效地加以区分；2014年，任艳群等利用基于NDVI和Aldebo的特征空间对土地沙化进行定量评价，极大地提升了沙漠化动态监测与分析能力；2018年，姜丽俐等利用美国侦察卫星和SPOT6卫星获取了高分辨率遥感影像数据，采用人机交互解译的方式应用于荒漠化土地监测中。可见，在遥感技术的支持下，利用Landsat MSS /TM遥感资料为信息源，定量化地分析、研究荒漠化土地的分布现状及空间动态变化趋势，可为当地政府决策和荒漠化综合治理提供科学依据。

由于保护区所处生态区域长期的干旱缺水，风沙侵袭，加之石羊河上游来水量逐年减少和地下水严重超采，土地荒漠化不断扩展，生态环境日趋恶劣，荒漠化程度日趋严重。鉴于此，进行荒漠化监测，了解该区荒漠化类型、程度及动态变化对保护该区生态环境，防治土地退化，治理荒漠化危害，维护生态安全具有十分重要的意义。

1.1 资料来源

基于甘肃省第四、五次荒漠化监测工作数据，本次主要采用遥感影像判读与地面调查核实相结合的方法，选取空间分辨率小于30m、2006—2007年6～9月（第四次数据选用）以及2012—

2013年6～9月（第五次数据选用）拍摄的TM和ETM多光谱遥感数据作为监测信息源，通过几何精校正和增强处理，在建立解译标志的基础上，利用GIS软件ArcView 3.2对荒漠化程度进行目视判读且划分图斑。随后对区划的图斑进行抽样调查，现场核实图斑界线及各项解译因子。依据现场调查核实情况对解译的所有图斑属性进行了修正，统计汇总出保护区两次监测所得的荒漠化土地的面积、程度及其变化等方面的信息。

1.2　评价指标

依据甘肃省荒漠化与沙化监测技术规程，对甘肃民勤连古城国家级自然保护区荒漠化土地进行评价。

（1）土地利用类型划分

主要分为耕地、林地、草地、居民工矿交通用地、水域和未利用地。

（2）荒漠化类型划分

按照造成荒漠化的主导自然因素划分为风蚀、水蚀、盐渍化和冻融4种荒漠化类型（表7-1）。

表7-1　荒漠化类型及特征

类型	含义	特征
风蚀	指风沙流中固体颗粒对地表磨蚀作用及气流使地表土壤颗粒脱离土壤表面被搬运的现象	地表土层减少或降低，植物根系露出地表，土壤机械组成发生粗化现象，出现风蚀劣地
水蚀	指由降雨或地表水流所导致的土壤搬运和沉积过程	有明显的土壤流水侵蚀现象，在一定坡度的土地上，甚至发生冲沟、切沟等的流水侵蚀地貌特征
盐渍化	指土壤盐分在土壤中积累的过程，这些盐分由地下水、地表水带来，强烈的蒸散使盐分在植物根系层积累	土壤表面出现盐碱、盐霜、盐斑等，对植物生长造成伤害，甚至使植物死亡
冻融	指土壤水不断地冻结和融化，体积发水变化对土壤结构所造成的机械破坏作用	地表出现冻融包，土壤结构很差，破坏严重

（3）荒漠化程度划分

根据遥感影像与地面调查研究方式和土地利用类型，采用不同的荒漠化程度评价指标和方法：①多因子数量化评价方法。选取行政区划、图斑号、土地利用类型、面积、荒漠化类型、荒漠化程度、植被总盖度、覆沙厚度、土壤质地、侵蚀沟面积比例、坡度、地表形态、作物产量下降率、有效土层厚度、治理措施、荒漠化人为因素、土地利用类型变化原因17项因子做详细的调查，采用多个评价指标，对各指标尽量进行定量调查，不能定量的，调查其定性值，根据调查结果确定各指标的评分值；计算出各指标的评分值总和，由此确定土地荒漠化程度。②用定性与定量相结合的评价方法确定荒漠化程度，荒漠化程度可划分为非荒漠化、轻度荒漠化、中度荒漠化、重度荒漠化和极重度荒漠化5级。

1.3　荒漠化整体概况

根据甘肃省第五次荒漠化和沙化监测数据，甘肃民勤连古城国家级自然保护区总面积389882.50hm²，其中，非荒漠化土地面积1572.94hm²，占保护区土地总面积的0.40%；荒漠化土地总面积388309.56hm²，占保护区土地总面积的99.60%（表7-2），可见，保护区荒漠化土地面积占有比例大，具有明显的荒漠特征。

表7-2 保护区荒漠化类型

荒漠化类型		面积（hm²）	比例（%）
荒漠化	风蚀	383466.92	98.35
	盐渍化	4842.64	1.25
非荒漠化		1572.94	0.40
总计		389882.50	100.00

1.3.1 荒漠化类型概况

保护区荒漠化土地按照自然起因分，主要有风蚀荒漠化和盐渍荒漠化两种类型，其中以风蚀荒漠化为主。风蚀荒漠化土地面积为383466.92hm²，占保护区荒漠化土地总面积的98.35%；盐渍荒漠化土地面积相对较少，其面积4842.64hm²，只占保护区荒漠化土地总面积的1.25%。

1.3.2 荒漠化类型的空间分布特点

风蚀是甘肃民勤连古城国家级自然保护区主要的荒漠化类型，具有明显区域地带性分布的特点，保护区西北受巴丹吉林沙漠环绕主要以风蚀荒漠化为主，东北以及保护区南部的南湖乡受腾格里沙漠影响，也是以风侵蚀为主。近年来，保护区由于地下水位持续下降，水质不断恶化，造成不同程度的耕地盐碱化、土地沙化、植被退化，其盐渍化是保护区荒漠化另一大类型，同样具有较明显的区域特征，盐渍化荒漠化土地主要分布在黄岭的东部及北部，主要为盐碱地。非荒漠化土地主要分布于花儿园西部山区及勤锋和红崖山东南绿洲于荒漠过渡带，在荒漠与绿洲过渡带上零星分布。

1.3.3 荒漠化程度概况

按荒漠化土地发生的严重程度划分，保护区以极重度所占比重最大，面积为146080.32hm²，占保护区荒漠化土地面积的37.62%；重度荒漠化土地面积次之，面积为103614.70hm²，占保护区荒漠化土地面积的26.68%；中度荒漠化土地面积95474.84hm²，占保护区荒漠化土地面积的24.59%；轻度面积为43139.70hm²，占保护区荒漠化土地面积的11.11%（表7-3）。荒漠化土地占总面积的比例高于全球，极重度和重度荒漠化土地比重也高于全球平均水平，呈现出扩展速度快、发展程度高的特征。

表7-3 保护区土地荒漠化程度

程度	面积（hm²）	比例（%）	荒漠化类型			
			风蚀		盐渍化	
			面积（hm²）	比例（%）	面积（hm²）	比例（%）
轻度	43139.70	11.11	43092.96	11.24	46.74	0.97
中度	95474.84	24.59	93585.04	24.40	1889.80	39.02
重度	103614.70	26.68	101695.77	26.52	1918.93	39.63
极重度	146080.32	37.62	145093.15	37.84	987.17	20.38
合计	388309.56	100.00	383466.92	100.00	4842.64	100.00

不同土地荒漠化程度在两种荒漠类型所占的比例有所不同，风蚀荒漠化以极重度荒漠为主，其面积为145093.15hm²，占风蚀荒漠化土地总面积的37.84%；而盐渍荒漠化以中度和重度荒漠化土地为主，其面积3708.73hm²，占盐渍化荒漠土地总面积的78.65%。可见，保护区风蚀荒漠化占有比重大，且发生程度也较重；而盐渍化荒漠化占有比例小，且发生的程度相对较轻。

1.3.4 荒漠化程度的空间分布特点

荒漠化程度由绿洲内向外呈递增趋势，极重度荒漠化土地占有的比重最大，且主要分布于保护区南部的南湖乡、西北和北部的花儿园和三角城、东北的黄岭西部主要为沙地和戈壁；轻度荒漠化土地主要位于勤锋、红崖山和连古城靠近绿洲的边缘呈带状分布，以林地为主；重度和中度风蚀荒漠化土地位于极重度和轻度荒漠化土地之间，其中重度主要分布于花儿园东北部及三角城的北部及黄岭的西北部，在连古城西南部呈块状分布；中度荒漠化主要分布在红崖山和勤锋保护站辖区。

1.3.5 土地利用类型荒漠概况

不同土地利用类型其荒漠化土地有所差异，其中林地荒漠化比重最大，面积为183883.96hm²，占保护区荒漠化土地面积的47.35%；其次是未利用地，面积为161888.83hm²，占保护区荒漠化土地面积的41.69%；草地和耕地荒漠化面积较小，分别为40519.75hm²和2017.02hm²，分别只占保护区荒漠化土地面积10.43%、0.52%（表7-4），表明近年来因保护区地下水位下降，植被退化严重，林地荒漠化面积呈现增长态势。

不同荒漠化类型在各类土地类型中占有比例有所差异，风蚀荒漠化主要分布于林地和未利用土地，两种土地类型用地面积为341093.61hm²，占风蚀荒漠化土地的88.95%；而盐渍荒漠化土地主要集中于林业用地土地，面积为3619.65hm²，其面积占盐渍荒漠化土地的74.75%（表7-4），表明保护区在进行人工林改造过程中，因灌溉其蒸发也相对较大，在强烈的蒸发下，其地下盐带到了地表，土壤盐渍化相对严重。

表7-4　荒漠化按照土地类型划分统计

土地利用类型	小计		荒漠化类型			
			风蚀		盐渍化	
	面积（hm²）	比例（%）	面积（hm²）	比例（%）	面积（hm²）	比例（%）
耕地	2017.02	0.52	1970.28	0.51	46.74	0.97
林地	183883.96	47.35	180264.31	47.01	3619.65	74.75
草地	40519.75	10.43	40403.03	10.54	116.72	2.41
未利用地	161888.83	41.69	160829.30	41.94	1059.53	21.88
合计	388309.56	100.00	383466.92	100.00	4842.64	100.00

1.3.6 土地利用类型荒漠化程度概况

不同土地利用类型发生荒漠化的程度不同，其中耕地用地以中度荒漠化所占比重最大，面积为1970.28hm²，占耕地荒漠化面积的97.68%；林地用地以中度和重度荒漠化土地，其面积分别为77649.64hm²、63522.31hm²，分别占林地荒漠化面积的42.23%、34.54%；草地用地以重度荒漠化所占比重最大，面积为24270.45hm²，占草地荒漠化面积的59.90%；未利用地以极重度荒漠化为主，面积为145994.52hm²，占未利用地荒漠化面积的90.18%。

从表7-5还可以看出，不同程度荒漠化程度土地在各土地利用类型中占有的比重不同，其中轻度、中度、重度均在林地用地占的比重最大，分别为该荒漠化程度土地面积的98.81%、81.33%、61.31%；然而，极重度荒漠化土地基本集中分布于未利用土地，其面积占到该荒漠化程度土地面积的99.94%。

表7-5　荒漠化按程度划分统计

土地利用类型	小计		荒漠化程度							
			轻度		中度		重度		极重度	
	面积（hm²）	比例（%）	面积（hm²）	比例（%）	面积（hm²）	比例（%）	面积（hm²）	比例（%）	面积（hm²）	比例（%）
耕地	2017.02	0.52	46.74	0.11	1970.28	2.06	—	—	—	—
林地	183883.97	47.35	42626.23	98.81	77649.64	81.33	63522.31	61.31	85.79	0.06
草地	40519.75	10.43	466.73	1.08	15782.57	16.53	24270.45	23.42	—	—
未利用地	161888.82	41.69	—	—	72.35	0.08	15821.95	15.27	145994.52	99.94
合计	388309.56	100.00	43139.7	100.00	95474.84	100.00	103614.7	100.00	146080.31	100.00

1.4　总体评价

综上所述，甘肃民勤连古城国家级自然保护区荒漠化土地面积较大，占保护区土地总面积的99.60%；其荒漠化类型表现为风蚀荒漠化和盐渍荒漠化两种形式，以风蚀荒漠化为主，风蚀荒漠化土地面积较大，占保护区荒漠化土地总面积的98.75%；盐渍荒漠化土地面积相对较少，只占保护区荒漠化土地总面积的1.25%。保护区荒漠化发生的程度以极重度荒漠化所占比重最大，占保护区荒漠化土地面积的37.62%，且两种荒漠化类型发生的程度有所不同，且两种荒漠化类型发生的程度有所不同，风蚀荒漠化发生程度较重，以极重度和重度荒漠化为主，而盐渍化荒漠化发生的程度相对较轻，以中度荒漠化为主。保护区不同的土地利用类型占有的荒漠化土地面积有所不同，其中林地用地和未利用土地占有的荒漠化土地面积最大，共占荒漠化总面积的89.04%，且风蚀荒漠化为主。不同土地利用类型发生荒漠化的程度不同，林地和耕地荒漠化程度以中度为主，草地以重度为主，未利用地以极重度为主。

2　沙化土地

沙漠化是部分半湿润地区、半干旱、干旱地区由于环境脆弱和人类不合理经济活动相互作用而造成景观荒漠、土地资源丧失、地表呈现沙质、土地生产力下降的土地退化。土地沙化是荒漠化最重要的类型之一，土地沙漠化不仅对环境造成极大的破坏，严重威胁着人类的健康与生存，而且也制约着社会经济的可持续发展。截至目前（第五次荒漠化监测数据，截至2014年），我国沙化土地面积172.12万km²，占国土面积的17.93%；有明显沙化趋势的土地面积30.03万km²，占国土面积的3.12%。甘肃为我国土地沙漠化重灾区，沙化土地面积12.17万km²，占全省土地总面积的28.6%，其中极重度沙化土地面积6.99万km²，占沙化土地总面积57.4%，远远高于国家平均水平，因此，准确掌握沙化地区的沙化现状及其沙化发展动态特征，才能很好地进行我国西北沙化地区的沙地治理。

目前随着图像处理技术和计算机技术的发展，沙化调查技术手段也得到很大发展。许多学者在探讨某一个地区沙化的现状及其动态过程时，把地理信息系统（GIS）、遥感技术（RS）和全球定位系统（GPS）技术相结合。利用遥感信息可以获得连续时间序列各类沙化地的空间变化信息，以此来分析沙化的动态特征。因此，通过遥感影像数据快速获取沙化土地的分布范围、面积及动态变化状况对沙区经济和社会的可持续发展具有重要意义。

甘肃民勤连古城国家级自然保护区地处巴丹吉林和腾格里两大沙漠之间，以风力侵蚀为主造成的土地沙化，是其土地退化和环境恶化的主要类型。该区生态环境比较脆弱，是民勤县沙化土地变化与人为干扰关系最密切的区域之一。在长期的风力作用下，保护区土地沙化现象严重，尤其是西北巴丹吉林沙漠、东北和南部腾格里沙漠与民勤绿洲过渡地带，沙物质受风力作用，被逐渐搬移并覆盖在绿洲前沿，对区域工矿、交通、居民生产生活产生了不利影响。因此，利用甘肃省第五次荒漠化监测遥感影像数据为信息源，提取保护区沙化土地数据，对保护区沙化土地现状和动态变化情况进行统计分析，旨在明确保护区沙化土地现状及沙化土地发展态势的基础上，以期为保护区沙化土地的预防和治理提供科学依据。

2.1 沙化土地类型划分标准

根据国家林业和草原局发布的《沙化土地监测技术规程》中，结合植被覆盖度和沙地形态特征将沙化土地监测范围内的土地划分为沙化土地、有明显沙化趋势的土地和非沙化土地3个类型。其中，沙化土地类型主要为：流动沙地（丘）、半固定沙地（丘）［人工半固定沙地（丘）和天然半固定沙地（丘）］、固定沙地（丘）、露沙地、沙化耕地、非生物治沙工程地、风蚀残丘、风蚀劣地和戈壁（石质戈壁、砾质戈壁、沙砾质戈壁和土质戈壁）。

2.2 沙化程度分级

土地沙化程度分级及相应解译标志根据国家林业局发布的《沙化土地监测技术规程》和甘肃省林业厅发布的《沙化土地监测技术细则》的规定，参考有关研究成果，把土地沙化程度分为轻度［植被盖度>40%（极干旱、干旱区、半干旱）或>50%］（其他气候区类型区）、中度［25%<植被总盖度≤40%（极干旱、干旱、半干旱区）或30%<植被总盖度≤50%（其他气候类型区）］、重度［10%<植被总盖度≤25%（极干旱、干旱、半干旱区）或10%<植被总盖度≤30%（其他气候类型区）］和极重度（植被总盖度≤10%）沙化地4个等级。

2.3 数据获取

采用甘肃省第四次和第五次沙化及有明显沙化趋势土地的监测数据，通过数理统计分析方法，分析不同土地利用/土地覆盖情况下的沙化土地的危害情况。严格按照《甘肃省第四次荒漠化和沙化监测实施细则》《甘肃省第五次荒漠化和沙化监测实施细则》，对具有明显沙化的土地也进行了统计分析。

2.4 沙漠土地现状

根据保护区沙化土地监测结果，其沙化土地面积为352840.31hm²，占保护区总面积的90.50%；有明显沙化趋势土地面积为29235.09hm²，占保护区总面积的7.50%；非沙化土地面积为7807.10hm²，占保护区总面积的2.00%（表7-6）。

表7-6 保护区土地类型

沙化土地类型	面积（hm²）	比例（%）
沙化土地	352840.31	90.50
有明显沙化趋势的土地	29235.09	7.50
非沙化土地	7807.10	2.00
总计	389882.50	100.00

2.4.1 沙化土地类型

根据国家林业和草原局沙化土地类型分类技术标准，沙化土地分为9种，甘肃民勤连古城国家级自然保护区有6种，各沙化土地类型如下：流动沙地（丘）面积112347.14hm²，占沙化土地类型总面积的31.84%；半固定沙地（丘）面积79315.55hm²，占沙化土地类型总面积的22.48%；固定沙地（丘）面积109977.54hm²，占沙化土地类型总面积的31.17%；露沙地面积为565.86hm²，占沙化土地类型总面积的0.16%；沙化耕地面积为1970.27hm²，占沙化土地类型总面积的0.56%；戈壁面积为48663.95hm²，占沙化土地类型总面积的13.79%（表7-7）。

表7-7 保护区沙化土地类型

沙化土地类型	面积（hm²）	比例（%）
流动沙地（丘）	112347.14	31.84
半固定沙地（丘）	79315.55	22.48
固定沙地（丘）	109977.54	31.17
露沙地	565.86	0.16
沙化耕地	1970.27	0.56
戈壁	48663.95	13.79
总计	352840.31	100.00

可见，流动沙地（丘）类型占有的比例最大，流动沙地（丘）是沙化土地类型中最严重的一种，表明保护区受腾格里和巴丹吉林沙漠环绕，其流沙活动频繁。从表7-7可看出，保护区固定沙地的面积仅次于流动沙地，且半固定沙地占有较大比例，表明保护区近年来先后通过实施国家

重点公益林、"三北"防护林及防沙治沙示范项目、退耕还林、封沙育草和省列防沙治沙项目等生态工程建设，推动了保护区林业建设的大发展，增加了林地和草地的面积，提高了沙生植被的覆盖度，从而改善了土壤质地，提升了土壤肥力，减少了生境破碎化，在一定程度上减轻和逆转了荒漠化过程。

2.4.2 沙化土地类型空间分布

保护区沙化土地的空间分布特征表现为：南部南湖乡、东北部黄岭的中西部以及三角城北部是流动沙化土地的片状集中分布区，流动沙丘分布较广泛，沙化程度极重；半固定沙化土地主要是分布在保护区中部狭长地带及保护区北部，即红崖山、勤锋和连古城、三角城等地，呈斑点状分布在固定沙丘和流动沙丘之间，纵横交错，沙化程度相对较重；固定沙化主要位于保护区中部狭长地带与绿洲接壤部位呈带状分布，沙化程度中度；在保护区内戈壁分布也占有一定面积，主要分布于保护区西北部的花儿园。露沙地、沙化耕地占有的比例相对较少，在保护区呈荒漠与绿洲过渡带呈零星分布。在沙化土地中，流动沙地和固定沙化土地占了较大的比重，沙化程度十分严重，防止沙化扩展迫在眉睫。

2.4.3 沙化土地程度

保护区沙化土地总面积352840.31hm²（表7-8），其中，轻度沙化土地面积为26857.92hm²，占保护区沙地土地总面积7.61%；中度沙化土地面积为94622.97hm²，占保护区沙地土地总面积26.82%；重度沙化土地面积为62656.17hm²，占保护区沙地土地总面积17.76%；极重度沙化土地面积为168703.25hm²，占保护区沙地土地总面积47.81%。可见，保护区沙化土地程度以极重度为主，在保护区中占地面积最多，是治理最难的一部分。

表7-8　保护区沙化土地程度

沙化程度	面积（hm²）	比例（%）
轻度	26857.92	7.61
中度	94622.97	26.82
重度	62656.17	17.76
极重度	168703.25	47.81
总计	352840.31	100.00

2.4.4 沙化土地程度空间分布

保护区从西北巴丹吉林沙漠、东北及南部的腾格里沙漠向民勤绿洲，其土地沙化程度呈递减趋势，极重度沙化土地占有比重最大，且主要集中分布于西北的花儿园、北部的三角城、黄岭的中部以及南部的南湖，主要为流动沙地和戈壁；重度沙化土地主要集中在保护区中部的狭长地带，即保护区中部的红崖山、勤锋和连古城，在三角城北部和南部南湖中部也有零星分布；中度沙化土地在保护区中部狭长地带零星分布，以固定沙地和半固定沙地为主；轻度沙化土地主要分布在民勤绿洲边缘和南湖乡南部，主要以固定沙丘林地为主。

从表7-9中看出，保护区林业用地沙化地面积最大166715.14hm²，占保护区沙化土地总面积的47.25%，主要分布于固定沙地（丘）和半固定沙地（丘）两种沙化土地类型，说明保护区通过人工植树造林以及对天然林的保护，有效抑制了土地沙化的进一步发展。未利用土地沙化土地面积次之为146154.53hm²，占保护区沙化土地总面积的41.42%，且主要集中与流动沙地（丘）和戈壁两种沙化土地类型，表明受腾格里和巴丹吉林两大沙漠的影响，保护区内流动沙地（丘）及戈壁两种沙化土地类型是其最主要景观格局。草地用地沙化土地面积为38000.36hm²，占保护区沙化土地总面积的10.77%，主要分布于半固定沙地（丘）。保护区耕地用地占有的面积较少，为1970.28hm²，只占保护区沙化土地总面积的0.56%，且全部分布于沙化耕地。

不同沙化土地类型在不同土地利用类型中占有比重不同，流动沙地（丘）全部分布于未利用土地类型中，占到流动沙化土地的100%；半固定沙地（丘）主要分布于林地中，占到半固定沙化土地的53.64%；固定沙地（丘）主要集中于林地用地类型中，占到固定沙化土地的98.91%；露沙地主要集中在林地中，占到露沙地的87.21%；沙化耕地全部集中在沙化耕地用地类型上，占到沙化耕地土地的100.00%；戈壁主要集中部分与未利用土地类型，占到戈壁沙化土地的69.32%。

表7-9　沙化土地按照土地类型划分统计

土地利用类型	小计		沙化土地类型											
			流动沙地（丘）		半固定沙地（丘）		固定沙地（丘）		露沙地		沙化耕地		戈壁	
	面积（hm²）	比例（%）	面积（hm²）	比例（%）	面积（hm²）	比例（%）	面积（hm²）	比例（%）	面积（hm²）	比例（%）	面积（hm²）	比例（%）	面积（hm²）	比例（%）
耕地	1970.28	0.56	—	—	—	—	—	—	—	—	1970.28	100.00	—	—
林地	166715.14	47.25	—	—	42548.56	53.64	108778.62	98.91	493.51	87.21	—	—	14894.45	30.61
草地	38000.36	10.77	—	—	36767.04	46.36	1198.84	1.09	—	—	—	—	34.47	0.07
未利用地	146154.53	41.42	112347.11	100.00	—	—	—	—	72.36	12.79	—	—	33735.06	69.32
合计	352840.31	100.00	112347.11	100.00	79315.60	100.00	109977.46	100.00	565.87	—	1970.28	100.00	48663.98	100.00

2.4.6 沙化土地程度在土地类型的分布

从表7-10可以看出，不同土地利用类型发生土地沙化程度不同，其中，未利用土地均呈极重度沙化程度土地，其面积为146154.53hm²，占未利用土地总面积的100.00%；草地以重度沙化土地占有的面积最大，面积达到23072.76hm²，占到草地总面积的60.72%；林地以中度土地沙化所占比重最大，面积为93155.39hm²，占到林业用地总面积的55.88%；耕地用地均为轻度荒漠化土地，面积分别为1970.28hm²，占耕地面积的100.00%。

不同土地沙化程度在土地利用类型所占比例有所差异，极重度沙化土地主要分布在未利用土地，占到极重度沙化土地的86.63%，重度、中度和轻度沙化土地主要分布于林地，分别占到重度沙化土地、中度沙化土地、轻度沙化土地的63.18%、98.45%和88.79%。

表7-10 沙化土地按程度划分统计

土地利用类型	小计		沙化程度							
			轻度		中度		重度		极重度	
	面积（hm²）	比例（%）	面积（hm²）	比例（%）	面积（hm²）	比例（%）	面积（hm²）	比例（%）	面积（hm²）	比例（%）
耕地	1970.28	0.56	1970.28	7.34	—	—	—	—	—	—
林地	166715.14	47.25	23848.16	88.79	93155.39	98.45	39583.50	63.18	10128.09	6.00
草地	38000.36	10.77	1039.54	3.87	1467.44	1.55	23072.76	36.82	12420.62	10.37
未利用地	146154.53	41.42	—	—	—	—	—	—	146154.53	86.63
合计	352840.31	100.00	26857.98	100.00	94622.83	100.00	62656.26	100.00	168703.24	100.00

2.5 基于植被盖度的土地沙漠化敏感性分析

植被是覆盖地表的植物群落的总称，是陆地生态系统的主体，是土地覆盖最主要的类型，其覆盖变化是反映区域环境状况的重要指标之一。植被覆盖变化是全球变化的重要组成部分。植被指数能够反映地表植被特征，有效地反映地表植被覆盖信息。归一化植被指数（Normalized Difference Vegetation Index，NDVI）作为植被生长状况及植被覆盖度的最佳指示因子，是监测地区或全球植被和环境变化的最有效指标。

沙漠化敏感性即指由于人类活动引起土地沙漠化的可能性大小，研究其敏感程度和空间分布，是实施生态环境分区管理的一个重要基础。甘肃民勤连古城国家级自然保护区是全国面积最大的荒漠生态类型国家级自然保护区，主要保护民勤西部荒漠地带天然沙生植物。然而，该区位于河西走廊东部的石羊河下游，在阿拉善高原与河西走廊之间褶皱带的巴丹吉林沙漠和腾格里沙漠之间，是我国荒漠化最严重的地区之一。随着石羊河流域人口的不断增加、水资源短缺及其分配不均等因素，保护区境内荒漠植被群落景观受到各种因素的严重影响，荒漠植被群落出现斑块分离，植被景观破碎，土地沙漠化已给保护区的生态环境造成了严重的危害。因此，基于植被覆盖特征开展保护区土地沙漠化敏感性研究，了解其空间分布格局，对于开展其区域生态环境分区管理，合理开发利用土地资源，控制沙漠化的发生、发展，以及区域的可持续发展具有重要的意义。

2.5.1 数据来源与处理

选取2015年8月的Landsat-8数字影像（包含多光谱8个波段，30m的空间分辨率）。针对多平台、多时相、多分辨率的遥感数据（Landsat-8航片），采用几何校正，图像镶嵌，正射校正和图像配准等技术方法，对遥感图像进行了预处理；并在不同波段数据特征值分析的基础上，对遥感图像进行彩色合成、图像融合、反差增强、差值运算等技术的处理。主要应用ENVI、ArcGIS软件进行处理。

2.5.2 植物覆盖度土地沙漠化敏感性评价

基本植被特征的沙漠化敏感性分级标准参照《生态功能区划暂行规程》，见表7-11。

表7-11　植被覆盖度土地沙漠化敏感性评价指标分级标准

分级	植被覆盖度（%）
不敏感	≥80
轻度敏感	60～80
中度敏感	40～60
高度敏感	20～40
极敏感	≤20

结果表明（表7-12），保护区植被覆盖对土地沙漠化敏感性影响较大，土地沙漠化极度敏感区占地最大，达到了384770.53hm²，占到保护区总面积的98.69%，这是由于该自然保护区土地沙漠化严重，地表植被覆盖稀少，反之植被稀少又导致土地沙漠化敏感性增强。主要分布于保护区的西北、东北和南面，其主要原因为保护区东北被腾格里沙漠包围，西北有巴丹吉林沙漠环绕所致。

保护区不敏感、轻度敏感区、中度敏感区零星分布于民勤绿洲边缘，面积为1988.85hm²，占总面积的0.5%。高度敏感区和极度敏感区分布在腾格里沙漠和巴丹吉林沙漠外围，其植被覆盖度较低，沙质土壤为主，风沙天气较多的沙地区域，地表裸露，易沙漠化，面积为387893.65hm²，占总面积的95.5%（表7-12）。根据评价结果，结合研究区域的实际情况，对于土地沙漠化极敏感和高敏感度地区采用封育治理开发模式，即在流动沙地上构造护林网，引进沙米、沙蒿等优良植物，实行灌草结合，在封育围栏内人工撒播典型荒漠植物种子，让其自然恢复植被盖度。对于荒漠绿洲过渡地带中度敏感区和轻度敏感区，主要采取草方格沙障结合人工梭梭造林方式提高植被盖度，建成维系民勤绿洲生态安全的生态廊道。

表7-12　不同敏感程度土地沙化面积及比例

敏感程度	面积（hm²）	比例（%）
极敏感	384770.53	98.69
高度敏感	3123.12	0.80
中度敏感	718.59	0.18
轻度敏感	671.09	0.17
不敏感	599.17	0.15
总计	389882.50	100.00

2.6　总体评价

保护区沙化土地面积较大，占保护区总面积的90.50%；其土地沙化类型多样，表现为6种，分别为：流动沙地（丘）、半固定沙地（丘）、固定沙地（丘）、露沙地、沙化耕地、戈壁，且以流动沙地（丘）和固定沙地（丘）为主，其面积占到沙化土地面积的31.84%、31.17%。保护区沙化土地程度以极重度为主，占保护区沙化土地面积的47.81%。按土地利用类型分，林业用地沙化地面积最大，占保护区沙化土地总面积的47.25%，且主要分布于固定沙地（丘）和半固定沙地（丘）两种沙化土地类型，但其沙化土地程度为中度；未利用土地沙化土地面积次之，占保护区沙化土地总面积的41.42%，主要集中于流动沙地（丘）和戈壁两种沙化土地类型，且以极重度沙化程度土地为主。

3 荒漠化原因

荒漠化是各种自然、政治、社会等多种因素相互作用的结果，其根源为自然和人为两大因素。不利的自然因素是荒漠化发生发展的基础条件，人类过度的经济活动是荒漠化的诱导因素。保护区荒漠化现象是人为活动和脆弱生态环境相互影响相互作用的产物，是人地关系矛盾的结果。

3.1 自然因素

自然因素是民勤连古城国家级自然保护区荒漠化产生和发展的动力，以几种潜在的自然因素为主。

3.1.1 特殊的地理位置

保护区位于民勤县境内的荒漠区域内，处在巴丹吉林沙漠和腾格里沙漠的包围之中，地形狭长，地势平坦，三面环沙，尤其是北部的巴丹吉林沙漠，为进入保护区的风沙流提供了大量的沙源。保护区也深居欧亚大陆腹地，距离海洋十分遥远，向东距太平洋最近处也有约2000km，季风的末端只能到达河西走廊的东部，而到民勤荒漠区更是鞭长莫及。向西距离大西洋有约7000km，虽地处西风带上，可是由于西风经长途跋涉，水汽几乎耗光，最后再经高山阻隔，即使能到达该区域，也是强弩之末了。向南离印度洋虽然较近，约1500km，但是印度洋潮湿空气难以爬越约5000m的青藏高原。因此，保护区被沙漠环绕、深居内陆、远离海洋，其特殊的地理位置为荒漠化发展创造了条件。

3.1.2 干旱的气候条件

气候干旱少雨是荒漠地区最主要的环境限制因子之一。保护区多年平均降水量122.7mm，年平均蒸发量2359.0mm，是降水量的18.59倍，属于典型的干旱区。干旱的气候，导致保护区空气干燥、土壤含水量低、微生物缺乏、生物结皮不易形成、植被稀疏低矮、生产力低下等。而且，保护区降水年变率很大，近60年来，多年来降水量在33.8~202mm，经常会出现持续干旱，甚至保护区部分区域多年没有任何有效降水。这种干旱环境背景，意味着生态环境十分脆弱。遭受起沙风侵扰时，干燥疏松的表土，由于缺少植被的覆盖，很容易发生风蚀，导致荒漠化的发生。另外，干旱少雨制约了保护区植被的生长，导致该地区植被覆盖率整体不高，地表裸露，易风蚀。

3.1.3 频繁的起沙风和大风与干旱季节同步

风是沙漠化的外营力，对沙漠化的形成和发展以及风沙地貌的形成起着重要的驱动作用。民勤连古城国家级自然保护区地处行星风系西风带和蒙古高压带南部边缘，常年盛行西北风，在强大的西北风作用下，巴丹吉林沙漠顺风而进，构成了对保护区的严重威胁。以全年总风力统计，年均风速多在3m/s以上，风季风速在4m/s以上，甚至达到6~10m/s，每年超过临界起沙风（≥5m/s）的日数200~300d，8级以上大风日数20~30d，其中春季8级（17.2m/s）以上大风占全年大风日数的40%~70%，多年年平均8级以上大风日数为25d，最多年份（1959年）可达63d。

在这种强劲频繁的风力环境下，保护区土壤的风蚀、风积十分严重，成为保护区荒漠化发生发展最重要的环境因素之一。

在时间的分布上，保护区大风和沙尘暴主要集中在冬春季节，分别占全年大风和沙尘暴日数的62.5%和67.8%，降尘现象几乎全部分布在该季节。而这一季节也正是保护区降水稀少的季节，只占年降水量的18.1%（表7-13）。因而，降水与风、温度在配置上形成"雨热同期、旱风同期"的现象，前者虽对植物生长有利，但因降水变率大、保证率低，春季干旱、地表裸露，又时值大风季节，致使风沙活动频繁，使保护区的沙质地表的沙层易为风力所吹扬，造成荒漠化的蔓延。

表7-13　多年平均降水量的季节分配（引自刘建凯等，2007）

时节	全年	上半年	下半年	5～6月	7～9月	春季	夏季	秋季	冬季
降水量（mm）	113.2	35.2	78.0	26.1	68.2	18.3	68.2	24.5	2.2
占全年（%）	—	31.0	69.0	23.1	60.2	16.2	60.2	21.7	1.9

3.1.4　松散的砂质地表物质

保护区西北部隆起被沙漠和低山丘陵环绕，中部低平与农田绿洲接壤，南部东沙窝原始荒漠区和红崖山保护站辖区部分属民勤盆地，其地表物质以第四纪风成沙、冲积物、洪积物、湖积物等为主，沉积物组成以碎石、粗砾、黏质沙土、流沙为主，由于缺少胶结物质，沉积物疏松而无结构，其疏松沙物质沉积层厚度一般可达20～30m。以此疏松沉积物为主要母质，形成了保护区含沙量丰富的地表土壤，主要为灰棕漠土、风沙土等，这些土壤沙层厚，肥力差，有机质含量0.1975%，全磷0.116%，全氮0.0079%，含盐量0.146%，pH7.5～8，沙粒含量多70%以上，质地松散，内聚力差，最易遭到和引起风蚀。因此，保护区第四纪松散沉积物地表具有极强的不稳定性，极易风蚀起沙，为荒漠化发生发展提供了丰富的物质基础。

3.1.5　地面植被稀疏低矮

植被是保护地表免于风蚀的重要因素。民勤连古城国家级自然保护区位于民勤县境内的荒漠区域内，其植被类型为荒漠灌木、荒漠半灌木小半灌木、荒漠化草甸，植被盖度低，且均为破碎的岛屿状分布，使区内多数含沙地表直接处于裸露和半裸露的状态，特别是冬春植物枯萎季节，大面积地表直接暴露于大风作用之下，为风力直接作用于沙质地表提供了有利条件，使地表沙物质极易受风力吹扬。且保护区内植被的分布区域还在不断缩小，在灌木、半灌木荒漠植被型中，白刺群系的变化虽然不大，但随着盐生植物的消失，其与柽柳组成的群丛也就不存在了，从而形成单一的、不郁闭的白刺群丛和柽柳群丛，群丛间的裸地空间面积比植物覆盖面积大，为进一步风蚀荒漠化创造了条件。

综上所述，保护区的生态环境十分脆弱和易变，具有荒漠化的基本条件。其中，地表丰富的易风蚀的沙物质，构成了荒漠化发生发展的物质基础；强度的气候侵蚀力，是荒漠化的基本动力；植被稀疏，为沙质地表的直接吹蚀提供了有利条件。这些条件共同构成了荒漠化发生发展的自然因素。

3.2 人为因素

荒漠化的发生和发展，除了自然因素外，更主要的是人为因素。据统计，在世界大部分荒漠化地区，荒漠化都是资源不合理开发利用的结果，人为因素占荒漠化比例一般都高于80%。

3.2.1 人口压力急剧增大

土地荒漠化与人口数量增加之间有必然的联系。人口数量的增加，加大了对土地资源的压力，为了满足人口日益增长的对食物和基本生活资料的需求，开垦土地、毁坏植被和加大草场放牧的负载。而当对土地的开发强度超越了原本脆弱的生态系统所能承受的压力时，必然造成其生态系统的进一步恶化，产生沙质荒漠化。据统计，民勤县人口从1950年的20.80万人到1960年增加到19.93万人，1990年增至26万人，1998年人口达到29.38万人，2008年统计人口31.50万。人口密度也由60年代的12.44人/km^{2}增加到21世纪初的19.67人/km^2（表7-14），其人均耕地面积急剧减少，根据联合国1977年召开的沙漠化会议标准，干旱区土地对人口的承载极限仅为7人/km^2，因而人口负荷过重是民勤荒漠化加剧的根源之一。

表7-14 民勤县人口密度变化数据

年份	1960	1973	1987	1994	1998	2001	2008	2015
总人口（万人）	19.93	22.93	25.28	27.63	29.38	30.48	31.50	27.36
人口密度（人/km^2）	12.44	14.32	15.78	17.25	18.34	19.03	19.67	17.08

3.2.2 对水资源的不合理利用

在干旱地区水是最主要的限制因素，水资源利用不当，导致内陆河下游地段水资源减少，植被衰退与破坏，进而引起干旱地区内陆河沿岸及下游地段土地荒漠化的发生与发展。石羊河作为民勤县内唯一的地表水源，也作为保护区唯一水源，随着武威绿洲灌溉面积成倍发展，加上工业用水，耗用了石羊河的大部分水源，导致石羊河流入民勤绿洲及保护区的水量逐年减少。据统计，20世纪40年代进入民勤盆地的水量为6.5×10^{8}m^3/年，50年代减少到5.73×10^{8}m^3/年、60年代为4.43×10^{8}m^3/年、70年代为3.17×10^{8}m^3/年、80年代2.29×10^{8}m^3/年，90年代平均不足1.5×10^{8}m^3/年，21世纪初上游来水量只有1×10^{8}m^3/年左右，造成民勤耕地弃耕2.7×10^{4}hm^2（井学辉，2005）。加之上游水源涵养地——林草甸的破坏，境内的祁连山水源涵养林面积由461.16万亩减少到目前的352.0万亩；冰雪线以年均16.8～22.5m的速度退缩；森林覆盖率由43%下降到目前的32.82%，使出水量15.67亿m^{3}减少到目前的10.46亿m^3，民勤绿洲的地表水锐减，只能转而开采地下水，地下水位开始大幅度下降（表7-15）。目前，全县已累计打井1.10×10^{4}眼，年超采地下水近4×10^{8}m^3，地下水位以0.4～1m/年的速度下降。地下水的连年超采，引起绿洲及保护区植被退化衰败，天然林和20世纪50年代末种植的沙枣、梭梭林大面积枯死，森林覆盖率由20世纪50年代的22.4%，下降到现在的14.4%；同时，由于重采区地下水位多年持续性下降和绿洲及其边缘下降的不一致性，两边逐渐向荒漠区抬高的槽形水位降落"漏斗"，且地下水位得不到恢复，荒漠绿洲交错处固定沙丘活化，使保护区境内的固定和半固定白刺、柽柳等沙丘景观活化并逐渐消失。可见，地表来水量的大幅度减少和地下水位的大幅度下降是保护区土地沙漠化发生与发展的根本动力。

表7-15 民勤地下水位变化统计表（引自黄珊，2014）

时间段	1950—1960年	1961—1970年	1971—1980年	1981—1990年	1991—2000年	2001—2005年	2006—2010年	2011年—
地下水深埋（m）	2.00	2.70	3.60	7.65	12.98	13.63	17.79	19.51

3.2.3 滥垦

为了满足日益增长的人口对基本食物的需求，在落后的生产技术条件下，不断扩大耕地的规模与范围，垦殖了大量非宜农地，尤其是历史时期保护区内许多优质天然草场因此而遭到破坏。大量非宜农土地被垦，一方面人为地破坏了保护区内原有多年生长发育的荒漠植被，使固定或半固定的沙丘受到扰动，形成大量荒漠化土地；另一方面使沙地水分失去平衡，使荒漠植被具有衰败和死亡的趋势，加快了荒漠化进程。据数据统计，20世纪60年代到20世纪末，民勤盆地新开垦殖面积7.12万hm²（表7-16），其中有两次荒地开垦高峰，最近一次是80年代末到90年代初受市场刺激农民种植利润较高的经济作物籽瓜，收到了良好的经济效益，进一步激发了农民开垦耕地的欲望。然而，大量地开垦荒地，不仅破坏了原有地表植被和土壤结构，也容易引起土地荒漠化，破坏生态环境。根据调查发现，从民勤县1998—2003年人为开荒、弃耕的耕地面积分别增加了2063.73hm²、1952.48hm²，增加率分别为1.97%、1.86%，形成了开荒—弃耕—沙化—开荒的恶性循环。尤其在这样一个气候干旱、风沙危害严重的地区，当人们开荒又弃耕后，荒漠原生植被遭到破坏且弃耕后自然植被不能够得到很快的恢复，加重了荒漠化而且使风沙直接侵蚀绿洲和农田，从而造成绿洲的萎缩。可见，前期的滥垦是保护区土地沙漠化的发生与发展不可忽略的因素。

表7-16 各阶段新增开荒面积（引自颉耀文，2004）

年份	1963—1973年	1973—1987年	1987—1994年	1994—1998年	1998—2001年
新增（×10⁷m²）	32.5	6.6	24.0	1.9	6.2

4 荒漠化防治

4.1 历史时期的荒漠化过程

历史时期的荒漠化主要是土地沙漠化的发生、发展，其主要原因在于人为因素的作用，与当时的政治军事形势、农牧业开发、水资源利用情况有关，特别是与人们对于绿洲自然资源不合理的开发利用方式密切相关。调查和考证发现，历史时期民勤绿洲较明显的沙漠化过程有3次，这3次沙漠化过程与保护区的几次规模较大的土地开垦相伴。民勤盆地在1万年前大部分被湖水淹没，进入全新世后湖泊才逐渐收缩退却。地质历史时期孕育形成的民勤盆地生态环境的脆弱性，又注定民勤盆地的人类文明史，也是一部荒漠化的历史。

历史时期该地区植被状况经历了很大的变化，主要表现为绿洲内部天然植被被人工栽培植被的大量取代、绿洲边缘荒漠固沙植被的破坏及其演替。

4.1.1 汉代后期的荒漠化

据考证，该区绿洲西部的西沙窝地区，在汉代就已开垦为绿洲，面积约3000km²。现在仍残存的原始聚落遗址和多座古城废墟以及大片的古弃耕地即是明证，这说明汉代大规模的农垦正是在今日沙浪滚滚的西沙窝展开的。汉武帝逐走匈奴，河西归汉后，从中原移民进行大规模农垦，至西汉末年，石羊河流域的耕地面积达63.5万亩，农田取代了原生植被，水资源被大量用于人工引灌，自然绿洲生态系统被以灌溉农业为主的人工生态系统取代。然而，随着农垦面积的扩大，灌溉用水量不断增加，远离水源的绿洲北部三角城一带首先受到水源不足的威胁，再加之绿洲边缘固沙植被的破坏，生态条件恶化，使三角城一带的绿洲垦区于汉代后期被迫废弃，绿洲向沙漠演替。同时代废弃且沙漠化的还包括下游绿洲南部的沙井柳湖墩、黄蒿井和黄土槽一带。这一地带现在也都是以白刺灌丛沙堆和新月形沙丘或沙丘链为主的沙漠地表景观。

4.1.2 盛唐中后期的荒漠化

进入唐代，统治者在河西推行足兵足食政策，实施屯防、屯粮、屯牧，绿洲开发的规模空前扩大，石羊河流域的耕地面积达110万亩，开发的地域主要集中于中游今武威平原。但是中游地区的盲目开发，使流入下游的水量变少，加之当时河西正处于相对干旱期，至盛唐中后期，汉代以来开垦的西沙窝垦区全部废弃，在今西沙窝设置的唐武威县仅存在了27年就废弃。现在，这里已完全变为以白刺灌丛固定、半固定沙地为主的荒漠景观。

4.1.3 明、清中后期的荒漠化

盛唐的西沙窝古绿洲废弃后一直处于荒芜状态，直至元代石羊河下游才重新垦殖，但垦区转移到西沙窝古绿洲之东的今坝区绿洲，因为废弃的垦区已是一片沙漠。至明代万历年间，武威、民勤两地的耕地面积达120万亩。清代又进行了更大规模的开垦和水利建设，这一时期开垦了湖区绿洲。然而，绿洲生态系统的环境容量是有限的，大面积的开垦和人口的增加，使水土资源利用的矛盾日趋尖锐，沙漠化危害日趋严重。从明初到清末的很多文献都记载了这一时期风沙危害日趋严重的情况，关于镇番城沙患的记载从一个侧面反映了石羊河下游沙漠化的情形。这一时期沙漠化的主要区域包括县城东北红沙堡及其以南、县城东南和西南的沙山堡和青松堡一带以及红崖山以南的石羊河两岸地区。

综上所述，从绿洲历史时期的几次沙漠化过程看，都是不合理的土地利用方式和大量破坏原生固沙植被酿成的，这一过程的反复，使绿洲的可利用土地资源严重丧失。

4.2 荒漠化的现代过程及特点

1949年之后，该区一方面兴修水利，用人工灌溉渠系替代了半自然水系，提高了地表水的利用率，1958年开始兴建民勤县唯一的水库——红崖山水库，实现了地表水利用的人工调控。然而，随着石羊河流域上下游工农业生产规模的不断扩大，整个流域的环境平衡失调，这种失调的主要驱动因素是水资源供需矛盾的又一次尖锐。上中游地区用水量的不断增加，石羊河流入绿洲的水量逐年减少，已经从20世纪50年代的$5.73 \times 10^8 m^3$/年，60年代的$4.43 \times 10^8 m^3$/年，70年代的$3.17 \times 10^8 m^3$/年，80年代$2.29 \times 10^8 m^3$/年，减少到21世纪初的$1 \times 10^8 m^3$/年左右。来水减少，不能保证生产、生活用水，从70年代开始民勤绿洲就大量提取地下水，地下水的连年超采，造成地下水位大幅度下降。地表来水量的大幅度减少和地下水位的大幅度下降是民勤绿洲现代荒漠化过程的根本动力，在其驱动下，绿洲的现代荒漠化过程主要体现为以下两个方面：第一个方面是绿洲

外围天然和人工植被的退化，使绿洲失去赖以保护的生态屏障。一是乔木林的衰竭，原有的胡杨荒漠河岸林彻底消失，人工营造的大面积沙枣林，除水库附近的林分外，近年已几乎全部枯死；二是原来广泛分布的草甸植被演化成荒漠植被；三是绿洲边缘天然白刺和柽柳灌丛植被和人工梭梭林，在地下水位下降后根系吸不到水分而严重衰退甚至死亡，失去了生态屏障作用，使流沙直接与绿洲相邻，威胁绿洲的安全。第二个方面是流域最下游的北部（湖区）地区，因严重缺乏灌溉用水，大面积农田弃耕。20世纪60年代以来，这一地区有 $2.52 \times 10^4 hm^2$ 农田弃耕。绿洲北部本来就是石羊河全流域的水盐聚集区，这些弃耕的农田因没有了淡水淋溶，在强烈的蒸发作用下盐分迅速向地表及上层土壤积聚，使土地迅速盐渍化。

4.3　荒漠化防治技术发展史

近百年来随着科学技术的进步，人们对资源开发深入荒漠地区，同时，土地沙漠化在全世界的蔓延，使绿洲面积进一步缩小，导致原非沙漠的地区出现了类似沙漠地区的风沙问题。因此，人们与风沙的交往愈来愈多，在开发利用沙区资源，与风沙斗争中开始深入地认识风沙，并积累与沙害作斗争的经验。在历史的长河中，民勤人民与风沙斗争，形成了特有的民勤防沙治沙模式，依据民勤荒漠化进程和该地区人民的治理措施的变化，将其划分为防沙治沙理论形成阶段、理论指导实践阶段、实践充实理论阶段。

4.3.1　理论形成阶段

中华人民共和国成立初期，依据实践经验采取插风墙、土埋沙丘、土块压沙丘、打土墙、设木板阻挡风沙等方法来固定沙丘，起到了一定的效果，但这些措施只能治标不能治本。1958年7月，中国科学技术协会治沙队在民勤县薛百乡沙山堡建立了民勤治沙综合试验站。民勤治沙试验站通过几年的调查、考察和试验研究，初步摸清了该区沙漠的成因、起源、分布情况和风沙移动规律，以及沙区土壤、水源、生物等资源，取得了有关沙漠、气候、水文风沙流及沙生植物的生理、生态特征等方面的科学资料，研究了主要防沙、固沙所需沙枣、梭梭、胡杨、沙蒿、白刺、柽柳等乔灌木的生物学特性，种植技术及经济利用问题，为改造沙漠，利用沙区资源开辟了新的途径，成功试验了设置沙障与种植梭梭并举的机械固沙与生物固沙相结合的经济有效的治沙措施。这些治沙研究成果，为当时的治沙工作提供了不少新的有效途径。在多年的治沙固沙中，更多采用了封沙育草和封育柴湾等措施。封沙育草主要是在沙荒滩地，用封禁和培育相结合的办法，禁止放牧、挖药、割草等破坏植被现象并补种和培育植被，以防止就地起沙；封育柴湾，主要是在流沙与农田交错地带，采用封育自然植被和种植胡杨、梭梭、柽柳、柠条、白刺、沙拐枣、沙蒿等乔灌木植物，以固定流沙，防止风沙危害农业生产和人民生活。封沙育草和封育柴湾被当地群众认为是治沙固沙的治本方法。

4.3.2　理论指导实践阶段

根据因地制宜、因地设防原则，当地群众采用"草木并举，栽、种、护、育并重，插风墙和压沙丘，生物措施和工程措施相结合，飞机播种和人工栽种相结合"的综合治理办法，大力推进人工种树种草、防护林建设；在风沙前沿建设网、带、片合理分布，乔、灌、草配置科学的绿色防护屏障；大力建设农田和村庄林网，发展沙产业，以经济利益调动群众治沙的积极性。具体而言，在受风沙危害的农田附近和固定、半固定沙地，丘间低地，有计划地营造防护林带；河流、水渠两旁结合整修渠道等水利工程，营造护渠护岸林。培育和种植了旱柳、梭梭、沙枣、沙蒿、沙柳、白刺、柽柳等树种；播种了适于沙区生长的芨芨、沙米、沙竹、沙葱、黄蒿等草种，并实行封沙育草育林，采用封禁的办法防止人畜继续破坏植被，起到很好的效果。另外，在丘间低地为黏土的地区广泛推广应用黏土沙障，并在沙障内种植植物，植物生长后，可以长期固定流沙。

4.3.3 实践充实理论阶段

经过长期的经验积累和科学的观察分析、论证实践，总结了一套行之有效的防沙治沙模式，形成了具有沙区特色的治理和发展体系。一是工程措施与生物措施相结合的治沙模式，即在流动沙丘采取先压制黏土或麦草网格状或行列式沙障工程固沙，再进行人工拉水补墒栽植耐旱灌木的生物固沙模式。二是在砾石戈壁滩地采取头年秋季机械开沟整地，使流沙汇于沟内，并将冬季降水蓄于沙中，次年春季栽植耐旱灌木，人工拉水补墒，覆沙保墒的治沙造林模式，创新了我国防沙治沙模式，填补了我国防沙治沙理论。

4.4 荒漠化防治技术

防沙治沙要坚持"因地制宜、因害设防、保护优先、综合治理"的原则，遵循"适地适树"的理念，采取以林草植被建设为主的综合措施，增加地表植被覆盖，减少尘源。就目前保护区防沙治沙措施而言，主要包括以下三大类：生物治沙措施、工程治沙措施以及生物与工程相结合的治沙措施。

4.4.1 生物治沙技术措施

生物治沙又称植物治沙，是通过封育、营造植物等手段，达到防治沙漠化、保护绿洲、提高沙区环境质量和生产潜力的一种技术措施。原理是干扰大气与地表的相互作用，降低风力作用的有效性。以封育林育草为主要的技术措施，是一种经济有效而又持久的措施，同时也是改造利用沙地和沙漠的主要措施。

4.4.1.1 流动沙丘固沙造林

流动沙丘在风力作用下，往往沿主风向前移埋压绿洲、渠道、居民点，危害极大。防护绿洲邻边和内部零星分布的流动沙丘，是造林固沙的重点。流动沙丘的地表形态，大都由沙丘及丘间低地（沙湾）构成，生物固沙技术有所不同。

（1）丘间低地造林技术（沙湾造林技术）

沙丘丘间低地风力较小，风力场平缓，沙粒较易受阻堆积；低地水分条件较好，植物较易成活，造林难度较小。利用上述两方面的特点，一方面进行人工造林，另一方面利用风力拉削沙丘，导沙入林，形成"前挡后拉"的治沙势态，经过数年，便可固定沙丘，改善生态环境和生产条件。

具体做法是：第一年首先在丘间低地规划造林地，靠流动沙丘背风坡留出一段空地，以免苗木被沙埋压，宽度根据沙丘高低和沙丘每年前移的速度以及林木高生长的快慢来估算，一般3m以下的小型流动沙丘，春季造林时留出6～7m空地，秋季造林留出10～11m空地；3～7m高的中型沙丘，春季造林留出3～4m，秋季造林留出7～8m。除留出的地段外，丘间低地其余部分全部造林。随着沙丘的前移，逐年紧靠沙丘迎风坡的退沙畔，跟踪栽植。在丘间低地的人工林增加了地表粗糙度，促使流沙逐步扩散在林地内，沙丘变成起伏不大的波状沙地，流沙被固定在林中（图7-1）。

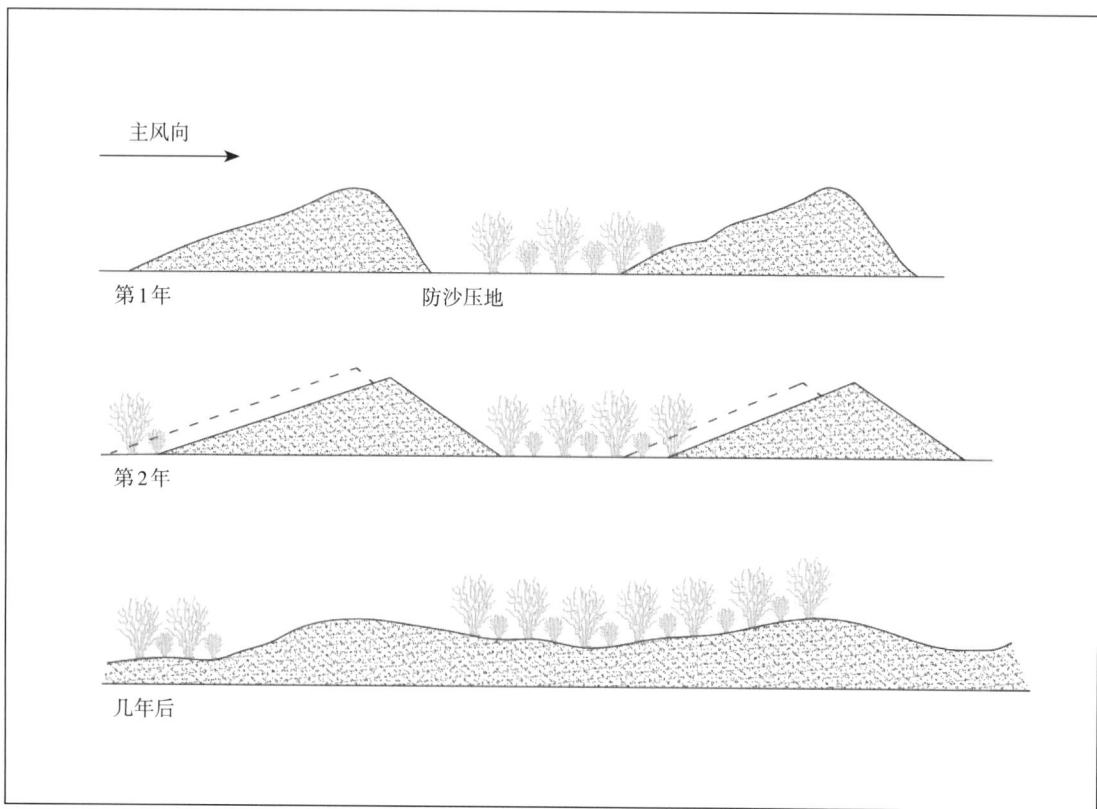

图7-1　丘间低地造林固沙示意图

乔、灌、草结合是丘间低地造林治沙的关键。民勤经验是第一年在丘间低地，春秋两季趁墒深栽植苗造林，造林前后都不浇水，林地上由于陆续有从沙丘吹来的流沙覆盖，保住墒情，林木生长良好。2～3年后，在沙丘前移的退沙畔和迎风坡下部的坡面上趁墒用大苗深栽造林，这样，沙丘逐渐变低，坡面平缓，再在沙面趁墒深栽耐旱灌木，流沙被彻底固定。造林树种根据丘间低地地下水位的高低和土壤盐渍化程度而定。如地下水位较高，选用白榆、沙枣、柽柳等树种营造乔灌混交林；若地下水位低，土壤水分条件差，选用花棒、柠条、白刺等耐旱灌木；若土壤盐碱严重，选用胡杨、柽柳、白刺等耐盐树种。

（2）沙丘固沙造林技术

前挡后拉造林固沙技术是民勤沙地广泛采用的一种固沙技术。该技术在沙丘迎风坡下半部1/3～1/2坡面上用灌木造林固沙，同时在丘间低地营造乔灌混交林，使沙丘前有林挡，后有林拉。逐渐拉削掉沙丘顶部，使沙后趋向平缓和固定。在干旱和风蚀严重的地区，造林前流动沙丘要设置沙障。此法适用于新月形沙丘和新月形沙丘链（图7-2）。

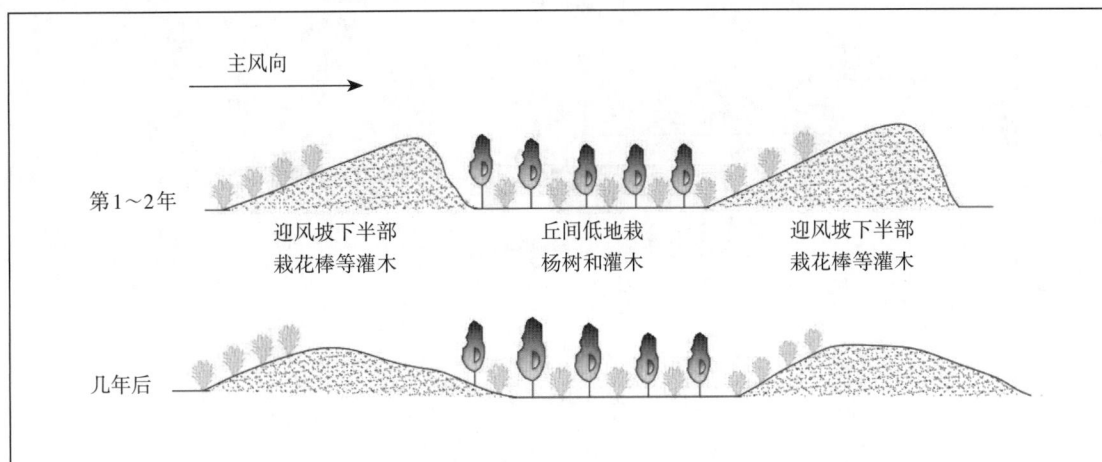

图7-2 前挡后拉固沙造林示意图

固身削顶，截腰分段，分期造林固定流沙也是民勤广泛采用的一种固沙技术。在治理6～7m以下的中、小型流动沙丘时，常采用固身削顶的方法，即先在沙丘迎风坡2/3～3/4以下坡面。上设置行列式草方格沙障，在沙障内营造梭梭、沙拐枣、沙木蓼等灌木混交林，固定沙丘流动（固身），而上部丘顶的流沙经风吹蚀向背风坡脚下削前移（削顶），逐渐趋向平缓。在沙丘压沙造林的同时，在丘间低地距背风坡脚留出一段空地，留作沙丘顶部下削前伸的缓冲地段，并在丘间低地选用花棒、柠条、桦柳等灌木，营造防沙林带或片林，沙丘与丘间低地同时造林，齐头并进，将流沙固定（图7-3）。

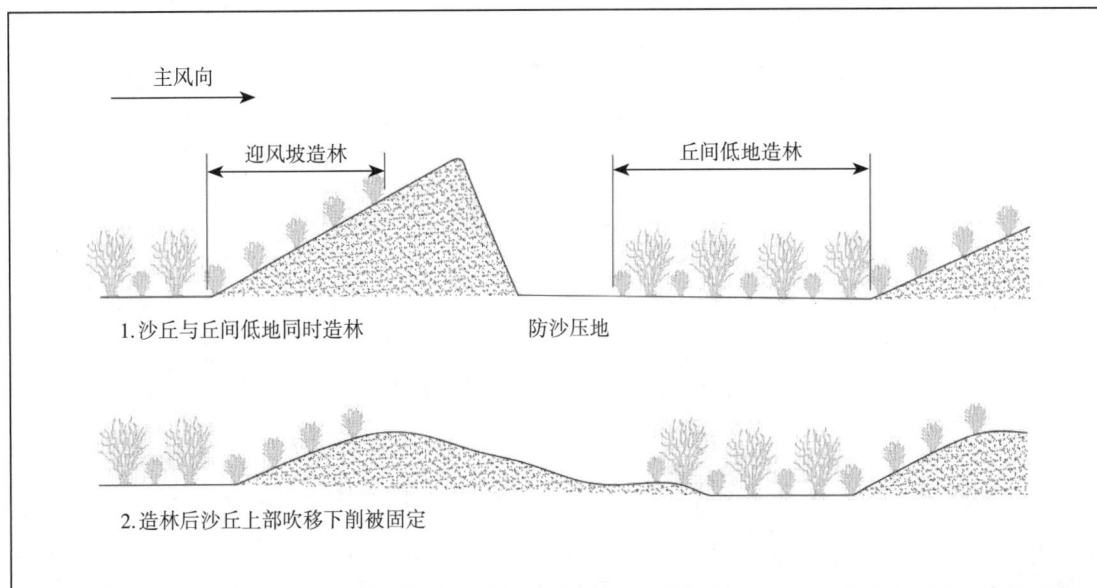

图7-3 固身削顶固沙造林示意图

在治理8m以上高大连绵的沙丘，一次不能固定时，采用截腰分段，分期造林的办法，把沙丘化大为小，变高为低，最终彻底固定流沙。这种方法是先在沙层水分条件较好的迎风坡中下部设置草方格沙障，障内营造灌木林（梭梭、沙拐枣等），固身削顶。经过几年后沙丘顶部不断前移，逐渐演变成较低的另一沙丘形态，原来的高大沙丘一分为二，再如前法进行第2次或第3次的固身削顶，直至完全固定（图7-4）。

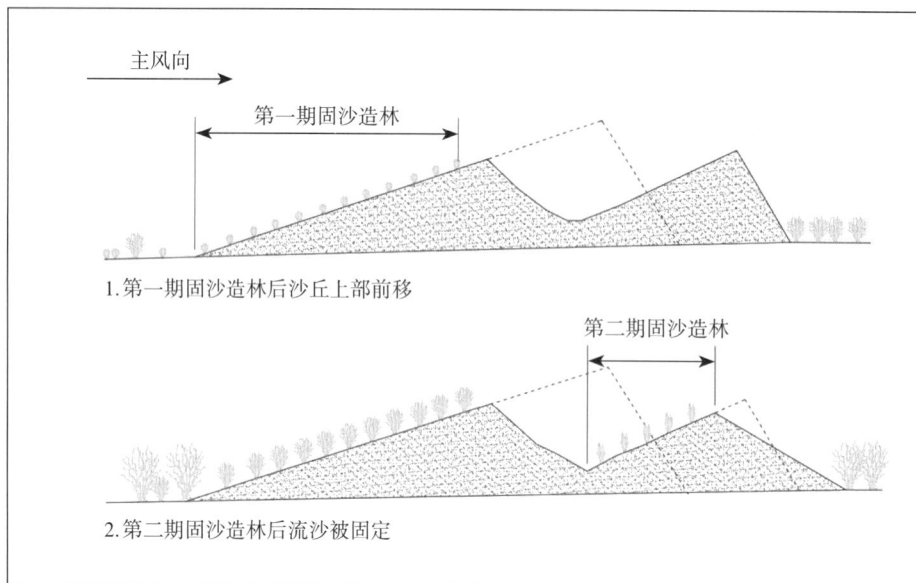

图7-4 截腰分段固沙造林示意图

4.4.1.2 防风阻沙林带造林技术

绿洲外围与沙漠、戈壁相毗邻的地带，是风沙对绿洲造成危害的最主要地段，在此地营造大型防风阻沙林带，对于防治流动沙丘对绿洲的危害和减弱沙尘暴有显著功效。防风阻沙林应由乔灌木行间混交为宜，遵循因地制宜、因害设防的原则，在大面积流沙入侵地区，造林带宽度小者300～400m，大者800～900m为宜，在绿洲与沙丘接壤地区的固定、半固定沙丘，林带宽度可缩小至30～50m。在绿洲内部沿水渠、道路、农田边界设置宽3～5m，带距200m的林带，其主要树种以杨树为主，绿洲与沙漠接壤区营建乔、灌、草结合的防风固沙林带，从绿洲开始100～150m的区域内栽植耐旱乔木杨树和沙枣，在150～350m的区域内栽植梭梭和花棒的耐旱灌木，在350～1200m的区域采用封育和人工播种相结合的措施，在大于1200m的区域采用草方格沙障或尼龙网沙障与林草植被相结合的措施。截至2015年，在408km的风沙线上建成长达300km的防护林带，生态恶化趋势得到初步遏制。

4.4.1.3 封沙育林育草

封沙育林育草就是在原有植被遭到破坏或有条件生长植被的地段，实施一定的保护措施（设置围栏），建立必要的保护组织（护林站），把一定面积的地段封禁起来，严禁人畜破坏，给植物以繁衍生息的时间，使天然植被逐渐恢复，从而起到防风固沙的作用。民勤在治沙固沙过程中，更多采用了封沙育草和封育柴湾等措施，封沙育草主要是在沙荒滩地，用封禁和培育相结合的办法，禁止放牧、挖药、割草等破坏植被现象并补种和培育植被，以防止就地起沙；封育柴湾，主要是在流沙与农田交错地带，采用封育自然植被和种植人工植被相结合方法，以固定流沙，防止风沙危害农业生产和人民生活。

（1）封育柴湾

柴湾是在长期的历史过程中，由天然植被经人工封育而形成草灌结合的防风固沙林。多在民勤绿洲农业区域流沙交界处的地段，原系水草地，后由于流沙铺压浸水后长起梭梭、红柳、白刺等灌木。随着灌木的不断增多、长大，阻截了流沙，久而久之形成一个个固定沙丘。这些固定沙丘经长期封护培育，便形成了柴湾，数百年来，人们把它作为防风固沙的"天然屏障"而苦心经营。

20世纪50年代后，民勤将柴湾划分为绝对封禁区、封禁区、半封禁区，加以管护，并采取飞播、人播育草、植树造林措施，积极封育柴湾，使长达210km、面积6.87万hm^2的柴湾发挥了防风固沙、卫护农田的天然屏障作用。

柴湾在历史上防风固沙、保护农田的作用是不可磨灭的。据民勤治沙站在条件基本类似的地点对照观测证明：红柳包、白刺包与流动沙丘相比，前者能减低风速50%左右，增加相对湿度20%上下。柴湾滩、柴湾包的阻沙作用与地面其他植物相同，固沙效果更为显著。植被覆盖率为73%的柴湾滩，地面积沙厚度达220cm；69%的柴湾滩，地面积沙厚度达100cm。一个高5m、直径4.5m的红柳包，其积沙量达2321.3m^3，而一个高0.55m，直径3.4~5.4m的红沙包，其积沙量只达10.65m^2。所以，本地谚语说"寸草遮丈风，流沙走不动"。

（2）封沙育草

封沙育草是指通过围栏封育或保护管理等措施，对流动、半流动或退化沙地植被加以封禁，通过几年或若干年的禁止放牧、樵柴、开垦等，促使沙地植物自然生长和繁育，逐步得到恢复的一项治沙措施，是保护区最近几年应用范围最广的一项经济实用、效果明显的退化植被恢复重建的技术措施。通过对民勤连古城自然保护区围栏封育效果进行调查发现，围栏封育1~3年，其植物总种数稳定，不同群落的种数增加，植被盖度、密度、高度和冠幅明显提高，促进了干旱荒漠区退化植被的自然修复和顺向演替（表7-17至表7-20）。

通过对保护区半固定沙地围栏封育的白刺群落生长进行了调查，发现白刺群落中植物种类数与对照区相比灌木种类增加了2种，草本种类增加了6种；群落总盖度比对照区增加了126.7%，且第3年灌木盖度比草本盖度增加幅度较大；灌木高生长和冠幅生长分别比对照区增加了68.7%和62.6%。可见，围栏封育措施促进了保护区的植物群落种类的增加和群落的生长，也有利于保护区退化种群的恢复。

表7-17 不同立地条件各封育年限植物物种数（引自高万林等，2012）

立地类型	封育年限（年）	灌木物种数			草本物种数			植物总种数		
		CK	封育区	增幅（%）	CK	封育区	增幅（%）	CK	封育区	增幅（%）
固定沙地	1	16	16	0	18	18	0	34	34	0
	2	16	16	0	18	19	5.3	34	35	2.9
	3	16	17	5.9	19	21	9.5	35	38	7.9
半固定沙地	1	24	24	0	28	29	3.4	52	53	1.9
	2	24	26	7.7	29	31	6.5	53	57	7
	3	24	28	14.3	31	33	6.1	55	61	9.8
流动沙地	1	11	12	8.3	39	41	4.9	50	53	5.7
	2	11	14	21.4	41	44	6.8	52	58	10.3
	3	11	14	21.4	40	47	14.9	51	61	16.4

表7-18　不同封育年限对植被盖度的影响（引自高万林等，2012）

植被盖度	1年			2年			3年		
	CK	封育区	增幅（%）	CK	封育区	增幅（%）	CK	封育区	增幅（%）
灌木盖度（%）	22.8	23.1	1.3	22.6	24.6	8.8	23.2	24.9	7.3
草本盖度（%）	15.3	25.4	66.0	16.4	23.7	44.5	17.4	24.3	39.7
总盖度（%）	28.4	34.5	21.5	27.2	36.8	35.3	29.7	34.3	15.5

表7-19　封育对灌木生长的影响（引自高万林等，2012）

立地类型	封育年限	封育区				CK			
		密度（株/m²）	高度（cm）	冠幅（m²）	新梢长度（cm）	密度（株/m²）	高度（cm）	冠幅（m²）	新梢长度（cm）
固定沙地	1	3.54	46	894.5	1.2	2.25	45	807.6	0.8
	2	3.87	49	903.2	1.4	2.36	47	719.7	1.1
	3	3.85	51	1096.4	1.3	2.54	46	833.6	1.2
半固定沙地	1	3.96	46	1683.1	7.6	2.84	45	1533.2	5.4
	2	4.03	50	1.936.5	8.2	2.93	47	1718.5	5.6
	3	4.14	53	2201.9	7.7	2.89	47	1634.3	5.7
流动沙地	1	3.65	47	805.6	5.8	1.93	46	576.5	4.3
	2	3.93	51	867.9	6.1	2.10	45	479.2	4.5
	3	4.08	56	1090.5	7.6	2.13	45	836.4	4.6

表7-20　封育对草本植物生长的影响（引自高万林等，2012）

立地类型	封育年限	封育区			CK		
		密度（株/m²）	高度（cm）	冠幅（m²）	密度（株/m²）	高度（cm）	冠幅（m²）
固定沙地	1	28.5	11.5	56.7	15.3	10.4	15.3
	2	32.7	12.3	54.9	24.7	9.8	17.2
	3	45.5	12.8	82.3	19.0	9.3	18.1
半固定沙地	1	85.3	14.4	75.8	67.0	13.4	34.5
	2	78.7	15.2	81.3	56.3	13.2	33.7
	3	92.5	16.7	51.6	73.7	15.3	35.2
流动沙地	1	154.4	11.8	64.4	26.6	10.4	28.1
	2	126.7	13.5	53.2	38.3	11.7	29.4
	3	134.1	12.6	45.3	47.3	12.2	31.2

4.4.1.4　沙地人工模拟飞播固沙造林

人工模拟飞播是将林木种子直接播种在造林地进行造林的方法。人工模拟飞播省去了育苗工序，施工容易，便于在大面积造林地上进行造林，在边远且人烟稀少地区造林较为适宜。人工模拟飞播种子发芽时就在沙地，适应性有所增强，而且根系未受损伤，对植物生长有利。相对于人工栽植，人工模拟飞播造林工序简单、用工少，成本低。造林植物种主要有梭梭、沙拐枣、毛条、花棒、白刺、沙蒿等。其中，民勤梭梭种子质量好，造林成活率高，生长良好，苗木耐盐性强，可作为人工模拟飞播治沙造林的主要材料，沙蒿种子萌发期抗旱性强，出苗率高，并且具备自然的风蚀沙埋条件。人工模拟飞播后播区要严加封禁管理，禁止牲畜放牧践踏，防止发生啃食飞播的幼苗，杜绝樵采、割草、挖根等破坏沙地植被行为。可设专门的管护人员经常巡查，特别是播后的3～5年内，尤需严格封禁。封禁后不但使人工模拟飞播的幼苗受到保护，促进其成活生长，达到逐步扩大繁殖的目的。同时，在封禁3～4年后，应解除封禁适时轮牧，从而促进植被更新，增强固沙能力。

4.4.2 工程措施

工程治沙，俗称机械固沙，也是物理固沙。即利用风沙物理特性，通过设置工程来防治风沙流的危害和沙丘前移压埋。民勤人民多年来在不断和风沙斗争中创造了插植风墙、沙障治沙等工程治沙措施。

4.4.2.1 构筑风墙

（1）人字形风墙

在馒头形的沙丘上，南、西、北三面的沙丘棱角上，根据"先插脊，后插柱""西柱子长，东柱子短"的经验，先插"脊子"，然后在"脊子"构成的三角形的网格内，沿"脊子"，每隔3～5尺，按照沙丘坡度，人字形的顺次一排一排地往下插植"柱子"。插时将茨柴捆成捆，粗3～7寸的柴束，不宜过厚，沿要插植风墙的沙棱上，挑成沙槽，将柴束根朝下，梢向上，一把一把的逐次放入沙槽，用槽内挑出的沙子，把茨柴根压住。高30～40cm。如有麦草，在压沙的同时，在风墙的基部壅撒一些，对阻挡风沙的作用更大。

（2）燕翅形风墙

是在新月形的沙丘上，距离沙丘脊梁3尺左右的迎风坡上，与主风方向垂道的沿等高栽插起"脊子"，然后于与主风方向约成45°角的坡上，倾斜插上"柱子"，"柱子"与"柱子"相距8～15尺，这样流沙不但容易固定，而且从别处吹来的飞沙，因接近地面的风沙被风墙阻拦，而产生旋涡作用，便坠落到了风墙构成的网格里，风墙的寿命也就较长。

（3）非字形的风墙

是在垄岗形沙丘的漫沙岗上插植的一种风墙。先在沙梁上的迎风面，垂直于主风方向，插植一道"脊子"，再接住脊子成45°的角，沿沙丘的斜坡，每隔8～15尺插数道"柱子"，便使整个风墙构成了许多平行四边形的网格。

（4）方格形的风墙

这种风墙优点是适用于任何形状的沙丘，将风墙纵横成行的插植，使整个风墙构成方格网。固沙效力很大，但需用茨柴较多。

将插植风墙所需的茨柴、工具及劳动力等准备好后，3人分为一组，一人转运茨柴，一人开沟挖槽子，一人往沟内一捆挨一捆地放茨柴，这样边运边开沟边放茨柴边埋压的连环作业法，工作效率很高。通常插一丈风墙约需用20斤茨柴，每人每天可插植风墙20丈。

在生物措施和机械措施相结合治理沙漠的原则下，插上风墙之后，再在风墙的方格里，播种了黄蒿、沙米等固沙植物，并栽植上了小叶杨、沙枣、怪柳等固沙树种，对固沙都起了良好的效果。

4.4.2.2　沙障固沙

在治理沙害的长期实践中，人们创造了许多固定流沙表面的方法措施，沙障方法是最常见的固定流沙措施。用各种材料（如麦秸、稻草、芦苇、黏土和砾石等）在地表组成干扰风沙流运行的障碍谓之沙障。沙障固沙的主要作用是通过改变下垫面性质，增加地表粗糙度来转化风沙运动条件。采用草方格沙障、砾石沙障及黏土沙障等在流沙上设置机械沙障，以降低地表风速，削弱风沙活动。

（1）草方格沙障

草方格沙障是利用麦草、稻草、芦苇等材料，在沙丘上扎设成半隐蔽式的方格型沙障，用来削弱风力侵蚀、减缓沙丘移动。具体做法是使用铁锹在草中部压入沙内15cm，地上漏出15～20cm，草厚5～6cm，再用铁锹或刮沙板向草拥沙，以加固草带，宁夏中卫县沙坡头的格状沙丘证明1m×1m为适宜。

民勤县经过多年治沙实践，"双眉式"草方格沙障是当地流动沙丘治理的一种主要做法，多用麦草、稻草等材料制成，具有不易吹蚀、固沙效果明显、改善土壤、涵养水分、减弱风力侵蚀的作用。具体设置为：设置沙障时，先在沙丘上按横向沙障与主风方向垂直、竖向沙障与主风方向一致的地方预先划定设置线，沿设置线开挖宽25cm，深20cm的沟槽；铺设稻草时，以沟槽为中心线，先均匀无间断地摊铺横向沙障，后均匀无间断地设置竖向沙障，使横、竖向沙障之间紧密衔接；然后将干沙均匀无间断撒压在沙障中心线，使稻草固定在沟槽上；最后用铁锹或刮板将沙障中裸沙向四周刮平，并在沙障四边形成沙垄，使两边翘起的沙障与沙面形成＞45°夹角。草方格沙障间距1.5m×1.5m，外露高度15～20cm。

（2）黏土沙障

黏土沙障用黏土堆砌成地埂状，形成阻沙堤，改变地表性质，加大地面动力学粗糙度，减小贴地层风速，阻滞蠕移沙和部分跃移沙的运动。该方法在保护区丘间低地为黏土的地区得以广泛应用。其具体设置方法为：多为行列式，间距为3m，垄高为30cm，宽为40～45cm。若在风沙口可设为网格状设置，横、竖向沙障间距为1.5m×1.5m，也可根据当地风沙危害情况适当调整间距，但应加大起垄标准，且最大间距不得超过3m。在沙丘上按设置方向、间距或网格划好设置线。选用不含沙、黏性好的黏土，先设置与主风方向垂直的横向沙障，后设置与主风方向一致的竖向沙障，沙障之间紧密衔接。沙障设置时，按间距要求，将黏土按宽30～40cm、高15～25cm的标准起垄，敲碎土块、打平压实，防止风吹流失（图7-5）。完工后，应及时对取土区进行恢复填埋，并纳入造林计划及时治理，防止造成二次破坏。然而，沙丘的类型不同其设置有所差异，在生产实践中，可根据新月形沙丘、新月形沙丘链和纵状沙垄等几类沙丘，大体采取以下几种形式：

①新月形沙丘链的沙障设置形式：新月形沙丘链的土障设置，形式基本上和新月形沙丘相同。但在沙丘迎风坡起伏变化较大和两翅上部转折坡面处以及链身弯曲折面处，要根据坡面转折情况加设一道或几道竖挡，叫"副沙障"，呈长方格状。

②燕翅形沙障：多设于新月形沙丘上。沙丘上部要空出一段不设沙障，经风吹后，让其向背风坡削落变低。上部划一道设沙障范围的边界线。在这道线上堆积的土埂叫"墙基"。然后在迎风

图7-5 黏土沙障野外布设

坡正面中部，按所确定的间距自上而下，定出障埂线道的间距点再向两侧规划一道道的障埂。障埂从中部向两侧略呈弧形，在两侧上部转折相同。

③鱼翅形沙障（纵向沙垄沙障）：纵向沙垄是沙丘延伸的结果。沙障的设置形式，垄头部分和新月形沙丘迎风坡相同。垄身多为纵向与主风向平行或近于平行。沙障设置，相当于新月形沙丘右翅延伸部分的形式；在垄身迎风坡设置"燕翅形"沙障。有的两侧坡面无迎、背风之别或不明显，沙障在两侧设置成"鱼刺状"。在垄脊设置一道道与沙垄前进方向垂直的沙障，呈"非字形"。垄坡上的障埂上部要密一些，下部稀一些。为了调整密度及方向，要加设一些短障埂，又叫"短码子"。

4.4.3 生物与工程相结合的措施

生物措施与工程措施相结合的治理措施主要是利用植物秸秆、黏土、尼龙网等设置网格沙障，随后在所隔的沙障中种植沙生林草或沙生灌木，在固定沙丘一段时间后再通过人工撒播、直播或飞播的方式播种沙生林草种子（图7-6）。该种措施主要是运用在流沙活动频繁的沙丘或沙漠与绿洲的过渡带，其中工程措施可以快速固定沙丘，减缓沙丘移动速度，林草措施可以增加地表植被覆盖度，减少地表水分散失，二者结合使用在更大程度上减轻了流沙对绿洲的吞噬和威胁。后期，随着灌木和草本的生长，流动沙丘将进一步被固定，形成半固定沙丘和固定沙丘。在保护区内的流动沙丘和荒漠与绿洲的过渡带，人们大多采用草方格沙障和林草及沙生灌木（梭梭）结合的措施进行流动沙丘治理。沙障采用规格为1.5m×1.5m，障高为20cm的尼龙网格沙障，在网格内种植梭梭或一些沙生小灌木以及播撒沙生林草（白刺、蒿草、红砂等）种子。

图7-6　生物和工程措施结合

保护区在治沙多年实践中，总结了梭梭加"双眉式"草方格沙障的生物与工程相结合的治理模式，民勤绿洲西线南部防沙治沙的重点区的梭梭井、中部的红东路和北端的青土湖进行了广泛应用。通过研究发现，梭梭林与草方格沙障两者结合，梭梭枯落物能够增加地表粗糙度、减缓风速的作用；同时，也能减缓沙障腐蚀，进而改善沙面结构，增加了沙障保存时间。

4.4.4　防风固沙体系建设模式

石羊河下游防风固沙体系已经出现严重的退化，防风固沙功能下降，沙丘重新活化，沙漠化蔓延速度加快，已经严重威胁到绿洲的生存和发展，为此需要恢复、重建适应新环境条件的防风固沙体系。目前，石羊河下游水文条件表现出水资源十分紧缺、地下水位深和土壤干旱等特点，因而防风固沙体系建设也相应表现出"体系显得更为重要""体系建设的难度进一步加大"和"体系建设需要更大的资金投入"等特点。从2002年开始，开展了防风固沙体系建设，在现有体系基础之上，提出了新的防风固沙体系建设模式。

4.4.4.1　防风固沙体系的免灌模式

免灌防风固沙体系由防风阻沙带、机械沙障＋灌木固沙阻沙带、固沙阻沙灌草带和外围封沙育林育草带组成（图7-7）。防风阻沙带，位于绿洲同沙漠交汇地带，其由两部分组成。其一为位于绿洲一侧的乔木防风阻沙带，带状栽植，带宽根据区域的风速决定，一般为30m，最宽不要超过50m；树种选择抗虫杨、沙枣、枣树和常绿树种樟子松，采用混交模式。其二为位于沙漠一侧的红柳防风阻沙带，在地下水位<15m的地区其带宽约30m，依靠农田灌溉的侧渗水生存。机械沙障＋灌木固沙阻沙带，在防风阻沙带的外侧，带宽200～300m；机械沙障包括黏土沙障、塑料方格沙障和麦草沙障，其中黏土沙障间距2～4m，一般选择3m，塑料方格沙障和麦草沙障为1m×1m规格。选择灌木树种包括梭梭、白刺、沙拐枣、花棒等，以梭梭为主，梭梭保存密度维持525～600株/hm²。固沙阻沙灌草带带宽200～300m，不设沙障，保持半流动的沙面，对机械沙障＋灌木固沙阻沙带起到一定的保护作用。流动沙丘上，造林树种选择梭梭、白刺、沙拐枣和花棒等，以梭梭为主，梭梭林密度控制在450株/hm²左右，同时要重视一年生植物在固沙中的重要作用，通过降低灌木林密度、人工撒播等措施为一年生植物创造生存空间；丘间低地，造林树种选择毛条、

白刺等，毛条保存密度也控制450株/hm²左右。封沙育林育草带处在体系的最外围，同原有的防护体系相同。

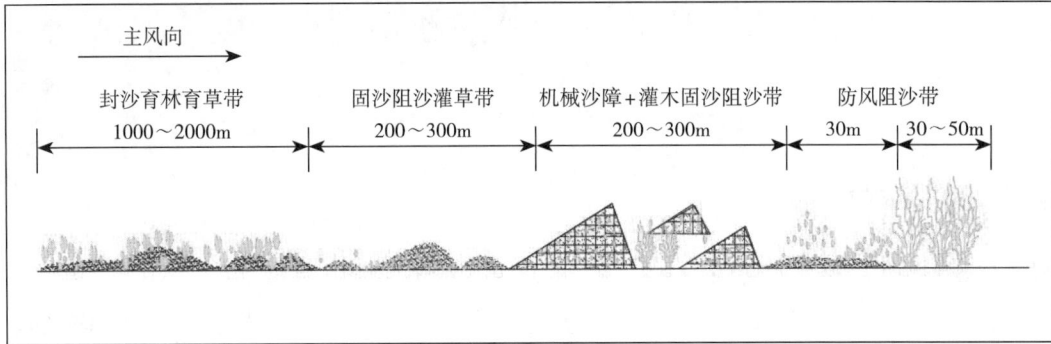

图7-7　民勤绿洲边缘防风固沙体系建设的免灌模式

4.4.4.2　防风固沙体系的灌溉模式

灌溉防风固沙体系由防风阻沙带、灌溉固沙阻沙带、固沙阻沙灌草带和外围封沙育林育草带组成。该体系中，防风阻沙带、固沙阻沙灌草带和外围封沙育林育草带同免灌的防风固沙体系相同，不同之处在于增加了灌溉固沙阻沙带。灌溉固沙阻沙带将成为体系中的主要部分，带宽为200～300m，地势平坦区域为200m，地势起伏很大时可适当增加带宽（图7-8）。树种选择梭梭、花棒、毛条和沙拐枣等，采用株距2～3m，行距3～4m的规格混交造林，保存密度850～1250株/hm²体系采用滴灌方式供水，每公顷投入1000～1200元，滴灌供水2200m³，较普通灌溉9900m³节水78%。防风固沙体的灌溉模式也使得生态用水的讨论成为现实，按每公顷2200m³计算，在408km的风沙线上全部建设灌溉固沙林带（200～300m），需要水量为1795.2万～2692.8万m³，仅占到用水总量（6.49亿m³）的2.76%～4.15%，农业用水量（6.25亿m³）的2.87%～4.31%，不会影响到居民生活和工农业用水。

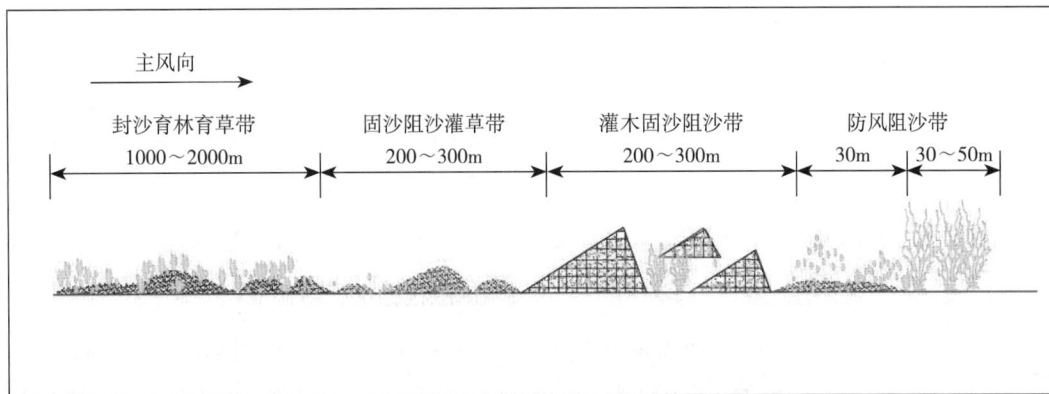

图7-8　民勤绿洲边缘防风固沙体系建设的灌溉模式

第八章 植物资源

1 植物物种多样性

1.1 植物种类多样性

经调查统计发现，甘肃民勤连古城国家级自然保护区内共有维管植物44科151属249种3变种。其中，蕨类植物仅木贼科（Equisetaceae）木贼属（*Equisetum*）1科1属，包含节节草（*Equisetum ramosissimum*）和问荆（*Equisetum arvense*）2种。种子植物43科150属247种3变种，其中，裸子植物1科1属2种，被子植物42科149属245种3变种（表8-1）。植物名称及排序均参照《Flora of China》进行核定，编制出《甘肃民勤连古城国家级自然保护区维管植物名录》（附录1）。

表8-1 维管植物类群统计

植物类别	科数	占总科数的百分比（%）	属数	占总属数的百分比（%）	种数	占总种数的百分比（%）
蕨类植物	1	2.22	1	0.67	2	0.80
裸子植物	1	2.22	1	0.67	2	0.80
被子植物	42	95.45	149	98.68	245	98.39
合计	44	100	151	100	249	100

1.2 科的多样性

如表8-2所示，保护区维管植物含21种以上的大型科有4科，占总科数的9.09%，包含71属113种，分别占保护区总属数的47.02%和总种数的45.38%。这4个科分别是菊科（Compositae）（26种）、禾本科（Poaceae）（19种）、豆科（Leguminosae）（14种）、藜科（Chenopodiaceae）（12种）。从所占比例可以看出这4个科为保护区的优势科，它们对保护区植物景观格局起到了构建作用。含11～20的中型科有2科，分别为蒺藜科（Zygophyllaceae）（11种）和十字花科（Brassicaceae）（16种）。这2科包含14属27种，分别占保护区同类别的9.27%和10.84%。含2～10种的小型科有24科，占保护区总科数的54.55%，但包含52属95种，分别占保护区总属数的34.44%和总种数的38.15%。仅在保护区分布有1种的科有14科，占保护区总科数的31.82%，但其属数和种数仅占9.27%和5.62%。可以看出，大型科对保护区的属和种的贡献最大，其次为小型科，中型科和单种科对保护区的属和种的贡献较小。

表8-2 维管植物科的特征统计

级别	科		属		种	
	数量	百分比（%）	数量	百分比（%）	数量	百分比（%）
大型科（≥21种）	4	9.09	71	47.02	113	45.38

级别	科		属		种	
	数量	百分比（%）	数量	百分比（%）	数量	百分比（%）
中型科（11~20种）	2	4.54	14	9.27	27	10.84
小型科（2~10种）	24	54.55	52	34.44	95	38.15
单种科（1种）	14	31.82	14	9.27	14	5.62

1.3 属的多样性

根据本区维管植物属所含种的多少，将本区维管植物属按种数多少划分为3类，如表8-3所示。含5种以下的属共148属，占总属数的98.01%，构成了本区植物区系属一级的主体。其中，仅有1种的属有97属，占保护区植物种类总数的38.96%，含2~5种的属共51属，包含131种，占保护区植物种类总数的52.61%，可见含5种以下的属在植物种数上也占据了绝对优势。含种数较多的属所占的比例表现了保护区植物区系上的繁荣和生态上所具有的活力，保护区含5种以上的属包括蒿属（*Artemisia*）、驼蹄瓣属（*Zygophyllum*）和柽柳属（*Tamarix*）3个属，他们所包含的植物种类大多是构成保护区植被的建群种、优势种或主要伴生种。

表8-3 维管植物属内种的组成

属内含种数	属		种	
	数量	百分比（%）	数量	百分比（%）
6~9种	3	1.99	21	8.43
2~5种	51	33.77	131	52.61
1种	97	64.24	97	38.96

2 种子植物区系分析

2.1 科的区系分析

植物科的分布和对于气候的忍耐力是受基因控制的，因此具有比较稳定的分布区，并与一定的气候条件相适应。按照吴征镒种子植物科的分布区类型系统对本区各科进行划分，结果如表8-4、表8-5所示。

表8-4 种子植物科的分布区类型

科名	学名	分布区类型	科名	学名	分布区类型
麻黄科	Ephedraceae	8-5	报春花科	Primulaceae	1
杨柳科	Salicaceae	8-4	白花丹科	Plumbaginaceae	1
蓼科	Polygonaceae	1	夹竹桃科	Apocynaceae	2
藜科	Chenopodiaceae	1	萝藦科	Asclepiadaceae	2
苋科	Amaranthaceae	1	旋花科	Convolvulaceae	1
石竹科	Caryophyllaceae	1	马鞭草科	Verbenaceae	3
毛茛科	Rannunculaceae	1	唇形科	Lamiaceae	1
罂粟科	Papaveraceae	8-4	茄科	Solanaceae	1
十字花科	Brassicaceae	1	紫草科	Boraginaceae	1

科名	学名	分布区类型	科名	学名	分布区类型
蔷薇科	Rosaceae	1	玄参科	Scrophulariaceae	1
豆科	Fabaceae	1	列当科	Orobanchaceae	8
白刺科	Nitrariaceae	12-3	车前科	Plantaginaceae	1
蒺藜科	Zygophyllaceae	2	菊科	Asteraceae	1
大戟科	Euphorbiaceae	2	香蒲科	Typhaceae	1
锦葵科	Malvaceae	2	水麦冬科	Juncaginaceae	1
瓣鳞花科	Frankeniaceae	12-5	眼子菜科	Potamogetonaceae	1
柽柳科	Tamaricaceae	10	禾本科	Poaceae	1
胡颓子科	Elaeagnaceae	8-4	泽泻科	Alismataceae	1
千屈菜科	Lythraceae	1	莎草科	Cyperaceae	1
锁阳科	Cynomoriaceae	12-1	灯芯草科	Juncaceae	8-4
杉叶藻科	Hippuridaceae	8	百合科	Liliaceae	8
伞形科	Apiaceae	1	鸢尾科	Iridaceae	5

注：表中分布区类型代码示意同表8-5。

（1）世界分布型25科，占保护区总科数的58.14%，占绝对优势。世界分布型科生态幅广、适应能力强、具有庞大种系。本区内世界分布型科占如此大的比例一方面说明了本区自然环境严酷、恶劣，另一方面也表现出植物对严酷环境条件的适应性。

（2）除世界分布型，本区温带性质科11科，占总科数的25.58%，反映出本区气候状况的温带性质。其中，地中海区性质科3科，说明了本区与古地中海植物区系有一定联系。热带性质科7科，占总科数的16.28%，所占比例较小，推断本区或为这些科热带性质科分布的北界。

表8-5　种子植物各分布区类型的科数及种数统计

分布区类型	科数	占本区总科数（%）	属数	种数
1 世界分布	25	58.14	125	193
2 泛热带分布	5	11.62	8	19
3 东亚（热带、亚热带）及热带南美间断分布	1	2.32	1	1
5 热带亚洲至热带大洋洲分布	1	2.32	1	2
8 北温带分布	2	4.65	4	7
8-4 北温带和南温带间断分布	4	9.30	5	10
8-5 欧亚和南美温带间断分布	1	2.32	1	2
10 旧世界温带分布	1	2.32	2	7
12-1 地中海区至中亚和南非洲和/或大洋洲间断分布	1	2.32	1	1
12-3 地中海区至温带—热带亚洲，大洋洲和/或北美南部至南美洲间断分	1	2.32	1	4
12-5 地中海区至北非、中亚—蒙古、西南非洲、西南澳大利亚、北美西南部、智利西部（泛地中海）星散分布	1	2.32	1	1
合计	43	100	150	247

由科的分布型可以推断，保护区生态环境性质的变化规律是总体自然环境恶劣；随着古地中海退却和青藏高原的整体隆升，保护区自然环境条件好转，温带性质科蓬勃发展；复杂的地势造

就更加良好的小生态环境，热带性质科以少量温带性质种的形式得以残存。

2.2 属的区系分析

属是由亲缘关系接近、形态特征相似的种所组成，大多数属是真正的自然群。属在分类学上所包含的种通常具有同一起源和相似的进化趋势。并且这一级分类单位分类特征相对稳定，占有比较稳定的分布区，同时在进化过程中，随着地理环境的变化发生分异，而有比较明显的地区性差异，能较好地彼此划清界限，它们的差异特点在历史上是较古老的。按吴征镒属的分布区类型系统对本区各属进行统计。本区种子植物属的分布类型可以划分成12个类型和3个变型，说明本区地理成分比较复杂（表8-6）。

表8-6 种子植物属的分布区类型统计

属的分布区类型			属数	占总属数百分比（%）	种数
1 世界分布			28	18.67	59
热带成分	热带分布	2 泛热带分布	14	7.33	14
		4 旧世界热带分布	2	0.67	2
		7 热带亚洲（印度—马来西亚）	2	1.33	2
	小计		42	28.00	77
温带成分	温带分布	8 北温带分布	32	21.33	56
		8-4 北温带和南温带间断分布	4	2.67	9
		9 东亚和北美洲间断分布	3	2.00	4
		10 旧世界温带分布	22	14.67	34
		11 温带亚洲分布	5	3.33	6
	古地中海分布	12 地中海区、西亚至中亚分布	25	16.67	44
		12-1 地中海区至中亚和南非洲、大洋洲间断分布	1	0.67	1
		12-5 地中海区至北非洲，中亚，北美洲西南部，非洲南部，智力和大洋洲间断分布	1	0.67	1
		13 中亚分布	12	8.00	12
	东亚分布	14 东亚分布	1	0.68	1
	小计		106	70.67	168
特有	中国特有分布	15 中国特有分布	2	1.33	2
合计			150	100	247

（1）世界分布

世界分布区类型包括几乎遍布各大洲而没有特殊分布中心的属，或者有一个或数个分布中心而包含世界广布的属。保护区该类型有28属，占总属数的18.67%，这说明保护区自然条件严酷。其中主要有蒿属（*Artemisia*）8种，多是和我国西北寒、旱区系所共有的种类，在形态结构上具有明显的高山特化结构，体现出保护区所分布的该属植物是以耐寒、耐旱类型为主的生态特点。独行菜属（*Lepidium*）5种、黄耆属（*Astragalus*）4种、猪毛菜属（*Salsola*）4种等，主产温带和寒带，它们是构成本区高寒草地和温性草原草地的主要类群。本区的世界广布成分主要是由主产地在北温带和寒带的属所组成，表明本区的世界广布属多分布在自然条件更加严酷的旱寒地区。

（2）泛热带分布

该类型保护区共有14种，如膜果麻黄（*Ephedra przewalskii*）、中麻黄（*Ephedra intermedia*）、蒺藜（*Tribulus terrestris*）、芦苇（*Phragmites australis*）、狗尾草（*Setaria viridis*）等，这些种多为亚洲温带分布，已无明显热带性质。

（3）旧世界热带分布

该分布类型保护区只有天门冬属2种，戈壁天门冬（*Asparagus gobicus*）和西北天门冬（*Asparagus persicus*）。

（4）热带亚洲（印度—马来西亚）分布

热带亚洲（印度—马来西亚）是旧世界热带的中心部分，保护区该类型分布有2属2种，小苦荬属（*Ixeridium*）的中华小苦荬（*Ixeridium chinense*）和苦苣菜属（*Sonchus*）的长裂苦苣菜（*Sonchus brachyotus*），中华小苦荬为东亚分布种，已无明显热带性质。

以上热带分布共18属18种，占总属数和总种数的12.00%和7.29%，无论从类型数量还是占有比例上都表明保护区与热带区系联系较弱，原因是保护区远离热带和亚热带，少数的热带成分存在，一方面是因为有麻黄属（*Ephedra*）这样的古老残遗属，另一方面是因为有对恶劣环境适应性较强、生态幅较大的草本种类存在，但保护区不是这些属的分布中心，而是热带向温带的延伸，是这些热带性质属分布的北界，且这些属内种的分布区主要在温带，进一步说明保护区热带性质微弱。

（5）北温带分布及其变型

该类型保护区共有36属65种，分别占全区总属数和总种数的24.00%和26.32%，是保护区包含属数和种数最多的分布类型，属种比值为1.81，高于本区的种属比值，表明此分布类型最适应于本区的自然环境，体现了保护区植物区系的特征是以北温带为主的温带性质。其中，典型北温带分布32属56种，分别占全区的21.33%和22.67%，是保护区最优势的分布类型。其中有蓼属（*Polygonum*）4种、针茅属（*Stipa*）4种、虫实属（*Corispermum*）3种、委陵菜属（*Potentilla*）3种、枸杞属（*Lycium*）3种，其余的属在保护区都只有1或2种。这些属大多适应干旱、寒冷的环境，很多种都是保护区的建群种或优势种，能直观的反应保护区的植被景观，表明典型北温带分布属在本区植物区系特征的形成过程中起着决定性作用。北温带和南温带间断分布有4属9种，是保护区最大的分布变型。主要有杨属（*Populus*）、柳属（*Salix*）、胡颓子属（*Elaeagnus*）、紫堇属（*Corydalis*）。其中，杨属、柳属和胡颓子属的植物是本区分布的主要木本植物，都是一些较为耐寒、耐旱的种类。

（6）东亚和北美洲间断分布

保护区该类型仅有野决明属（*Thermopsis*）的披针叶野决明（*Thermopsis lanceolata*）、地锦属的地锦（*Euphorbia humifusa*）、罗布麻属的白麻（*Apocynum pictum*）和罗布麻（*Apocynum venetum*）。

（7）旧世界温带分布

共有22属34种，分别占全区总属数的14.67%和总种数的13.77%，在保护区分布型中占有重要地位。其中，柽柳属（*Tamarix*）6种，为保护区常见种类，鸦葱属（*Scorzonera*）3种，鹅绒藤属（*Cynanchum*）3种，雾冰藜属（*Bassia*）、草木樨属（*Melilotus*）、软紫草属（*Arnebia*）各2种，其余各属均只有1种。

（8）温带亚洲分布

保护区共有5属6种，分别占保护区的3.33%和2.43%。其中，细柄茅属（*Ptilagrostis*）和亚菊属（*Ajania*）是来自北温带的菊蒿属（*Tanacetum*）和针茅属（*Stipa*）的衍生成分，表明保护区植物区系具有年轻性。

（9）地中海区、西亚至中亚分布及变型

共有27属46种，分别占保护区的18%和18.62%，在保护区分布型中占有重要地位。其中地中海区、西亚至中亚分布有25属44种，分别占保护区总属数和总种数的16.67%和17.81%，在保护区植物区系与地中海植物区系的联系中贡献最大。白刺属（*Nitraria*）是第三纪孑遗植物，全世界共11种，在保护区分布有4种，并且是较为进化的类型，说明保护区处于白刺属的现代分布中心。盐爪爪属（*Kalidium*）4种，在本区有广泛分布，在部分区域作为建群种存在。驼蹄瓣属（*Zygophyllum*）7种，分布范围有限，仅作为伴生种或偶见种存在。裸果木属（*Gymnocarpos*）、沙拐枣属（*Calligonum*）、盐爪爪属（*Kalidium*）等为古地中海第三纪残遗成分，说明保护区与古地中海成分联系密切。红砂属（*Reaumuria*）在保护区荒漠区、荒漠草原区建群分布。地中海区至中亚和南非洲、大洋洲间断分布有锁阳属的锁阳（*Cynomorium songaricum*）1种。地中海区至北非洲、中亚、北美洲西南部、非洲南部、智利和大洋洲间断分布有瓣鳞花（*Frankenia pulverulenta*）1种。

保护区地中海区、西亚至中亚分布及变型中，多数是包含1~2种的属，零星分布或偶见，但也有建群种和伴生种，这些种的存在可以反映保护区系与地中海植物区系关系密切。保护区地中海区成分不包括地中海区至热带非洲和喜马拉雅间断分布，可以推断，喜马拉雅山脉和青藏高原的隆起阻断了保护区植物区系与西南地中海植物区系的联系，对保护区植物区系的形成影响深刻。

（10）中亚分布

共有12属12种，分别占保护区总属数和总种数的8%和4.86%。紫菀木属（*Asterothamnus*）的中亚紫菀木（*Asterothamnus centrali-asiaticus*）在保护区分布广泛，是重要的伴生种。小甘菊属（*Cancrinia*）仅有一种低矮耐旱的多年生草本植物毛果小甘菊（*Cancrinia lasiocarpa*），零星分布于砂质荒漠。合头草属（*Sympegma*）的合头草（*Sympegma regelii*）是典型的中亚成分，以其耐旱的特性在保护区分布广泛，是常见的建群种、共建种和伴生种。

（11）东亚分布

保护区仅有1属1种，为莸属（*Caryopteris*）的蒙古莸（*Caryopteris mongholica*），主要零星分布在本区海拔较低的极干旱石质荒漠山地、沙地、干河床及沟谷等处，为荒漠植物群落的伴生种。

以上温带成分的分布类型共7个类型3个变型，包含106属168种，占保护区总属数的70.67%和总种数的68.02%，可见保护区的植物区系具有明显的温带性质。

（12）中国特有分布

保护区共有2个中国特有属，分别是绵刺属（*Pomatosace*）的绵刺（*Potaninia mongolica*）和

百花蒿属（*Stilpnolepis*）的百花蒿（*Stilpnolepis centiflora*）。它们都是主产我国西北、西南的特有单种属，都不是古老的原始类型的属。

综上所述，保护区植物区系温带性质显著，其中又以北温带性质为主体，全温带分布和旧世界温带分布为其重要补充，体现了保护区以温带气候为主，由于保护区海拔较高，寒温带气候有一定的分布。古地中海成分比重较大，表明保护区植物区系的旱生性和古老、残遗性，地中海区、西亚至中亚分布和中亚分布是这一性质的重要体现，若将中亚分布看作地中海区、西亚至中亚分布的间断，则可以推断喜马拉雅山脉和青藏高原的隆起对保护区植物区系的形成有很大作用。世界分布包含较多的属和种，表明保护区自然环境严酷。热带性质所占比例较小，表明保护区热带性质微弱。东亚分布所占比例较小，这是由于祁连山地所起的廊道连接作用，但祁连山地的形成相对较晚，对保护区与东亚分布间的交流影响较弱。中国特有成分不多，都是衍生属，说明保护区植物区系生境独特、区系年轻。另外，保护区植物区系与大洲的间断分布有6属11种，比例很少，表明保护区植物区系与各大洲交流较少，这与保护区处于亚欧大陆腹地有关。

3 植被类型多样性

基于样地调查和路线踏查所收集的数据和图片资料，参照《甘肃植被》和《中国植被》中制定的植被分类系统和各植被分类等级的划分标准，将保护区植物群落归纳为7个植被型组，9个植被类型，13个植被亚型；并进一步按照群落优势层片的建群种和优势种相同原则划分为39个植物群系，再按照层片结构和各层片优势种或共优种相同原则细分为45个群丛。

甘肃民勤连古城国家级自然保护区植被类型系统

I.阔叶林植被型组

一、温带阔叶林植被型

（一）温带荒漠落叶阔叶林植被亚型

1 胡杨群系（Form. *Populus euphratica*）

（1）胡杨群丛（Ass. *Populus euphratica*）

2 二白杨群系（Form. *Populus gansuensis*）

（2）二白杨群丛（Ass. *Populus gansuensis*）

3 沙枣群系（Form. *Elaeagnus angustifolia*）

（3）沙枣群丛（Ass. *Elaeagnus angustifolia*）

II.灌丛植被型组

二、温带灌丛植被型

（二）盐地沙生灌丛植被亚型

4 多枝柽柳群系（Form. *Tamarix ramosissima*）

（4）多枝柽柳群丛（Ass. *Tamarix ramosissima*）

5 白刺群系（Form. *Nitraria tangutorum*）

（5）白刺群丛（Ass. *Nitraria tangutorum*）

III. 荒漠植被型组

三、温带荒漠植被型

（三）小乔木荒漠植被亚型

6 梭梭群系（Form. *Haloxylon ammodendron*）

（6）梭梭群丛（Ass. *Haloxylon ammodendron*）

（四）灌木荒漠植被亚型

7 膜果麻黄群系（Form. *Ephedra przewalskii*）

（7）膜果麻黄群丛（Ass. *Ephedra przewalskii*）

8 中麻黄群系（Form. *Ephedra intermedia*）

（8）中麻黄群丛（Ass. *Ephedra intermedia*）

9 霸王群系（Form. *Zygophyllum xanthoxylon*）

（9）霸王群丛（Ass. *Zygophyllum xanthoxylon*）

10 泡泡刺群系（Form. *Nitraria sphaerocarpa*）

（10）泡泡刺群丛（Ass. *Nitraria sphaerocarpa*）

11 小果白刺群系（Form. *Nitraria sibirica*）

（11）小果白刺群丛（Ass. *Nitraria sibirica*）

12 大白刺群系（Form. *Nitraria roborowskii*）

（12）大白刺群丛（Ass. *Nitraria roborowskii*）

13 裸果木群系（Form. *Gymnocarpos przewalskii*）

（13）裸果木群丛（Ass. *Gymnocarpos przewalskii*）

14 阿拉善沙拐枣群系（Form. *Calligonum alashanicum*）

（14）阿拉善沙拐枣群丛（Ass. *Calligonum alashanicum*）

15 沙拐枣群系（Form. *Calligonum mongolicum*）

（15）沙拐枣群丛（Ass. *Calligonum mongolicum*）

16 绵刺群系（Form. *Potaninia mongolica*）

（16）绵刺群丛（Ass. *Potaninia mongolica*）

17 矮脚锦鸡儿群系（Form. *Caragana brachypoda*）

（17）矮脚锦鸡儿群丛（Ass. *Caragana brachypoda*）

18 柠条锦鸡儿群系（Form. *Caragana korshinskii*）

（18）柠条锦鸡儿群丛（Ass. *Caragana korshinskii*）

（五）半灌木、小半灌木荒漠植被亚型

19 红砂群系（Form. *Reaumuria soongarica*）

（19）红砂+黄毛头群丛（Ass. *Reaumuria soongarica*+*Kalidium cuspidatum* var. *sinicum*）

（20）红砂+珍珠猪毛菜群丛（Ass. *Reaumuria soongarica*+*Salsola passerina*）

（21）红砂+合头草群丛（Ass. *Reaumuria soongarica*+*Sympegma regelii*）

20松叶猪毛菜群系（Form. *Salsola laricifolia*）

（22）松叶猪毛菜群丛（Ass. *Salsola laricifolia*）

21珍珠猪毛菜群系（Form. *Salsola passerina*）

（23）珍珠猪毛菜群丛（Ass. *Salsola passerina*）

22驼绒藜群系（Form. *Ceratoides latens*）

（24）驼绒藜群丛（Ass. *Ceratoides latens*）

（25）驼绒藜＋猫头刺群丛（Ass. *Ceratoides latens+Oxytropis aciphylla*）

23合头草群系（Form. *Sympegma regelii*）

（26）合头草群丛（Ass. *Sympegma regelii*）

（27）合头草＋黄毛头群丛（Ass. *Sympegma regelii+Kalidium cuspidatum* var. *sinicum*）

（28）合头草＋红砂群丛（Ass. *Sympegma regelii+Reaumuria soongarica*）

（29）合头草＋膜果麻黄群丛（Ass. *Sympegma regelii+Ephedra przewalskii*）

24猫头刺群系（Form. *Oxytropis aciphylla*）

（30）猫头刺群丛（Ass. *Oxytropis aciphylla*）

25鹰爪柴群系（Form. *Convolvulus gortschakovii*）

（31）鹰爪柴群丛（Ass. *Convolvulus gortschakovii*）

26中亚紫菀木群系（Form. *Asterothamnus centrali−asiaticus*）

（32）中亚紫菀木群丛（Ass. *Asterothamnus centrali−asiaticus*）

27圆头蒿（白沙蒿）群系（Form. *Artemisia sphaerocephala*）

（33）圆头蒿（白沙蒿）群丛（Ass. *Artemisia sphaerocephala*）

（六）盐生小半灌木荒漠植被亚型

28尖叶盐爪爪群系（Form. *Kalidium cuspidatum*）

（34）尖叶盐爪爪–芨芨草群丛（Ass. *Kalidium cuspidatum-Achnatherum splendens*）

29盐爪爪群系（Form. *Kalidium foliatum*）

（35）盐爪爪群丛（Ass. *Kalidium foliatum*）

30细枝盐爪爪群系（Form. *Kalidium gracile*）

（36）细枝盐爪爪群丛（Ass. *Kalidium gracile*）

IV. 草原植被型组

四、温带草甸草原植被型

（七）根茎禾草草甸草原植被亚型

31拂子茅群系（Form. *Calamagrostis epigeios*）

（37）拂子茅群丛（Ass. *Calamagrostis epigeios*）

五、温带荒漠草原植被型

（八）丛生禾草荒漠草原植被亚型

32沙生针茅群系（Form. *Astipa caucasica* subsp. *glareosa*）

（38）沙生针茅群丛（Ass. *Astipa caucasica* subsp. *glareosa*）

（九）半灌木禾草荒漠草原植被亚型

33 内蒙古旱蒿群系（Form. *Artemisia xerophytica*）

（39）内蒙古旱蒿群丛（Ass. *Artemisia xerophytica*）

V. 草甸植被型组

六、沼泽化草甸植被型

（十）禾草沼泽化草甸植被亚型

34 芦苇群系（Form. *Phragmites australis*）

（40）芦苇群丛（Ass. *Phragmites australis*）

七、盐化草甸植被型

（十一）禾草盐化草甸植被亚型

35 芨芨草群系（Form. *Achnatherum splendens*）

（41）芨芨草群丛（Ass. *Achnatherum splendens*）

36 赖草群系（Form. *Leymus secalinus*）

（42）赖草群丛（Ass. *Leymus secalinus*）

VI. 沼泽植被型组

八、草本沼泽植被型

（十二）杂类草沼泽植被亚型

37 无苞香蒲群系（Form. *Typha laxmannii*）

（43）无苞香蒲群丛（Ass. *Typha laxmannii*）

38 西伯利亚蓼群系（Form. *Polygonum sibiricum*）

（44）西伯利亚蓼群丛（Ass. *Polygonum sibiricum*）

VII. 水生植被型组

九、沉水植被型

（十三）线叶型沉水植被亚型

39 小眼子菜群系（Form. *Potamogeton pusillus*）

（45）小眼子菜群丛（Ass. *Potamogeton pusillus*）

4 植物资源用途多样性

4.1 药用植物多样性

根据《甘肃中草药资源志》统计，保护区共有药用植物117种，约占保护区植物总数的46%（附录1）。其中，应用较为广泛的药用植物有甘草属、麻黄属、锁阳属、肉苁蓉属、枸杞属、柽柳属、芦苇属等，如甘草（*Glycyrrhiza uralensis*）、中麻黄（*Ephedra intermedia*）、萹蓄（*Polygonum aviculare*）、柽柳（*Tamarix chinensis*）、锁阳（*Cynomorium songaricum*）、肉苁蓉（*Cistanche deserticola*）、黄花补血草（*Limonium aureum*）、白麻（*Apocynum pictum*）、宁夏枸杞（*Lycium barbarum*）、黑果枸杞（*Lycium ruthenicum*）等。其中，一些种在保护区内有较高储量，如芦苇、甘草、柽柳、黄花补血草、枸杞属植物。

4.2 盐生植物多样性

根据《中国盐生植被及盐渍化生态》和相关论文著作统计，保护区有盐生植物80余种，表明保护区盐渍化土地占有相当大的面积。其中，比较典型的有盐爪爪属、驼绒藜属、碱蓬属、合头草属、猪毛菜属、红砂属等类群的植物。这些植物都是很好的盐生植物种质资源，对于保护区盐碱土壤的改良起到了重要作用。

4.3 牧草植物多样性

保护区牧草植物比较重要的有20余属，近百种。其中以禾本科和莎草科植物为主，如芨芨草（*Achnatherum splendens*）、赖草（*Leymus secalinus*）、沙生针茅（*Stipa caucasica* subsp. *glareosa*）、芦苇（*Phragmites australis*）等。也有豆科、蔷薇科等的一些草本和灌木，如黄耆属（*Astragalus*）的大多数植物，委陵菜属（*Potentilla*）的一些植物。但由于储量有限，生态环境脆弱，应禁止过度放牧。

5 植物物种优先保护评价与建议重点保护植物

5.1 国家保护植物

根据2021年国家林业和草原局、农业农村部公布的《国家重点保护野生植物名录》（第一批），保护区有国家重点保护野生植物10种，其中一级保护植物有发菜1种，二级保护植物有瓣鳞花、蒙古扁桃、绵刺、沙冬青、肉苁蓉、甘草、黑果枸杞、阿拉善单刺蓬、锁阳，共9种（表8-7）。

这些国家重点保护野生植物具有较高的科学研究价值，但现存种群规模小，生境狭窄，易于遭受人为干扰的威胁和破坏，亟待采取有效的保护措施。

表8-7 保护区天然分布国家重点保护野生植物

序号	中文名	学名	特有性	保护等级
1	发菜	*Nostoc flagelliforme*		一
2	瓣鳞花	*Frankenia pulverulenta*		二
3	蒙古扁桃	*Amygdalus mongolica*	中国特有	二
4	绵刺	*Potaninia mongolica*		二
5	沙冬青	*Ammopiptanthus mongolicus*		二
6	肉苁蓉	*Cistanche deserticola*		二
7	甘草	*Glycyrrhiza uralensis*		二
8	黑果枸杞	*Lycium ruthenicum*		二
9	阿拉善单刺蓬	*Cornulaca alaschanica*		二
10	锁阳	*Cynomorium songaricum*		二

5.2 其他有待优先保护的稀有濒危野生植物

基于样地调查和路线踏查所收集的数据资料，运用保护生物学原理和方法，综合评价了保护区重要植物种群和群落类型及生境的受威胁程度，除国家重点保护野生植物外，初步筛选出11种保护区重点保护植物，为制订保护区管理规划和植物物种保护对策提供参考依据（表8-8）。

表8-8　建议保护区重点保护植物

序号	中文名	学名
1	硬阿魏	*Ferula bungeana*
2	胡杨	*Populus euphratica*
3	驼绒藜	*Ceratoides latens*
4	单脉大黄	*Rheum uninerve*
5	短果小柱芥	*Microstigma brachycarpum*
6	蒙古莸	*Caryopteris mongholica*
7	黄花软紫草	*Arnebia guttata*
8	沙苁蓉	*Cistanche sinensis*
9	百花蒿	*Stilpnolepis centiflora*
10	三芒草	*Aristida adscensionis*
11	沙鞭	*Psammochloa villosa*

第九章　森林资源

1　林地资源

保护区面积较大，林地资源丰富。目前区内林地面积232282.86hm²，占保护区实际管理面积的58.56%，其中，乔木林地97.95hm²，占林地的0.04%；灌木林地231142.15hm²，占林地的99.51%；其他林地1042.76hm²，占0.45%。

在林分起源上，天然林121356.47hm²，占林地面积的52.25%；人工林48249.84hm²，占林地面积的20.77%。天然林盖度达到37%，人工林盖度达到35%。林分以天然林占绝对优势。保护区经过工程压沙造林、模拟飞播人工造林、封育保护，灌木林平均盖度达到36%。

2　林木资源

2.1　人工乔、灌木林资源

保护区目前有人工林48249.84hm²，其中，乔木林9.7638hm²，乔木林中沙枣林3.6166hm²，杨树林6.099hm²，榆树林0.0482hm²；灌木林48240.08hm²，其中，梭梭灌丛36228.07hm²，沙拐枣灌丛208.14hm²，柠条灌丛34.02hm²，柽柳灌丛59.93hm²，白刺灌丛11637.3hm²，其他灌丛72.6hm²。

2.2　天然灌木林资源

保护区天然灌木林面积121356.47hm²，其中，柠条灌丛13259.27hm²，柽柳灌丛84.36hm²，白刺灌丛84774.49hm²，珍珠猪毛菜灌丛3099.86hm²，绵刺灌丛563.26hm²，麻黄灌丛4455.68hm²，沙拐枣灌丛2827.32hm²，红砂灌丛6818.11hm²，盐爪爪灌丛1512.64hm²，梭梭灌丛526.53hm²，其他灌丛3428.12hm²。

保护区位于极端干旱带上，树种组成单纯，但以绵刺、红砂、盐爪爪等为建群种的群落，在半荒漠区域中有其稀有性和珍贵性，是自然历史特定环境中的珍贵遗产。

3　树种资源

据不完全统计，全区天然、人工林木树种为12科23属48种，落叶乔木有3科4属7种（表9-1），灌木有10科20属41种。

通过对保护区灌木林植被分类统计分析，可看出优势科几乎全为世界广布科，这反映出保护区气候的严酷性。干旱的荒漠气候使温带的有广布性的大科以其庞大的种系和适应能力在此环境恶劣的地域取得优势。

表9-1　保护区主要树种

科	属	种
杨柳科	杨属	胡杨、二白杨、箭杆杨、小叶杨
	柳属	旱柳、北沙柳、线叶柳
藜科	盐爪爪属	尖叶盐爪爪、盐爪爪、细枝盐爪爪、圆叶盐爪爪
	梭梭属	梭梭
	驼绒藜属	驼绒藜
	猪毛菜属	松叶猪毛菜
蔷薇科	桃属	蒙古扁桃
	绵刺属	绵刺
麻黄科	麻黄属	中麻黄、膜果麻黄
豆科	山竹子属	细枝山竹子、蒙古山竹子、红花山竹子
	锦鸡儿属	柠条锦鸡儿、矮脚锦鸡儿
	沙冬青属	沙冬青
	铃铛刺属	铃铛刺
蓼科	木蓼属	沙木蓼
	沙拐枣属	沙拐枣、甘肃沙拐枣、阿拉善沙拐枣
柽柳科	红砂属	红砂
	柽柳属	白花柽柳、柽柳、长穗柽柳、盐地柽柳、细穗柽柳、多枝柽柳
蒺藜科	霸王属	霸王
毛茛科	铁线莲属	灰叶铁线莲
胡颓子科	胡颓子属	沙枣
马鞭草科	莸属	蒙古莸
	枸杞属	宁夏枸杞、黄果枸杞、枸杞、黑果枸杞
白刺科	白刺属	大白刺、泡泡刺、小果白刺、白刺

　　保护区的森林资源中，乔木树种只有6种，且胡杨和沙枣十分罕见，而灌木是保护区最基本的森林类型。

第十章 陆栖野生脊椎动物资源

1 研究现状

　　曾有许多动物学领域的专家多次对保护区野生动物资源进行调查和考察，取得了包括保护区野生动物资源的第一手资料，为保护区系统地研究野生动物资源奠定了基础。最早在连古城自然保护区开展的鸟类研究始于常城（1994）对民勤县繁殖鸟类群落及演替的研究。1995年开始为期5年的全省陆生野生动物资源调查，为进一步了解保护区野生动物资源状况创造了条件。2000年国家林业局林业调查规划院和甘肃民勤连古城国家级自然保护区联合组对保护区野生动物资源进行了考察，根据有关资料记载和相关考察，确定保护区分布的陆生野生动物约89种，隶属24目43科，其中两栖纲1目1科2种，爬行纲2目3科5种，鸟纲15目29科68种，兽纲6目10科16种，为保护区野生动物资源调查研究奠定了基础。戴怡龄等（2002）分析比较了处于高寒地带的肃南县皇城区和荒漠地带的民勤治沙站的动物多样性，共观察和采集到动物141种，分属8纲26目94科，其中民勤治沙站记录到的鸟类共计8目23科23种。马存世等（2010）在保护区境内发现了保护区鸟类新纪录——凤头百灵，探讨了影响保护区生物多样性的因素，并提出了保护对策。顾振东等（2012）在保护区发现了黑尾地鸦。张杰等（2014）在民勤石羊河国家湿地公园、民勤连古城国家级自然保护区发现了鸟类新纪录——猎隼、红隼、崖沙燕。赵多明等（2015）对保护区内药用两栖类、爬行类、鸟类、兽类动物资源进行了初步调查研究与评价，并就保护区内动植物资源特征，提出有针对性的管理对策。赵多明（2016）报道了民勤连古城国家级自然保护区蛇类新纪录——红沙蟒，鸟类新纪录——石鸡和白背矶鸫。陈章（2017）对民勤连古城保护区内不同季节、不同生境的鸟类资源做了调查。共发现鸟类17目32科54属84种。李隆（2018）对保护区4种生境中的鸟类分布进行了调查。共记录鸟类16目37科92种，其中留鸟41种、夏候鸟35种、冬候鸟12种、旅鸟4种。胡洁（2019）对甘肃民勤样区春季鸟类群落结构和多样性进行了调查。共记录到鸟类102种，隶属于17目39科。张勇（2020）对民勤县陆栖野生脊椎动物的种类、分布型、动物区系等进行了专项调查。结果表明，民勤县陆栖野生脊椎动物分属4纲25目54科98属143种，其中两栖纲1目2科2属2种，爬行纲1目6科7属9种，鸟纲17目35科73属115种，哺乳纲6目11科16属17种。并对保护区的两栖爬行动物的种类、数量和分布特征等进行了实地调查。结果显示，保护区两栖类动物1目2科2属2种，爬行类动物1目6科7属9种。陈应武（2020）对腾格里沙漠东南缘陆生野生脊椎动物的种类及分布特征等进行了调查，并结合沙坡头国家级自然保护区、民勤连古城自然保护区和腾格里沙漠自治区级自然保护区已有监测数据和文献记载，分析了腾格里沙漠陆生野生脊椎动物多样性及区系。通过野外调查并查阅文献资料，甘肃民勤连古城国家级自然保护区共有陆栖野生脊椎动物180种，隶属4纲28目63科115属。

2 研究结果

2.1 陆栖野生脊椎动物物种概况

经过4年的野外调查，在保护区及周边内共拍摄动物群落、种群和个体等层次的数码照片3500余幅，经鉴定，确定陆栖野生脊椎动物128种，文献记载与访问调查52种。

根据调查和查阅有关文献可知，甘肃民勤连古城国家级自然保护区共有陆栖野生脊椎动物180种（附录2），隶属4纲28目63科115属，占甘肃省物种总数的21.25%，占全国物种总数的7.24%。鸟纲（Aves）20目46科89属151种，哺乳纲（Mammalia）6目9科16属17种，爬行纲（Reptilia）1目6科7属9种，两栖纲（Amphibian）仅1目2科3属3种。从动物类群组成看，保护区陆栖野生脊椎动物以鸟类占优势，占保护区物种总数的83.89%，占甘肃省物种总数的26.31%，占全国物种总数的12.14%；哺乳类次之，占保护区物种总数的9.44%，占甘肃省物种总数的9.71%，占全国物种总数的2.93%；爬行类占保护区物种总数的5.00%，占甘肃省物种总数的13.85%，占全国物种总数的2.39%；而两栖类最少，仅占保护区物种总数的1.67%，占甘肃省物种总数的9.09%，占全国物种总数的1.06%（表10-1）。

表10-1　陆栖野生脊椎动物分类统计

动物类群	目数	科数	属数	物种数	占保护区物种百分比（%）	占甘肃省物种百分比（%）	占全国物种百分比（%）
两栖纲	1	2	3	3	1.67	9.09	1.06
爬行纲	1	6	7	9	5.00	13.85	2.39
鸟纲	20	46	89	151	83.89	26.31	12.14
哺乳纲	6	9	16	17	9.44	9.71	2.93
总计	28	63	115	180	100	21.25	7.24

在动物地理区划上，保护区陆栖野生脊椎动物按区系划分为3种：广布种、东洋种和古北种。保护区有古北界物种91种，占物种总数的50.56%；广布种88种，占物种总数的48.89%；东洋界种1种，占物种总数的0.56%。其中，两栖动物广布种2种，古北界1种；爬行动物广布种1种，古北界8种；鸟类广布种79种，古北界71种，东洋界1种；哺乳类广布种6种，古北界11种（表10-2）。

表10-2　陆栖野生脊椎动物区系组成

区系组成		物种数	占各纲百分比（%）	占总数百分比（%）	总物种数［占总数百分比（%）］
广布种	两栖纲	2	66.67	1.11	88（48.89）
	爬行纲	1	11.11	0.56	
	鸟纲	79	52.32	43.89	
	哺乳纲	6	35.29	3.33	

区系组成		物种数	占各纲百分比（%）	占总数百分比（%）	总物种数［占总数百分比（%）］
古北界	两栖纲	1	33.33	0.56	91（50.56）
	爬行纲	8	88.89	4.44	
	鸟纲	71	47.02	39.44	
	哺乳纲	11	64.71	6.11	
东洋界	鸟纲	1	0.66	0.56	1（0.56）

保护区陆栖野生脊椎动物种的分布型有10种：全北型、古北型、东北型、东北－华北型、季风区型、中亚型、高地型、喜马拉雅－横断山区型、东洋型和不易归类型。古北型最多，50种，占物种总数的27.76%；不易归类型次之，37种，占物种总数的20.56%；中亚型34种，占物种总数的18.89%；全北型28种，占物种总数的15.56%；东洋型11种，占物种总数的6.11%；东北型10种，占物种总数的5.56%；东北－华北型4种，占物种总数的2.22%；季风区型3种，占物种总数的1.67%；高地型2种，占物种总数的1.11%；喜马拉雅－横断山区型1种，占物种总数的0.56%（表10-3）。

表10-3　陆栖野生脊椎动物分布型

分布型	两栖纲	爬行纲	鸟纲	哺乳纲	总计	百分比（%）
古北型		1	44	5	50	27.76
不易归类型			36	1	37	20.56
中亚型		8	16	10	34	18.89
全北型			27	1	28	15.56
东洋型			11		11	6.11
东北型			10		10	5.56
东北－华北型	2		2		4	2.22
季风区型	1		2		3	1.67
高地型			2		2	1.11
喜马拉雅－横断山区型			1		1	0.56
总计	3	9	151	17	180	100

2.2　陆栖野生脊椎动物各类群分述

2.2.1　两栖类动物

保护区两栖类动物1目2科3属3种，均属无尾目，蟾蜍科1属1种，蛙科2属2种。两栖类动物按地理区系划分，属于广布种的有2种，属于古北界的有1种。分布型有2种，其中，东北－华北型有1种，季风区型有1种。

2.2.2　爬行类动物

保护区爬行类动物1目6科7属9种，均属有鳞目，游蛇科有2属，其他各科只有1属。麻蜥属（*Eremias*）的种类最多，有3种，其他属各1种。爬行类动物按地理区系划分，古北界有8种，广布种1种。分布型有中亚型（8种）和古北型（1种）。

2.2.3 鸟类动物

保护区鸟类151种，20目46科89属。其中，雀形目种类最多，18科29属51种，其次为鸻形目，5科12属24种。种类最多的科为鸭科，种类最多的属有鸭属（*Anas*）、隼属（*Falco*）、鹬属（*Tringa*）。鸟类按地理区系划分，广布种有79种，古北界有71种，东洋界1种。分布型有10种，以古北型种类最多，不易归类型种类次之。

2.2.4 哺乳类动物

保护区哺乳类动物6目9科16属17种，其中以啮齿目种类居多，2科7属7种，食肉目次之，3科5属6种。种类最多的科为鼠科，均有5属5种。种类最多的属为狐属（*Vulpes*），有2种。哺乳类动物按地理区系划分，区系成分有2种：古北界11种，广布种6种，典型的荒漠和半荒漠物种居多，以蒙新区的特点为主。分布型有4种：中亚型10种，古北型5种，全北型1种，不易归类型1种。

2.3 珍稀濒危物种

保护区分布的陆栖野生脊椎动物列入《国家重点保护野生动物名录》（2021）的有41种，国家一级保护动物有金雕（*Aquila chrysaetos*）、黑脸琵鹭（*Platalea minor*）、玉带海雕（*Haliaeetus leucoryphus*）、荒漠猫（*Felis bieti*）等11种；国家二级保护动物有红沙蟒（*Eryx miliaris*）、大鵟（*Buteo hemilasius*）、红隼（*Falco tinnunculus*）、赤狐（*Vulpes vulpes*）、鹅喉羚（*Gazella subgutturosa*）等30种。列入《中国脊椎动物红色名录》极危1种、濒危4种、易危7种、近危11种、无危157种。列入《濒危野生动植物种国际贸易公约》附录（2019）31种，附录Ⅰ4种，附录Ⅱ27种。列入中日保护候鸟协定的66种。列入中澳保护候鸟协定的21种。列入《国家保护的有益的或者有重要经济、科学研究价值的陆生野生动物名录》的121种。该保护区珍稀濒危野生动物相对丰富。中国林蛙（*Rana chensinensis*）、白尾地鸦（*Podoces biddulphi*）和荒漠沙蜥（*Phrynocephalus przewalskii*）为中国特有种。

2.4 陆栖野生脊椎动物分布特征

根据保护区自然地理环境、植被类型和陆栖野生脊椎动物的分布特点，将生境类型划分为5种：戈壁、沙漠、山地、湿地水域和农田－居民区。

在湿地水域生境中分布栖息的陆栖野生脊椎动物最多，123种，占保护区物种总数的68.33%，鸟类最多107种，哺乳类次之13种，爬行类最少7种；两栖类最少3种；在农田－居民区生境中分布栖息87种，山地生境中分布栖息86种，戈壁中分布栖息82种，沙漠生境中分布栖息的物种最少71种（表10-4）。

表10-4 保护区陆栖野生脊椎动物分布的生境

生境	两栖纲	爬行纲	鸟纲	哺乳纲	合计	百分比（%）
戈壁	0	7	63	12	82	45.56
沙漠	0	9	49	13	71	39.44
山地	0	7	67	12	86	47.78
湿地水域	3	7	107	6	123	68.33
农田－居民区	3	7	64	13	87	48.33

2.5　动物资源

陆栖野生脊椎动物是生态系统的重要组成部分。生态环境为动物的觅食、隐匿和繁殖提供了极为有利的条件，动物的活动又对森林生态的平衡起着十分重要的作用，动物通过捕食活动，可促进森林更新、控制有害生物和净化环境，对维持自然生态平衡意义重大。

根据其食性分析，以动物为食的有红沙蟒、花条蛇、白条锦蛇、中介蝮、草鹭、苍鹭、牛背鹭、池鹭、大白鹭、黄斑苇鸭、黑脸琵鹭、白琵鹭、黑鹳、卷羽鹈鹕、普通鸬鹚、赤麻鸭、白眼潜鸭、红头潜鸭、赤嘴潜鸭、绿头鸭、绿翅鸭、赤膀鸭、针尾鸭、斑嘴鸭、琵嘴鸭、斑头秋沙鸭、普通秋沙鸭、鹊鸭、大天鹅、苍鹰、雀鹰、凤头蜂鹰、白头鹞、金雕、白肩雕、草原雕、玉带海雕、白尾海雕、棕尾鵟、普通鵟、大鵟、鹗、游隼、灰背隼、猎隼、红隼、燕隼、红脚隼、环颈雉、石鸡、灰鹤、大鸨、白骨顶、黑水鸡、凤头麦鸡、灰头麦鸡、金眶鸻、蒙古沙鸻、环颈鸻、红脚鹬、青脚鹬、白腰草鹬、林鹬、鹤鹬、矶鹬、长趾滨鹬、丘鹬、针尾沙锥、扇尾沙锥、孤沙锥、黑翅长脚鹬、反嘴鹬、普通燕鸻、渔鸥、红嘴鸥、棕头鸥、灰翅浮鸥、普通燕鸥、长耳鸮、短耳鸮、雕鸮、纵纹腹小鸮、普通夜鹰、普通翠鸟、小鹀鹠、黄头鹡鸰、灰喜鹊、艾鼬、虎鼬、亚洲狗獾、荒漠猫、沙狐、赤狐等93种，食肉动物的种类丰富，与红崖山水库和青土湖湿地鱼类和保护区内鼠兔种类及数量多有关，为食肉动物提供了丰富的食物保障。其中，食啮齿动物有：红沙蟒、花条蛇、白条锦蛇、中介蝮、苍鹰、雀鹰、凤头蜂鹰、白头鹞、金雕、白肩雕、草原雕、玉带海雕、棕尾鵟、普通鵟、大鵟、游隼、灰背隼、猎隼、红隼、燕隼、红脚隼、石鸡、灰鹤、大鸨、白骨顶、黑水鸡、针尾沙锥、扇尾沙锥、孤沙锥、长耳鸮、短耳鸮、雕鸮、纵纹腹小鸮、普通夜鹰、楔尾伯劳、灰伯劳、大苇莺、艾鼬、虎鼬、亚洲狗獾、荒漠猫、沙狐、赤狐等43种，它们对保护区鼠兔害的控制作用明显，对维持本区域荒漠生态系统平衡起着十分重要的作用。

以植物和种子为食的动物有石鸡、灰鹤、大鸨、白骨顶、黑水鸡、楔尾伯劳、灰伯劳、大苇莺、黑鹳、赤嘴潜鸭、灰雁、豆雁、环颈雉、蓑羽鹤、毛腿沙鸡、岩鸽、原鸽、山斑鸠、灰斑鸠、角百灵、凤头百灵、云雀、家燕、崖沙燕、田鹨、白鹡鸰、黄鹡鸰、灰鹡鸰、黄头鹡鸰、太平鸟、荒漠伯劳、灰背伯劳、红尾伯劳、紫翅椋鸟、灰椋鸟、喜鹊、灰喜鹊、秃鼻乌鸦、小嘴乌鸦、大嘴乌鸦、寒鸦、红嘴山鸦、白尾地鸦、黑尾地鸦、漠鹏、白顶鹏、沙鹏、穗鹏、北红尾鸲、白背矶鸫、红尾斑鸫、白腹鸫、赤颈鸫、东方大苇莺、褐柳莺、漠白喉林莺、白喉林莺、文须雀、山鹛、麻雀、黑顶麻雀、家麻雀、金翅雀、大山雀、小鹀、灰头鹀、黑卷尾、蒙古兔、鹅喉羚、褐家鼠、小家鼠、三趾跳鼠、五趾跳鼠、麝鼠、大沙鼠、子午沙鼠76种。鼠兔是保护区的主要害兽，它们不仅啃食树皮、树根和草根，而且啃食幼树、苗木，使林地受害严重。因此保护区应充分利用生物防治手段，保护好猛禽、艾虎、荒漠猫、赤狐、沙狐等天敌，维护保护区自然生态平衡。

食虫的动物有花背蟾蜍、中国林蛙、黑斑侧褶蛙、隐耳漠虎、荒漠沙蜥、密点麻蜥、虫纹麻蜥、荒漠麻蜥、白条锦蛇、中介蝮、池鹭、大白鹭、黑鹳、灰雁、石鸡、灰鹤、蓑羽鹤、大鸨、白骨顶、黑水鸡、丘鹬、针尾沙锥、扇尾沙锥、孤沙锥、毛腿沙鸡、岩鸽、原鸽、大杜鹃、白腰雨燕、小白腰雨燕、普通雨燕、戴胜、大斑啄木鸟、小鹀鹠、角百灵、凤头百灵、云雀、家燕、崖沙燕、田鹨、白鹡鸰、黄鹡鸰、灰鹡鸰、黄头鹡鸰、荒漠伯劳、灰背伯劳、楔尾伯劳、红尾伯劳、灰伯劳、紫翅椋鸟、灰椋鸟、喜鹊、灰喜鹊、秃鼻乌鸦、小嘴乌鸦、大嘴乌鸦、寒鸦、黑尾地鸦、漠鹛、白顶鹛、沙鹛、穗鹛、北红尾鸲、白背矶鸫、红尾斑鸫、白腹鸫、赤颈鸫、大苇莺、东方大苇莺、褐柳莺、漠白喉林莺、白喉林莺、山鹛、麻雀、黑顶麻雀、家麻雀、大山雀、小鸦、灰头鸦、黑卷尾、普通蝙蝠、艾鼬、虎鼬、亚洲狗獾、荒漠猫、沙狐、赤狐、大耳猬等88种，在消灭害虫、保护森林植被、维护生态平衡等方面，起着极其重要的作用。

保护区分布的陆栖野生脊椎动物列入《国家重点保护野生动物名录》（1989）的有27种，国家一级重点保护动物有6种：金雕（*Aquila chrysaetos*）、黑鹳（*Ciconia nigra*）、白肩雕（*Aquila heliaca*）、玉带海雕（*Haliaeetus leucoryphus*）、白尾海雕（*Haliaeetus albicilla*）、大鸨（*Otis tarda*）；国家二级重点保护动物有21种：黑脸琵鹭（*Platalea minor*）、白琵鹭（*Platalea leucorodia*）、卷羽鹈鹕（*Pelecanus crispus*）、苍鹰（*Accipiter gentilis*）、雀鹰（*Accipiter nisus*）、凤头蜂鹰（*Pernis ptilorhynchus*）、白头鹞（*Circus aeruginosus*）、草原雕（*Aquila rapax*）、棕尾鵟（*Buteo rufinus*）、普通鵟（*Buteo buteo*）、大鵟（*Buteo hemilasius*）、游隼（*Falco peregrinus*）、灰背隼（*Falco columbarius*）、猎隼（*Falco cherrug*）、红隼（*Falco tinnunculus*）、燕隼（*Falco subbuteo*）、红脚隼（*Falco amurensis*）、灰鹤（*Grus grus*）、蓑羽鹤（*Anthropoides virgo*）、荒漠猫（*Felis bieti*）、鹅喉羚（*Gazella subgutturosa*）。

列入《国家重点保护野生动物名录》（2021）的有41种，国家一级保护动物有11种：黑脸琵鹭（*Platalea minor*）、黑鹳（*Ciconia nigra*）、卷羽鹈鹕（*Pelecanus crispus*）、金雕（*Aquila chrysaetos*）、白肩雕（*Aquila heliaca*）、草原雕（*Aquila rapax*）、玉带海雕（*Haliaeetus leucoryphus*）、白尾海雕（*Haliaeetus albicilla*）、猎隼（*Falco cherrug*）、大鸨（*Otis tarda*）、荒漠猫（*Felis bieti*）。国家二级保护动物有30种：红沙蟒（*Eryx miliaris*）、白琵鹭（*Platalea leucorodia*）、斑头秋沙鸭（*Mergellus albellus*）、大天鹅（*Cygnus cygnus*）、苍鹰（*Accipiter gentilis*）、雀鹰（*Accipiter nisus*）、凤头蜂鹰（*Pernis ptilorhynchus*）、白头鹞（*Circus aeruginosus*）、棕尾鵟（*Buteo rufinus*）、普通鵟（*Buteo buteo*）、大鵟（*Buteo hemilasius*）、鹗（*Pandion haliaetus*）、游隼（*Falco peregrinus*）、灰背隼（*Falco columbarius*）、红隼（*Falco tinnunculus*）、燕隼（*Falco subbuteo*）、红脚隼（*Falco amurensis*）、灰鹤（*Grus grus*）、蓑羽鹤（*Anthropoides virgo*）、长耳鸮（*Asio otus*）、短耳鸮（*Asio flammeus*）、雕鸮（*Bubo bubo*）、纵纹腹小鸮（*Athene noctua*）、黑颈鹧鸪（*Podiceps nigricollis*）、云雀（*Alauda arvensis*）、白尾地鸦（*Podoces biddulphi*）、黑尾地鸦（*Podoces hendersoni*）、沙狐（*Vulpes corsac*）、赤狐（*Vulpes vulpes*）、鹅喉羚（*Gazella subgutturosa*）。

列入《中国濒危动物红皮书》（1998）的21种，濒危（E）3种：黑脸琵鹭（*Platalea minor*）、黑鹳（*Ciconia nigra*）、荒漠猫（*Felis bieti*）；易危（V）11种：中国林蛙（*Rana chensinensis*）、白琵鹭（*Platalea leucorodia*）、大天鹅（*Cygnus cygnus*）、凤头蜂鹰（*Pernis ptilorhynchus*）、金雕（*Aquila chrysaetos*）、白肩雕（*Aquila heliaca*）、草原雕（*Aquila rapax*）、玉带海雕（*Haliaeetus leucoryphus*）、猎隼（*Falco cherrug*）、大鸨（*Otis tarda*）、鹅喉羚（*Gazella subgutturosa*）；稀有

（R）4种：棕尾鵟（*Buteo rufinus*）、鹗（*Pandion haliaetus*）、雕鸮（*Bubo bubo*）、虎鼬（*Vormela peregusna*）；未定等级（I）3种：中介蝮（*Gloydius intermedius*）、白尾海雕（*Haliaeetus albicilla*）、蓑羽鹤（*Anthropoides virgo*）。

列入《中国物种红色名录》（2004）极危（CR）1种：荒漠猫（*Felis bieti*）；濒危（EN）1种：黑脸琵鹭（*Platalea minor*）；易危（VU）9种：中介蝮（*Gloydius intermedius*）、卷羽鹈鹕（*Pelecanus crispus*）、白肩雕（*Aquila heliaca*）、玉带海雕（*Haliaeetus leucoryphus*）、大鸨（*Otis tarda*）、山鹛（*Rhopophilus pekinensis*）、虎鼬（*Vormela peregusna*）、沙狐（*Vulpes corsac*）、赤狐（*Vulpes vulpes*）；近危（NT）11种：黑斑侧褶蛙（*Pelophylax nigromaculatus*）、白眼潜鸭（*Authya nyroca*）、大天鹅（*Cygnus cygnus*）、白尾海雕（*Haliaeetus albicilla*）、白尾地鸦（*Podoces biddulphi*）、黑尾地鸦（*Podoces hendersoni*）、麻雀（*Passer montanus*）、艾鼬（*Mustela eversmanni*）、亚洲狗獾（*Meles meles*）、大耳猬（*Hemiechinus auritus*）、鹅喉羚（*Gazella subgutturosa*）；无危（LC）158种。

列入《世界自然保护联盟濒危物种红色名录》（IUCN红色名录）（2002）极危（CR）1种：黑脸琵鹭（*Platalea minor*）；易危（VU）10种：红沙蟒（*Eryx miliaris*）、卷羽鹈鹕（*Pelecanus crispus*）、白眼潜鸭（*Authya nyroca*）、白肩雕（*Aquila heliaca*）、玉带海雕（*Haliaeetus leucoryphus*）、大鸨（*Otis tarda*）、黑尾地鸦（*Podoces hendersoni*）、艾鼬（*Mustela eversmanni*）、荒漠猫（*Felis bieti*）、鹅喉羚（*Gazella subgutturosa*）；近危（NT）5种：花条蛇（*Psammophis lineolatus*）、中介蝮（*Gloydius intermedius*）、白琵鹭（*Platalea leucorodia*）、苍鹰（*Accipiter gentilis*）、白尾海雕（*Haliaeetus albicilla*）；数据缺乏（DD）：沙狐（*Vulpes corsac*）；无危（LC）163种。

列入《濒危野生动植物种国际贸易公约》（CITES）附录（2019）31种，附录I 4种：卷羽鹈鹕（*Pelecanus crispus*）、白肩雕（*Aquila heliacal*）、白尾海雕（*Haliaeetus albicilla*）、游隼（*Falco peregrinus*）；附录II 27种：红沙蟒（*Eryx miliaris*）、白琵鹭（*Platalea leucorodia*）、黑鹳（*Ciconia nigra*）、苍鹰（*Accipiter gentilis*）、雀鹰（*Accipiter nisus*）、凤头蜂鹰（*Pernis ptilorhynchus*）、白头鹞（*Circus aeruginosus*）、金雕（*Aquila chrysaetos*）、草原雕（*Aquila rapax*）、玉带海雕（*Haliaeetus leucoryphus*）、棕尾鵟（*Buteo rufinus*）、普通鵟（*Buteo buteo*）、大鵟（*Buteo hemilasius*）、鹗（*Pandion haliaetus*）、灰背隼（*Falco columbarius*）、猎隼（*Falco cherrug*）、红隼（*Falco tinnunculus*）、燕隼（*Falco subbuteo*）、红脚隼（*Falco amurensis*）、灰鹤（*Grus grus*）、蓑羽鹤（*Anthropoides virgo*）、大鸨（*Otis tarda*）、长耳鸮（*Asio otus*）、短耳鸮（*Asio flammeus*）、雕鸮（*Bubo bubo*）、纵纹腹小鸮（*Athene noctua*）、荒漠猫（*Felis bieti*）。

列入中日保护候鸟及其栖息环境协定的66种：草鹭（*Ardea purpurea*）、牛背鹭（*Bubulcus ibis*）、大白鹭（*Egretta alba*）、夜鹭（*Nycticorax nycticorax*）、黑脸琵鹭（*Platalea minor*）、白琵鹭（*Platalea leucorodia*）、黑鹳（*Ciconia nigra*）、赤麻鸭（*Tadorna ferruginea*）、红头潜鸭（*Aythya ferina*）、凤头潜鸭（*Aythya fuligula*）、绿头鸭（*Anas platyrhynchos*）、绿翅鸭（*Anas crecca*）、赤膀鸭（*Anas strepera*）、针尾鸭（*Anas acuta*）、琵嘴鸭（*Anas clypeata*）、斑头秋沙鸭

（*Mergellus albellus*）、普通秋沙鸭（*Mergus merganser*）、鹊鸭（*Bucephala clangula*）、豆雁（*Anser fabalis*）、大天鹅（*Cygnus cygnus*）、白头鹞（*Circus aeruginosus*）、灰背隼（*Falco columbarius*）、燕隼（*Falco subbuteo*）、灰鹤（*Grus grus*）、黑水鸡（*Gallinula chloropus*）、凤头麦鸡（*Vanellus vanellus*）、蒙古沙鸻（*Charadrius mongolus*）、红脚鹬（*Tringa totanus*）、青脚鹬（*Tringa nebularia*）、白腰草鹬（*Tringa ochropus*）、林鹬（*Tringa glareola*）、鹤鹬（*Tringa erythropus*）、矶鹬（*Tringa hypoleucos*）、长趾滨鹬（*Calidris subminuta*）、丘鹬（*Scolopax rusticola*）、扇尾沙锥（*Gallinago gallinago*）、孤沙锥（*Gallinago solitaria*）、黑翅长脚鹬（*Himantopus himantopus*）、反嘴鹬（*Recurvirostra avosetta*）、红嘴鸥（*Larus ridibundus*）、普通燕鸥（*Sterna hirundo*）、大杜鹃（*Cuculus canorus*）、长耳鸮（*Asio otus*）、短耳鸮（*Asio flammeus*）、普通夜鹰（*Caprimulgus indicus*）、白腰雨燕（*Apus pacificus*）、小白腰雨燕（*Apus affinis*）、凤头䴙䴘（*Podiceps cristatus*）、黑颈䴙䴘（*Podiceps nigricollis*）、角百灵（*Eremophila alpestris*）、家燕（*Hirundo rustica*）、崖沙燕（*Riparia riparia*）、田鹨（*Anthus novaeseelandiae*）、白鹡鸰（*Motacilla alba*）、黄鹡鸰（*Motacilla flava*）、黄头鹡鸰（*Motacilla citreola*）、太平鸟（*Bombycilla garrulus*）、红尾伯劳（*Lanius cristatus*）、灰伯劳（*Lanius excubitor*）、秃鼻乌鸦（*Corvus frugilegus*）、寒鸦（*Corvus monedula*）、北红尾鸲（*Phoenicurus auroreus*）、白腹鸫（*Turdus pallidus*）、大苇莺（*Acrocephalus arundinaceus*）、小鹀（*Emberiza pusilla*）、灰头鹀（*Emberiza spodocephala*），占保护区鸟类总数的43.7%，占中日保护候鸟及其栖息环境协定种类的29.07%。

列入中澳保护候鸟及其栖息环境协定的21种：牛背鹭（*Bubulcus ibis*）、大白鹭（*Egretta alba*）、黄斑苇鳽（*Ixobrychus sinensis*）、琵嘴鸭（*Anas clypeata*）、金眶鸻（*Charadrius dubius*）、蒙古沙鸻（*Charadrius mongolus*）、红脚鹬（*Tringa totanus*）、青脚鹬（*Tringa nebularia*）、林鹬（*Tringa glareola*）、矶鹬（*Tringa hypoleucos*）、长趾滨鹬（*Calidris subminuta*）、针尾沙锥（*Gallinago stenura*）、普通燕鸻（*Glareola maldivarum*）、普通燕鸥（*Sterna hirundo*）、白腰雨燕（*Apus pacificus*）、家燕（*Hirundo rustica*）、白鹡鸰（*Motacilla alba*）、黄鹡鸰（*Motacilla flava*）、灰鹡鸰（*Motacilla cinerea*）、黄头鹡鸰（*Motacilla citreola*）、大苇莺（*Acrocephalus arundinaceus*），占保护区鸟类总数的13.9%，占中澳保护候鸟及其栖息环境协定种类的25.92%。

中国林蛙（*Rana chensinensis*）、白尾地鸦（*Podoces biddulphi*）和荒漠沙蜥（*Phrynocephalus przewalskii*）为中国特有种。

2.6　G-F指数特征

通过G-F指数分析，可见保护区鸟类（$D_G = 4.25$，$D_F = 18.19$，$D_{G-F} = 0.77$）物种多样性最高，且在科、属水平上都较为丰富，哺乳类（$D_G = 2.56$，$D_F = 2.30$，$D_{G-F} = -0.11$）次之，而两栖爬行类最低。保护区鸟类种数占保护区陆栖野生脊椎动物总数的83.89%，且有27个非单种科和31个非单种属，由于科间、属间的多样性程度高，造成鸟类物种多样性远大于哺乳类和两栖爬行类（表10-5）。

表 10-5　陆栖野生脊椎动物 G-F 指数

纲	科数	属数	物种数	非单种科数	非单种属数	G 指数	F 指数	G-F 指数
两栖纲	2	3	3	1	0	1.10	0.69	−0.59
爬行纲	6	7	9	2	1	1.83	0.69	−1.65
鸟纲	46	89	151	27	31	4.25	18.19	0.77
哺乳纲	9	16	17	4	1	2.56	2.30	−0.11

　　从 G-F 指数分析来看，鸟类的 G-F 指数较高，是因为鸟类的非单种科、非单种属较其他 3 类动物丰富，同时也说明了保护区鸟类的物种分化水平低，亲缘关系近。哺乳类和两栖爬行类的 G-F 指数比较低，说明哺乳类和两栖爬行类物种多样性不高，资源匮乏。物种多样性与气候、栖息地相关。保护区常年干燥，蒸发强烈，自然气候干旱、风大沙多，生境破碎化和退化严重，空间异质性单一，生态系统极其脆弱，两栖类动物生存需要水陆 2 种生境；爬行类动物活动、栖息环境较固定，植被稀疏，灌丛生境较少，严重影响生存状态，因此两栖爬行类物种多样性水平较低。哺乳类动物活动距离较远，相对两栖爬行类动物，更能适应环境。鸟类运动能力强，可长距离迁徙，所以种类相对丰富，物种多样性最高。极端干旱的自然环境条件不适宜脊椎动物存活与发展，保护区哺乳类和两栖爬行类资源相对较贫乏，是由保护区特殊的地理位置、动物区系演化历史、环境因素和物种自因素决定的。

第十一章　昆虫资源

1　保护区害虫及天敌昆虫种类

本次科考共调查到保护区的害虫及天敌昆虫共计65科245种，经与第一期综合科学考察结果对照，新增7科96种昆虫及2种叶螨。两期综合科学考察共计发现昆虫13目94科365种，螨类1目2科5种（表11-1）。其中，鞘翅目、鳞翅目、半翅目、直翅目、膜翅目类群丰富，分别占总科数的21.88%、19.79%、16.67%、11.46%、11.46%，占总种类数的31.62%、14.32%、14.05%、12.43%、7.30%。双翅目虽然只有6个科，但种类较多（36种），占全部种类的9.73%。

表11-1　保护区昆虫种类

序号	目	科		种	
		科数	百分比（%）	种数	百分比（%）
1	革翅目	1	1.04	2	0.54
2	螳螂目	1	1.04	3	0.81
3	蜻蜓目	3	3.13	12	3.24
4	脉翅目	2	2.08	12	3.24
5	半翅目	16	16.67	52	14.05
6	膜翅目	11	11.46	27	7.30
7	双翅目	6	6.25	36	9.73
8	直翅目	11	11.46	46	12.43
9	鞘翅目	21	21.88	117	31.62
10	广翅目	1	1.04	1	0.27
11	缨翅目	1	1.04	3	0.81
12	鳞翅目	19	19.79	53	14.32
13	襀翅目	1	1.04	1	0.27
14	真螨目（蛛形纲）	2	2.08	5	1.35
	合计	96	100	370	100

在370种昆虫和螨类中，有害虫241种，害螨5种，分属于8目66科（表11-2）。其中，鞘翅目、鳞翅目、半翅目、直翅目害虫类群多，分别占总科数的25.76%、28.79%、19.70%、16.67%，占总种类数的34.15%、21.54%、19.51%、18.29%。

表11-2　保护区害虫种类

序号	目	科		种	
		科数	百分比（%）	种数	百分比（%）
1	缨翅目	1	1.52	3	1.22
2	半翅目	13	19.70	48	19.51
3	膜翅目	1	1.52	3	1.22
4	双翅目	2	3.03	5	2.03
5	直翅目	11	16.67	45	18.29
6	鳞翅目	19	28.79	53	21.54
7	鞘翅目	17	25.76	84	34.15
8	真螨目（蛛形纲）	2	3.03	5	2.03
合计		66	100	246	100

保护区天敌种类较多，共有113种，隶属于10目26科（表11-3）。其中，鞘翅目、双翅目、膜翅目种类丰富，分别占总种类数的27.43%、25.66%、15.93%。

表11-3　保护区天敌昆虫种类

序号	目	科		种	
		科数	百分比（%）	种数	百分比（%）
1	革翅目	1	3.85	2	1.77
2	螳螂目	1	3.85	3	2.65
3	蜻蜓目	3	11.54	12	10.62
4	脉翅目	2	7.69	12	10.62
5	半翅目	3	11.54	4	3.54
6	膜翅目	7	26.92	18	15.93
7	双翅目	4	15.38	31	25.66
8	直翅目	1	3.85	1	0.88
9	鞘翅目	3	11.54	31	27.43
10	广翅目	1	3.85	1	0.88
合计		26	100	113	100

通过样地定点调查表明（表11-4），在害虫中，夜蛾科的僧夜蛾、叶甲科的沙蒿金叶甲、白刺粗角萤叶甲和蝗虫类，种群数量较大，若遇适宜条件，有暴发成灾的风险。在天敌昆虫中，鞘翅目步甲类、膜翅目寄生蜂类、脉翅目草蛉类、半翅目姬猎蝽类等种群数量较大，对害虫有一定控制作用。

表11-4　保护区各科昆虫的丰富度指数

目	科	种数	个体数	丰富度	目	科	种数	个体数	丰富度
鞘翅目	虎甲科 Cicindelidae	3	15	0.2832	直翅目	斑翅蝗科 Oedipodidae	3	19	0.2832
	步甲科 Carabidae	7	81	0.8496		斑腿蝗科 Catantopidae	2	2	0.1416
	拟步甲科 Tenebrionidae	5	105	0.5664		癞蝗科 Pamphagidae	4	7	0.4248
	丽金龟科 Rutelidae	1	13	0		剑角蝗科 Acrididae	1	1	0

目	科	种数	个体数	丰富度	目	科	种数	个体数	丰富度
鞘翅目	粪金龟科 Geotrupidae	2	2	0.1416	直翅目	锥头蝗科 Pyrgomorphidae	1	6	0
	鳃金龟科 Melolonthidae	3	59	0.2832		硕螽科 Bradyporidae	2	9	0.1416
	犀金龟科 Dynastidae	1	7	0		蝼蛄科 Gryllotalpidae	1	1	0
	花金龟科 Cetoniidae	2	5	0.1416		蟋蟀科 Gryllidae	1	4	0
	天牛科 Cerambycidae	4	7	0.4248	蜻蜓目	蜻科 Libellulidae	5	68	0.5664
	叶甲科 Chrysomelidae	2	64	0.1416		蜓科 Aeshnidae	1	4	0
	负泥虫科 Crioceridae	1	2	0		蟌科 Coenagriidae	3	20	0.2832
	萤叶甲科 Galerucidae	2	32	0.1416	脉翅目	蚁蛉科 Myrmeleontidae	5	52	0.5664
	肖叶甲科 Eumolpidae	1	13	0		草蛉科 Chrysopidae	2	12	0.1416
	象甲科 Curculionidae	2	17	0.1416	双翅目	食蚜蝇科 Syrphidae	6	20	0.7080
	芫青科 Meloidae	3	17	0.2832		食虫虻科 Asilidae	1	1	0
	叩甲科 Elateridae	2	13	0.1416	半翅目	长蝽科 Lygaeidae	1	6	0
	瓢虫科 Coccinellidae	10	59	1.2744		蝽科 Pentatomidae	6	41	0.7080
	吉丁虫科 Biprestidae	1	2	0		盲蝽科 Miridae	1	2	0
鳞翅目	凤蝶科 Papilionidae	1	3	0		姬猎蝽科 Nabidae	2	23	0.1416
	粉蝶科 Pieridae	5	93	0.5664		猎蝽科 Reduviidae	1	3	0
	灰蝶科 Lycaenidae	1	23	0		叶蝉科 Cicadellidae	1	9	0
	蛱蝶科 Nymphalidae	2	9	0.1416	膜翅目	姬蜂科 Ichneumonidae	5	19	0.5664
	眼蝶科 Satyridae	1	1	0		泥蜂科 Sphecidae	1	1	0
	天蛾科 Sphingidae	3	11	0.2832		蜜蜂科 Apidae	3	28	0.2832
	毒蛾科 Lymantridae	1	10	0		胡蜂科 Vespidae	2	14	0.1416
	夜蛾科 Noctuidae	4	106	0.4248	革翅目	蠼螋科 Labiduridae	1	2	0
	螟蛾科 Pyralidae	2	21	0.1416	螳螂目	螳螂科 Mantidae	1	3	0

2 保护区主要害虫的发生规律

2.1 僧夜蛾 *Leiometopon simyrides*（Staudinger）

僧夜蛾又名白刺夜蛾、白刺毛虫，属鳞翅目夜蛾科僧夜蛾属。主要为害蒺藜科白刺属（*Nitraria*）植物。1996年在甘肃民勤县、金川区的荒漠草原上发生面积就达33万 hm²，平均虫口密度189头/m²，最高达2516头/m²；2006年5月中旬暴发的发生面积达30万 hm²，其中严重危害面积22万 hm²，虫口密度72.4头/m²。以幼虫取食白刺的叶片和嫩芽，使白刺枯萎死亡（图11-1）。

2.1.1 形态特征

成虫：体长12～14mm，展翅约34mm，淡黄褐色。触角丝状，基部和下面黄白色。胸部背面白色，散布灰色鳞片。前翅淡黄色，中室端纹黑褐色，其下方有1个狭长的白色纵斑，纵斑下方有1个黑褐色纵斑。内横线中部向外弯曲，外横线波浪锯齿状，后半段为2个白色月纹，缘线在脉间呈黑褐色长斑。缘毛白色，杂以暗灰色鳞片（图11-1）。

卵：斗笠形，高（0.62±0.12）mm，直径（0.85±0.05）mm，表面有8条放射状纵棱。卵聚产呈卵块，初产时淡绿色，以后逐渐变暗，临近孵化时变为灰黑，未受精卵乳白色，内空（图11-1）。

幼虫：共5龄，体长依次分别为（2.31±0.48）mm、（5.77±0.64）mm、（8.75±1.06）mm、（17.46±3.51）mm和（26.33±3.89）mm。末龄幼虫体淡草绿色，着生许多不规则黑紫色斑点。头部淡黄色，具很多黑色斑点和稀疏长毛，额上方两侧各有1根黑色长毛，其他为较密的白色短毛。前胸背板中央有2条黑色纵线，纵线两侧各有1个黑斑。从中胸至腹部背面，每节有4个黑紫色斑，背中2个黑斑毛瘤上多生3根黑色长毛，两侧各1个黄色毛瘤。毛瘤中央具1根黑色长毛，周围有5~6根白毛，身体背面有6条黄色纵纹。腹面绿黄色，散布紫黑色小斑。胸足黑色，第3节色淡。腹足外侧1个黑斑，趾钩褐色，双序中带，后盾板上有1条黑色锚形纹（图11-1）。

蛹：体长10~14mm，褐色或棕红色，裸蛹，体表有细小刻点，气门突出，环绕1圈小刺突。腹部末端较粗糙，中央凹陷，着生刺毛约20根。雄蛹腹部腹面第9节生殖孔呈圆形，中央具略凹陷的纵沟，节间线几呈直线。雌蛹生殖孔位第8节腹面，呈狭缝状，节间线呈"Λ"字形。蛹外有茧，茧由幼虫分泌的黏液和沙土粒组成，茧长约49mm，直径8mm（图11-1）。

成虫

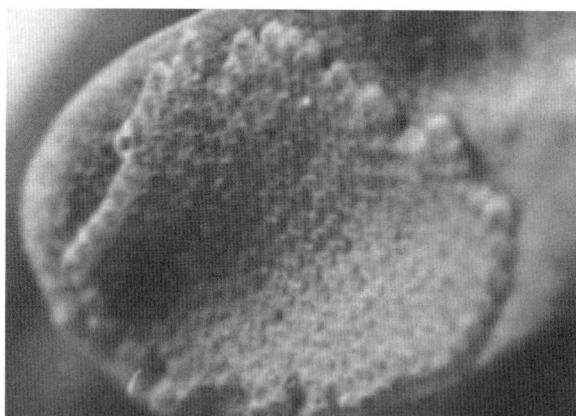

卵块

幼虫

蛹

为害状（1）

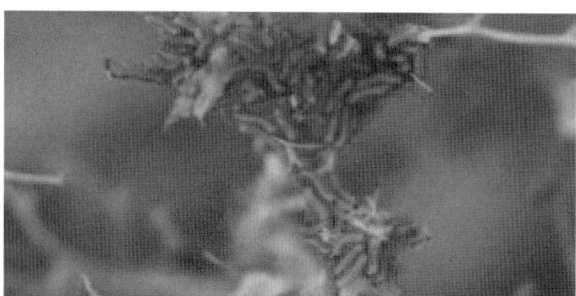

为害状（2）

图11-1 僧夜蛾各虫态及为害症状

2.1.2 生活史及习性

2.1.2.1 生活史

僧夜蛾一年发生3代（表11-5），以蛹在土中越冬。越冬蛹4月中旬开始羽化，5月中下旬为越冬代成虫羽化盛期。田间4月下旬出现第1代卵，第1代幼虫最早5月上旬出现，5月下旬至6月上旬为3龄幼虫盛期，7月上旬为第2代卵的产卵盛期，第2代幼虫盛期在7月中下旬，8月上旬第3代幼虫孵出，10月上旬地面还有幼虫活动，但绝大多数幼虫在9月中下旬入土化蛹越冬。由于僧夜蛾成虫产卵期很长，世代发生不整齐，有世代重叠现象。

表11-5 僧夜蛾的年生活史

月	4月			5月			6月			7月			8月			9月			10月	10月中至翌年3月
旬	上	中	下	上	中	下	上	中	下	上	中	下	上	中	下	上	中	下	上	
越冬代	⊙	⊙ +	⊙ +	⊙ +	⊙ +	⊙ +	+													
第1代		●	● ~	● ~	● ~	● ~○	● ~ ○ +	~ ○ +	~ ○ +	○ +	+									
第2代				●	● ~	● ~ ○	● ~ ○ +	● ~ ○ +	● ~ ○ +	~ ○ +	○ +	○ +								
第3代												●	● ~	● ~ ⊙	● ~ ⊙	~ ⊙	~ ⊙	~ ⊙	⊙	⊙

注：⊙越冬蛹，＋成虫，●卵，～幼虫，○蛹。

2.1.2.2 生活习性

成虫昼伏夜出，白天潜藏在草丛中或静伏在白刺枝条上，傍晚开始活动，活动最盛在23:00至次日凌晨1:00。具有强的趋光性，飞翔力强。成虫羽化后随即进行交配，产卵前期1～2d。产卵一般在夜间，卵均产在白刺叶片背面，每雌平均产卵约120粒，最多可达257粒。产卵成块状，每雌多产1块。卵块的孵化较为整齐，幼虫顶破卵孔，从卵顶爬出，1块卵全部孵出幼虫，一般需12～48h。

初孵化的幼虫常数十头至上百头群聚在一处，5～6h后逐渐分散，12h后爬行分散在周围的叶片上，24h可向邻近白刺枝条上迁移。大龄幼虫吃光白刺叶子后，转向周围植株。1～2龄幼虫身体纤弱，由于受各类天敌及不正常的气候（大风沙、阵雨）或食物短缺等影响，死亡率很高。幼虫专食白刺，3龄以前食量很小，3龄以后逐渐增大，5龄进入暴食期。老熟幼虫化蛹前食量大减，身体缩短，体重减轻，最后完全停食，进入前蛹期。

进入前蛹期的幼虫吐一层薄的丝质茧，把自身包起来后化蛹。第1、2代老熟幼虫从白刺枝叶上移落到就近地面，钻入疏松的砂土中进入前蛹期。第3代老熟幼虫停食前，迁移到距白刺植株3～10m处，寻找土质较坚硬的砾质土壤地段上垂直打洞，洞深3.5～6.5cm，平均5cm，然后进入前蛹期作茧化蛹。

保护区环境条件恶劣，干旱胁迫强烈，制约僧夜蛾数量变动的主要因子是降水。6月以后持续干旱，严重影响白刺的生长发育，造成僧夜蛾幼虫食物短缺，第1代幼虫大量死亡；同时还影响老熟幼虫作茧化蛹、成虫羽化产卵等生命活动，即使第2代卵孵出幼虫，因缺少食物，存活数量也甚少。相反，若6～8月多雨，不但有利于僧夜蛾幼虫的生长发育，而且白刺生长茂盛，食物丰富，使害虫数量大暴发。寄生性天敌有寄生蜂和寄生蝇，捕食性天敌有昆虫、蜘蛛、蜥蜴和鸟类，对僧夜蛾的种群数量有一定控制作用。

2.2 沙蒿金叶甲 *Chrysolina aeruginosa*（Faldermann）

沙蒿金叶甲属鞘翅目叶甲科，取食蒿属（*Artemisia*）植物，成虫取食沙蒿生长点使植株不能正常生长，形成"鸟巢"状丛生点。幼虫啃食新生和再生叶片，造成断叶、缺刻或整株枯干，使沙蒿枯萎至死，严重影响沙蒿生长。严重时成虫可将沙蒿叶片全部吃光，最终导致沙蒿死亡（图11-2）。

2.2.1 形态特征

成虫：体卵圆形，背面隆起，长5～8mm。翠绿色至紫黑色，具有金属光泽。触角黑褐色，线状，共11节，着生白色微毛，端半部各节较膨大，全长不及体半。前胸背板横宽，前缘边有深内凹，密列短白毛，背部密列细刻点，两侧近缘处刻点粗大纵列而不规则。鞘翅刻点有大小两种，大的纵列成行，小的散布其间，后缘内侧密生1列细白毛。后胸腹板凸有边缘，缘内有刻点，腹部腹面有细刻点和白毛。足同体色而较暗，散生刻点和白毛，胫节端部及1～3跗节下面，密生黄褐色细毛（图11-2）。

卵：为长椭圆形，长为1.4～2mm，宽为0.5～0.7mm，初产时为黄色，后变为紫褐色，近孵化时橙色。

幼虫：初龄幼虫为黄白色，体侧有3个黑斑，老熟时长9～12mm，黄褐色，体型肥短，体表散布黑点状毛疣，每疣生1白色短毛。背线5条，黑褐色。头部黑褐色，口器黄褐色，前胸背板灰褐色，中线淡色，较细，两侧有1月形纹，中后胸两侧各有1弯形黑斑。腹部各节背中央有1横皱，将各节分为前后两段；端部两节背板黑褐色，下生一吸盘。胸足黑褐色，气孔黑色，腹部腹面淡

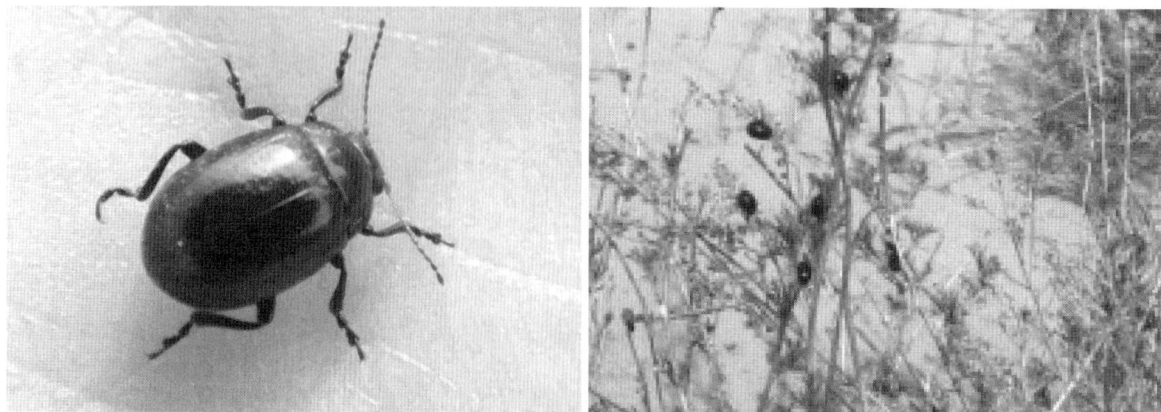

图11-2 沙蒿金叶甲及为害症状

黄色，两侧和中部各有一群黑点。

蛹：为裸蛹，长6～8.5mm，体型短宽，淡黄色，头、胸及腹部密生黄褐色毛，腹端有1黑色尖刺。

2.2.2　生活史及习性

2.2.2.1　生活史

沙蒿金叶甲一年发生1代（表11-6），主要以老熟幼虫在深层砂土中越冬，个别以蛹或成虫越冬。越冬幼虫翌年4月化蛹，5月上旬羽化成虫。5月中旬平均气温达16.7℃时成虫大量出土，并爬到植株上为害。6月中旬开始交配，7月中旬开始产卵，持续到10月下旬，平均气温下降到7℃时产卵结束。8月上旬幼虫开始孵化，11月中旬老熟幼虫陆续入土越冬。

表11-6　沙蒿金叶甲年生活史

月	4月			5月			6月			7月			8月			9月			10月			11月至翌年3月
旬	上	中	下	上	中	下	上	中	下	上	中	下	上	中	下	上	中	下	上	中	下	
幼虫	(～)	(～)	(～)	(～)																		
蛹		○	○	○	○																	
成虫					+	+	+	+	+	+	+	+	+	+	+	+	+	+	+	+	+	
卵											●	●	●	●	●	●	●	●	●	●	●	
幼虫													～	～	～	～	～	～	～	～	～	(～)

注：（～）越冬幼虫，＋成虫，●卵，～幼虫，○蛹。

2.2.2.2　生活习性

出蛰后的成虫经过长时间取食便开始交配，交配多在早、晚进行，可多次交配。卵散产，排列成行，每行3～5粒，平均产卵量180粒，主要产在寄主附近的画眉草、冰草、沙蓬等草的叶鞘和叶片上，沙蒿上产卵量较少。耐饥饿，为害期内23d不取食，死亡率仅50%。喜高攀，不善飞翔，迁移主要靠爬行，爬速每分钟30～50cm，偶尔飞行，飞翔距离在100m左右。有假死性。

卵昼夜孵化，以上午为多。幼虫具有趋高性，3龄前幼虫休息时经常爬上枝梢顶端。1～2龄幼虫取食叶片的半边，3～4龄幼虫取食全叶，严重时可吃光植株叶片，造成整株枯死。4龄幼虫的食量为1～2龄幼虫的5倍。有自相残杀现象，4龄幼虫取食卵壳和1～2龄幼虫，在土中有咬伤蛹的现象。有假死性。幼虫老熟后停止取食，钻入8～20cm的湿土层中筑室化蛹或越冬。个别老熟幼虫9～10月化蛹，大部分在翌年4～5月化蛹。

2.2.3　发生与环境的关系

沙蒿金叶甲喜高温耐低温。夏季在42℃下，11月气温下降至-5℃时，仍能正常取食，部分成虫可在1月-20℃的低温下越冬。喜干燥，不耐潮湿。沙蒿金叶甲的天敌主要是蜥蜴，寄生性天敌线虫、寄蝇等，对其种群数量有一定控制作用。

2.3 巨膜长蝽 *Jakoleffia setulosa*（Jakovlev）

巨膜长蝽属半翅目长蝽科巨膜长蝽属（*Jakoleffia*），寄主植物有白茎盐生草、猪毛菜、骆驼蓬、红砂、白刺、梭梭、沙拐枣、豆科、禾本科等植物。通常以群集方式吸食植物茎叶汁液，致使被害植株生长不良，甚至失水枯萎死亡。

2.3.1 形态特征

成虫： 体长2.7～3mm，雌虫较大，长圆形，黄褐色。触角4节，第一节较粗，第二节最长。头胸、小盾片及腹面密附白色鳞毛。前胸背板侧缘中略缢缩，胝区暗褐色。前翅爪片狭尖，几与小盾片末端平齐；膜片上4条纵脉呈脊状突起，各脉上有黑色条点，脉间散布淡灰褐色斑纹，内侧二脉于近末端处汇合。雌虫腹面淡黄色，雄虫为黑褐色（图11-3）。

卵： 初产乳白色，椭圆形，长约0.3mm，卵面有微细网纹，产后3d呈淡黄色至红色，近孵化时，在卵的一端出现深红色两个眼点（图11-3）。

若虫： 共3龄。1龄若虫红色，头呈尖形，胸部较细，腹部宽圆，无翅芽。2龄若虫红色，中后胸背板两侧后角白色，明显后突，翅芽明显。3龄若虫体淡红色，足和翅芽呈灰黑色，翅芽长达腹部第三节和第四节后缘（图11-3）。

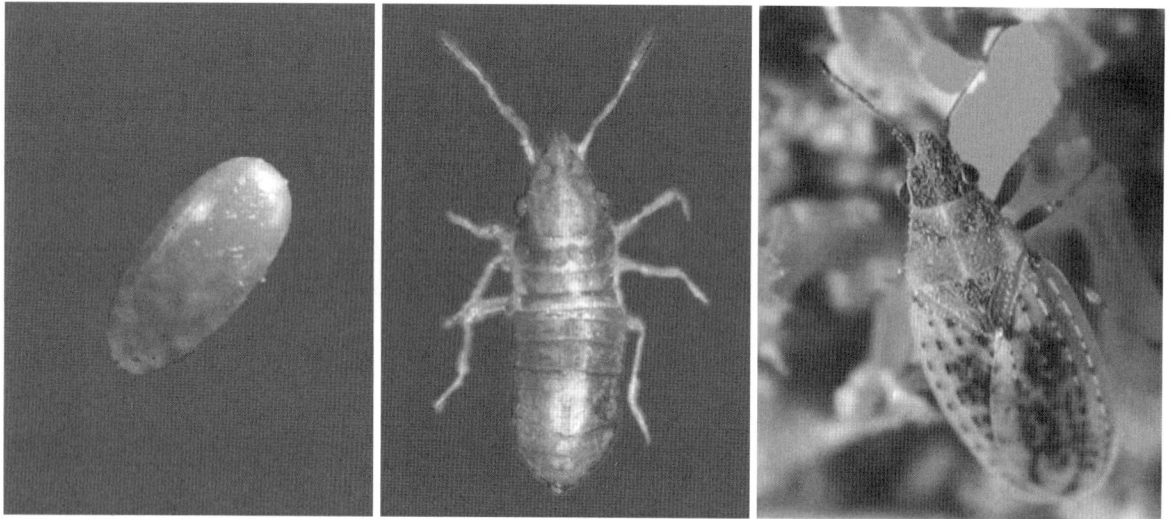

卵　　　　　　　　　　　若虫　　　　　　　　　　　成虫

图11-3　巨膜长蝽形态特征

2.3.2 生活史及习性

2.3.2.1 生活史

巨膜长蝽一年发生2代（表11-7），4月初随着气温的升高越冬成虫开始活动并交尾产卵，成虫产卵持续到5月下旬，第1代若虫持续到6月上旬，第一代成虫开始于5月上旬，5月中旬达到虫口发生的高峰期，卵、若虫、越冬成虫和一代成虫，各虫态及世代重叠。6月中旬至8月中旬以成虫进入滞育状态，8月下旬至9月上旬成虫开始交尾产卵，10月中下旬达到第二个发生高峰期，卵、若虫和成虫，各虫态重叠，到10月下旬一代成虫结束，11月下旬以二代成虫进入越冬状态。

表11-7　巨膜长蝽年生活史

月	4月			5月			6月	7月			8月			9月			10月			11月			12月至翌年3月
旬	上	中	下	上	中	下	上	上	中	下	上	中	下	上	中	下	上	中	下	上	中	下	
成虫	(+)	(+)	(+)	(+)	(+)	(+)																	
卵		●	●	●	●	●																	
若虫				~	~	~	~																
成虫						+	+	⊕	⊕	⊕	⊕	⊕	⊕	+	+	+	+	+	+	+			
卵													●	●	●	●	●	●	●				
若虫														~	~	~	~	~	~	~	~		
成虫																						(+)	(+)

注：（+）越冬成虫，●卵，~若虫，⊕滞育成虫，+成虫。

2.3.2.2　生活习性

巨膜长蝽具有滞育现象，以成虫于6月中下旬至8月下旬进入滞育状态。有多次交尾多次产卵习性，卵常为散产，多产于寄主种子颖壳内、枝梗上或土缝中、石块下。每头雌虫平均产卵量10～15粒。

巨膜长蝽在11月下旬至翌年4月上旬以成虫（少数若虫）进入越冬状态，大量的成虫聚集在石头下的小土坑中、土表皮下的洞穴中或土缝中，大多位于阳坡且较隐蔽的地方，当天气晴好，地表温度达到8℃以上，在越冬点周围可见少量成虫活动。食性杂，尚群居为害。

2.3.3　发生与环境的关系

影响巨膜长蝽生长发育的关键因子是气温和降水量。气温过高可促进巨膜长蝽滞育。该虫的耐寒性较强。5月和10月，降水量、气温等气候因素影响种群数量变化。巨膜长蝽种群发生动态与环境中食物量关系密切，食物量丰富，巨膜长蝽发生量亦大，反之则小。巨膜长蝽的天敌有蜘蛛、蚂蚁等，对其种群数量有一定控制作用。

第十二章　社会经济

1　人口数量与民族组成

保护区因地处农区外围，区内没有从事农业生产的人口，保护区内的南湖、花儿园保护站历史上就是纯牧区，区内长期居住的牧民人数约230人。2021年末民勤县户籍人口25.79万人，常住人口17.39万人，主要分布在绿洲，人口密度11.0人/km²。保护区周边涉及14个乡镇，常住人口18.68万人，占民勤县常住人口的77.4%。民族以汉族为主，并有回族、藏族、蒙古族、满族、彝族、土族等少数民族。

2　产业结构

保护区内的南湖、花儿园保护站长期居住的牧民从事以牛羊养殖为主的畜牧业。区内无农业和工业生产。

民勤县2021年地区生产总值（GDP）91.24亿元，其中，第一产业增加值42.17亿元，第二产业增加值13.77亿元，第三产业增加值35.30亿元。按常住人口计算，人均地区生产总值（GDP）51940元。

2021年农作物播种面积89.50万亩。其中，粮食作物40.18万亩，经济作物43.88万亩。粮食作物中，小麦播种面积8.78万亩，玉米播种面积30.55万亩；主要经济作物中，葵花籽产量2.61万t，蔬菜产量46.41万t，瓜类产量47.18万t，水果产量3.84万t，药材产量1.21万t。全年肉类总产量3.87万t。牛、羊、猪存栏分别为2.53万头、136.10万只、7.96万头，出栏分别为1.62万头、117.43万只、21.14万头。设施农牧业面积12.13万亩。

2021年全部工业增加值增长41%，规模以上工业增加值增长29.7%。其中，轻工业增加值下降32.4%，重工业增加值增长38.0%。在规模以上工业中，风光电行业增加值增加8.3%，化工行业增加值增长64.1%，农产品加工行业增加值增长5.4%，塑料制品等其他行业增加值下降23.6%。

3　交通、邮电和旅游

民勤县2021年新增公路里程262km，公路总里程达到4266.298km，其中等级公路达3786.248km。全年货物运输总量636.8万t，货物运输周转量188866.14万t/km。公路旅客运输总量178.02万人，公路旅客周转量9949.06万人/km。

2021年邮电业务总量14104.95万元。其中，电信业务总量11329万元，邮政业务总量2775.95万元。

县内AAA级旅游景区2个，乡村旅游示范点5个。2021年接待各类游客120.11万人次，比上年增长24.4%，实现旅游总收入7.31亿元，增长17.9%。

4 人民生活、社会保障和救助、扶贫开发

2021年城镇居民人均可支配收入29073.7元，城镇居民人均消费支出23790.22元。农村居民人均可支配收入17059.24元，农村居民人均消费支出15549.08元。

2021年末民勤县参加城镇职工基本养老保险人数2.20万人，参加城乡居民基本养老保险人数12.56万人。参加基本医疗保险人数20.73万人，参加城乡居民基本医疗保险人数19.09万人，参加失业保险人数1.24万人，参加工伤保险人数2.53万人，参加生育保险人数1.18万人。

年末共有4441人享受城市居民最低生活保障，发放城市低保金3157.38万元；6310人享受农村居民最低生活保障，发放农村低保金2707.86万元，全县农村特困救助供养人数759人。全年累计救助医疗对象1.4万人次，救助城乡困难家庭6468户。年末各类养老福利性机构6个，床位610张，收养和救助各类人员345人。

全年投入财政专项扶贫资金9765万元，剩余的109户、376人全部达到退出标准，全面完成年度减贫任务。

5 教育、科学技术

全县有各级各类学校50所，其中普通高中2所，独立初中6所，九年一贯制4所，中等职业中专1所，小学14所，幼儿园22所，特殊教育学校1所。本年度普通高中招生966人，在校学生3387人，毕业生1417人；中等职业中专招生529人，在校学生2046人，毕业生839人；普通初中招生1238人，在校学生4120人，毕业生1598人；小学招生1009人，在校学生6929人，毕业生1252人；幼儿园在园幼儿3606人；特殊教育学校在校学生48人。全县教职工人数3209人。

全年学龄儿童入学率100%；残疾儿童少年入学率95%；九年义务教育巩固率达到100%；高中阶段毛入学率达到96.68%。2021年向全国各类高等院校输送新生2600人，高考录取率达94.93%。

全年科技经费支出3106万元。共实施科技项目49项，其中省级3项、市级9项、县级37项。完成各项专利651项，其中发明专利10项，实用新型专利572项，外观设计专利69项，累计有效发明专利79项。

6 文化、卫生和体育

全县文艺团体43个，文化馆、博物馆、影院、图书馆各1个，图书总藏量达6.1万册。乡镇综合文化站18个，村级农家书屋299个，建成乡村舞台248个，镇文化广场25个，村史文化陈列馆22个。年末全县广播节目综合人口覆盖率98.16%；电视节目综合人口覆盖率100%。有线电视用户7336户，其中城区用户3542户，农村用户3794户，高清互动电视用户3500户。

年末全县共有医疗卫生机构35个，其中县级医院2个，乡镇卫生院（分院）、社区卫生服务机构25个，妇幼保健计划生育服务中心1个，疾病预防控制中心1个，民营医院6个。医疗卫生机构

拥有床位数 1433 张，其中县级医院拥有床位 960 张、卫生院拥有床位 258 张。卫生技术人员 1460 人，其中执业医师和执业助理医师 400 人，注册护士 811 人。

全县体育场地面积 47.8193 万 m²，人均体育场地面积 2.68m²。全年在省级以上体育比赛中，荣获奖牌 9 枚，其中金牌 2 枚，铜牌 7 枚；在市级以上体育比赛中，荣获奖牌 32 枚，其中金牌 16 枚，银牌 16 枚。

7 水资源

2021 年蔡旗断面过站总径流达到 27360 万 m³，比 2020 年减少 2535 万 m³。其中，凉州区调水 11599 万 m³，减少 515 万 m³；景电调水 8133 万 m³，减少 352 万 m³；正常来水 7628 万 m³，减少 1658 万 m³。全县用水总量 33704 万 m³，其中，农业灌溉用水 21228 万 m³，工业用水 432 万 m³，生活用水 1104 万 m³，生态用水 10940 万 m³。按照 "8+N" 产业园建设要求，建成了 3 个地下水滴灌示范区、2 个农业精准化灌溉示范区、2 个日光温室滴灌示范区和 1 个综合节水灌溉示范园，示范面积 1.57 万亩。全年降水量 100.7mm，比 2020 年增加 20.2mm。人工增雨雪点次数 89 次，比 2020 年增加 13 次。

8 环境和安全生产

2021 年全年完成国土绿化（含人工造林）面积 7.9 万亩，工程压沙 1.84 万亩，通道绿化 100km，义务植树 235 万株，草原植被盖度 18.65%，年内发生大风次数 15 次。

其年末城市污水处理厂日处理能力 2 万 m³，污水处理率 96.5%。城区集中供热面积 270 万 m²。城市生活垃圾无害化处理率 99%，城区新增绿地面积 4.8 万 m²，城区绿地面积增至 257.57 万 m²，绿地率达 31.6%，人均公园绿地面积达 13.51m²。全年改造农户卫生厕所 21567 座。

全年共发生各类生产安全事故 2 起，比上年下降 60%；死亡 2 人，下降 66.7%；受伤 1 人，下降 50%。亿元地区生产总值生产安全事故死亡人数 0.0219 人。发生较大面积自然灾害 1 次，受灾 3543 户、15012 人、49768.8 亩，直接经济损失 7712.28 万元，保险理赔 389 万元。

第十三章 保护管理现状

1 保护区建设历史沿革

甘肃民勤连古城国家级自然保护区的前身为1982年甘肃省人民政府批准建立的民勤县连古城沙生植物自然保护区,主要保护民勤西部荒漠地带天然沙生植物,总面积14000hm²。原管理机构为民勤县连古城沙生植物自然保护区管理站,为科级单位,属民勤县政府领导,业务归口县林业局;站址设在原红柳园乡小西村,下设3个管护点,编制15人,人员由民勤县林业系统内部调剂解决。

连古城沙生植物自然保护区的建立,减缓了区域荒漠化的进程,改善了生态环境,有效地保障了当地工农业生产的发展,促进了县域经济的可持续发展。但是,由于民勤自然气候条件日益恶化,加之人为因素的影响,保护区外的天然沙生植被遭到了一定程度的破坏,同时,分布于区外的天然绵刺、蒙古扁桃、毛条等植被还有很大的一部分处于原始状态,在长期的演化过程中相互依存,形成了较为稳定的群落,具有较高的综合保护价值,原有的保护区范围已不能适应保护和改善生态环境的要求,因此,扩大保护区范围,有效保护荒漠动植物群落及其生态系统,具有十分重要的现实意义和深远的历史意义。

为此,民勤县于2000年8月申请在原有保护区基础上,扩大保护区范围,经甘肃省人民政府批准扩大范围后总面积达389882.5hm²,比原来扩大28倍。保护区更名为"甘肃民勤连古城自然保护区",设管理局,下辖7个保护站,分设9个管护点。

2001年,甘肃省人民政府报国家林业局申请晋升国家级自然保护区。2002年7月,国务院批准甘肃民勤连古城自然保护区晋升为国家级自然保护区。总面积584.82万亩,主要保护对象为荒漠天然植被群落、珍稀濒危野生动植物、极端脆弱的荒漠生态系统和古人类文化遗址,区内有荒漠植物44科151属249种3变种,有陆生野生动物4纲28目63科115属180种。保护区三面环沙,生态区位极为重要,对阻挡巴丹吉林和腾格里两大沙漠合围,维护民勤绿洲、河西走廊和国家西部生态安全发挥着极为重要的作用。2005年8月,经甘肃省机构编制委员会办公室和省林业厅党组批准成立自然保护区管理局,2018年8月,将保护区管理局黄岭、三角城等7个基层保护站与民勤县县属林业单位分设,从民勤县县属林业单位划转全额事业编制35名,保护区核定全额事业编制70名。

2019年5月,经中共甘肃省林业和草原局党组批准管理局内设办公室、组织人事科、计划财务科、保护监测科、科研管理科、信息管理科6个职能科室,设红崖山、连古城、勤锋、黄岭、三角城、南湖、花儿园7个基层保护站。

2021年5月,经甘肃省编办和甘肃省林业和草原局党组批准,原"甘肃民勤连古城国家级自然保护区管理局"更名为"甘肃民勤连古城国家级自然保护区管护中心"。

2 保护区概况及重要区位

甘肃民勤连古城国家级自然保护区位于甘肃省民勤县境内，地处石羊河流域下游，地理坐标 102°30′02″~103°57′55″E，38°10′09″~39°09′09″N。保护区南北长约90km，东西宽6.5~125km，总面积为389882.5hm²，约占民勤县国土面积的1/4、武威市国土总面积的1/8。保护区划分为核心区、缓冲区和实验区，其中，核心区面积121058.5hm²，缓冲区面积151664.3hm²，实验区面积 117159.7hm²，分别占保护区总面积的31.05%、38.90%、30.05%。保护区的主要保护对象为荒漠天然植被群落、珍稀濒危野生动植物、极端脆弱的荒漠生态系统和古人类文化遗址。

保护区从北、西、南三面屏障护卫着民勤绿洲，扼守住河西走廊的腰部，是民勤天然植被群落最完整、分布最多的区域，生态区位的重要性主要体现在4个方面：①阻挡巴丹吉林和腾格里两大沙漠合拢；②保卫153334hm²民勤绿洲；③维系区域生态平衡；④保护荒漠生态系统及其生物多样性和重要的物种基因。

3 保护区管理机构设置与人员配置

3.1 机构设置

2005年8月，根据甘肃省林业厅《关于成立甘肃民勤连古城国家级自然保护区管理局的通知》成立保护区管理局，正处级建制，隶属省林业厅领导。管理局机关内设办公室、组织人事科、计划财务科、保护监测科和科研管理科5个职能科室，核定局机关编制35人；下设黄岭、三角城、连古城、勤锋、花儿园、红崖山和南湖7个保护站，均为正科级建制，由管理局和民勤县政府双重管理。

2007年7月，根据甘肃省林业厅《关于甘肃民勤连古城国家级自然保护区管理局增设内设机构的批复》，保护区管理局增设产业开发管理办公室。

2007年9月，保护区管理局和保护站机构组建完成，保护区各项工作开始步入正轨。

2010年10月9日，根据《关于分配下达全省森林公安政法专项编制等有关问题的通知》《关于成立甘肃省森林公安局和直属局、分局党委的通知》《关于核定省森林公安局和直属分局领导职数的通知》，核定甘肃省森林公安局连古城分局领导职数2名（副处级），政法编制数15名。

3.2 人员配置

3.2.1 人员总数

保护区现有在编在职职工60人，自收自支9人，现有专业技术人员46人，其中，正高级工程师4人、高级工程师9人、工程师17人、初级职称16人。

3.2.2 领导配置

保护区管护中心属正处级建制，处级领导职数5名，实配3名；核定正科级领导职数13名，实配12名、副科级领导职数15名，实配9名。

3.2.3 职称结构

保护区现有专业技术人员46人，占全区职工总数的76.7%，其中：正高级工程师4人，占专业技术人员总数的8.7%；高级工程师9人，占专业技术人员总数的19.6%；工程师17人，占专业技术人员总数的37.0%；初级职称16人，占专业技术人员总数的34.8%。

3.2.4 学历结构

保护区在编在职职工60人中，研究生4人，占6.67%；本科51人，占85%；中专5人，占8.33%，体现了保护区职工较高的文化层次和业务水平，能够胜任保护区建设和管理工作。

3.2.5 年龄结构

保护区在编在职职工60人中，35岁及以下23人，占38.33%；36～40岁15人，占25%；41～45岁6人，占10%；46～50岁8人，占13.33%；51岁及以上8人，占13.33%。

4 保护区保护管理建设情况

4.1 立足区情实际，科学长远谋划

甘肃民勤连古城国家级自然保护区管护中心坚持以习近平生态文明思想为指导，牢固树立绿水青山就是金山银山的理念，坚决扛起筑牢国家西部生态安全屏障的政治责任，紧紧围绕高质量发展的首要任务，加快构建新发展格局，着力推动高质量发展，以生态优先、绿色发展为导向，坚定不移加强生态环境保护，深入实施依法治区、科教兴区、人才强区和项目建区战略，抓好生态公益林项目、封沙育林（草）项目、野生动植物保护及自然保护区建设项目、产业建设项目、基础建设项目，推动连古城在建设"北方重要生态安全屏障"上展现新作为，全方位建设"荒漠生态系统类型国家级示范保护区""标准化国家级公益林管护示范区"，打造服务保障全国高质量发展的重要支撑，不断推动国家生态文明高地建设迈出新步伐。

4.2 坚持党建引领，促进双向赋能

管护中心党委以习近平新时代中国特色社会主义思想为指引，深入学习贯彻党的二十大精神，深刻领悟"两个确立"的决定性意义，增强"四个意识"，坚定"四个自信"，坚定不移担负"两个维护"重大政治责任；全面贯彻"创新、协调、绿色、开放、共享"的新发展理念和"绿水青山就是金山银山"的生态文明理念，坚持党建工作与业务工作同谋划、同部署、同推进、同考核，强化党建引领，夯实战斗堡垒，推动党建与业务深度融合、互促互进。先后成立3个机关党支部和3个基层保护站党支部，抓党建、强业务、促发展，以"党建红"引领"生态绿"。管护中心党委多次受到上级党组织、省委省政府和国家部委表彰奖励。中心党委于2007年被省林业厅党组评选为"优秀领导班子"；2008年被省林业厅党组授予"优秀党组织"称号、同年被省林业厅评为"模范职工之家"；2009年管护中心保护监测科工会小组被甘肃省总工会授予全省模范工会小组称号；2011年办公室党支部被甘肃省林业厅党组授予"先进党组织"称号；2013年、2014年分别被省林业和草原局党组授予"先进党组织"称号；2020年被省直机关工委授予"先进党组织"称号，4个

党支部先后被省局党组和省局直属机关党委评为"优秀党组织";2015年7月管护中心被省委省政府授予"省级文明单位"称号;2022年8月,管护中心被全国绿化委员会、人力资源和社会保障部、国家林业和草原局授予"全国绿化先进集体"称号。

4.3　突出地域特色,强化宣传教育

一是充分利用公益性宣传彩门、标志牌(碑)、宣传墙等固定宣传设施开展宣传。在交通主干线设立大型宣传彩门3个,在保护区出入境口、生态公益林区、珍稀濒危野生动植物集中分布区等地设置大型宣传墙13座、宣传警示牌(碑)300多块,不断加强阵地宣传,扩大宣传警示效果。二是创新宣传载体,不断加强保护区宣传平台建设。编印了保护区宣传画册、折页;创办了《连古城自然保护》期刊;建立了保护区门户网站;制作了保护区宣传专题片;在管护中心机关办公楼安装了LED宣传屏;通过公开征集评选、公布和启用了保护区区徽,起到了象征、标识、警示和宣传的作用;加强保护区生态科普和宣传教育力度,推进生物多样性保护与研究,不断提升自然保护区的社会服务能力。三是拓宽宣传渠道,充分利用报刊、广播电视、互联网等新闻媒体,广泛开展对外宣传报道,不断提高保护区知名度和影响力。

4.4　守住生态底线,抓好资源管护

建立"两区一网"管控机制和林长制工作组织体系、责任体系和制度体系,健全完善各项管护监管制度。全面完成了保护区720km的勘界和功能区界标设置工作,共埋设界桩4680个,功能区界标桩2800个,界碑38块,指示牌66个。全面推行林长制,建立和完善保护区《全面推行林长制工作领导小组议事规则》和《林长会议制度》等5项制度,合理划分管护责任区,严格落实"两区一网"四级监管机制,加大资源巡查管护力度,严守生态保护红线。全面落实森林草原防火行政、业务"双线四级"工作机制,靠实防火责任,开展防火巡护,强化火源管理,保持了保护区建区21年来"零"火灾的良好记录。全面落实森林法、草原法、自然保护区条例等法律法规,定期开展林地清理整治和专项执法行动,依法严厉打击违法占用保护区林地和破坏自然资源的违法犯罪活动。

4.5　聚力生态修复,厚植绿色底蕴

对生态公益林区、保护区沿田临路人畜活动频繁地段实施工程围栏封育,采取全封禁保护、无死角管理、人工植绿增绿护绿等综合措施恢复和扩大植被资源,先后完成石羊河流域生态综合治理、三北工程、荒漠化综合防治等重点工程造林33.97万亩、围栏封护1576km、林业有害生物防治48.3万亩,在2019年9月底加挂了国家级陆生野生动物疫源疫病监测站。加大生物多样性保护力度,实施珍稀濒危动植物栖息地保护、极小种群野生动植物资源拯救项目,布设固定监测样点,红外相机,设置栖息地日常保护路线,保护区生态修复治理取得显著成效,保护区植被盖度较建区前提高了8个百分点,2021年,野生动物的种群由原来的89种增加到180种,鹅喉羚最大种群数量达到21只。

4.6 积极争取项目，夯实基础建设

依托保护区一期、二期工程、生态公益林、保护区能力建设等项目，基础设施状况得到了极大的改善。建成保护区野外视频监控系统、视频会议系统和机关治安视频监控系统。先后为基层保护站新建、翻修办公用房 7400m²，新建管护点 12 个、900m² 多；购置护林防火指挥车 8 辆。特别是 2019 年基层保护站上划以来，先后完成了连古城、三角城两个保护站办公用房的新建和其他 5 个保护站办公用房及基础设施维修改造工作，在保护区境内的白土井、外西、孙家井、新西、黄蒿坑、红果子井、民西公路 20km 处等修建管护点 13 处；在三角城、勤锋、花儿园保护站修建防火瞭望塔 3 座；在连古城、三角城、红崖山、南湖等保护站维修巡护道路 46.95km，巡护步道 150km；全区新建区碑 2 处、大型宣传墙 10 处、跨公路宣传彩门 3 处；更新和配备了计算机、传真机、打印机等办公设备，新建地理信息系统和野外巡护智能监测系统，提升了保护区森林资源管理工作"数字化管理""可视化监控"水平和监管能力。

4.7 加强信息化建设，体系不断完善

保护区管护中心高度重视信息资源在生态环境建设和保护区管理中的主要作用，把实现"保护区管理现代化、智能化"作为保护区建设管理的一项主要战略措施，积极筹措资金，开展了一系列信息化工程建设，自然保护区的建设与管理也逐渐进入信息化时代。按照先易后难、由浅入深、先基础后精尖的原则，筛选一批信息化建设项目，积极争取申报建设资金，先后建设了保护区野外指挥、巡护系统及保护区视频会议系统，定期协调第三方完成野外视频监控系统升级、网站的运行维护，规范了网络信息安全管理，提高了信息化贡献率，依据《甘肃省林业信息化工作管理办法（试行）》和省林业和草原局相关要求，修订和完善了《保护区信息员岗位职责》《保护区网站管理办法》《保护区信息化工作管理办法》《保护区信息网络中心机房管理制度》《网络安全和信息化管理办法》《信息宣传和信息发布管理办法》等制度、办法，先后更新了《保护区网络与信息安全应急预案》《保护区突发重大网络舆情应急处置预案》等。制定了民勤连古城保护区（2024—2028 年）信息化建设规划，同时，加强信息化人才培训，全面提升了保护区信息化支撑保障能力和水平。目前，已建成保护区野外视频监控塔 18 座，监控范围达 10.60 万 hm²，占保护区总面积（38.95 万 hm²）的 27.21%，"智慧保护区"建设稳步推进。

4.8 高质量平台搭建，提升科技支撑水平

制定科研管理办法，鼓励专业技术人员搞科研出成果，培养技术骨干，增强科研实力，人才队伍和技术力量不断增强。保护区现有正高级职称 4 人，高级职称 9、中级职称 17 人。主持完成甘肃省科技支撑项目 4 项，甘肃省科技攻关项目 1 项。获甘肃省科技进步二等奖 2 项、梁希林业科学技术三等奖 1 项、甘肃省林业科技进步奖 4 项、武威市科技进步二等奖 1 项，获实用新型专利 20 项，制订甘肃省地方技术标准 4 项，发表科技论文 200 多篇，为保护管理提供了科学依据。

5 保护管理综合评价

甘肃民勤连古城国家级自然保护区作为河西走廊北部生态屏障的重要组成部分，从北、西、

南三面屏障护卫着民勤绿洲，扼守着河西走廊的腰部，是民勤天然植被群落最完整、分布最多的区域。多年来保护区以植被资源保护为中心，以科学管理为手段，以项目建设为带动，采取以护为主、护治结合、护重于治、以治促护的方法，全区上下牢固树立"大民勤、大生态、大封育"的意识，突出抓好生态公益林、三北、自然保护区、退耕还林四大重点工程，全力实施项目建区战略。对公益林区、保护区沿田临路区域实施工程围栏封育，使保护区区界封育闭合，形成一个完整的保护体系，保护区土地荒漠化和沙化趋势整体得到缓解，沙区植被得到有效保护，自然生态系统得到有效恢复。同时，充分发挥自然保护区的教育功能，与政府宣传、生态保护活动相互促进，科学地、有计划地开展特色保护宣传，提高了周边群众的生态保护意识。每年与科研院所相互配合、申报自然基金、自列省级项目等对保护区内野生动植物进行监测，掌握野生动植物资源的动态，及时调整保护区管理计划，用动植物监测结果促进保护区科学管理，及时对符合要求的制度进行编制并落实，加强野外巡护管理力度，据监测结果表明，保护区平均植被盖度从建区前的28%提高到2022年的36%，增长8个百分点；森林覆盖率从建区前的43.25%提高到2022年的58.43%，增长15.18个百分点。将保护区建成了集资源保护，科学研究于一体的保护区，为西部荒漠类型保护区的建设和管理积累了经验，创立了样板。2021年，甘肃省委书记在全省林长制电视电话会议讲话中指出，民勤连古城保护区在护绿、植绿方面取得的效果令人震撼，对保卫民勤绿洲、筑牢甘肃西部生态安全屏障发挥了重要作用，这种精神和做法值得推广。

参考文献

安富博, 丁峰, 2000. 甘肃省民勤县土地荒漠化的发展趋势及其防治[J]. 干旱区资源与环境, 14(2): 41-47.

安富博, 张锦春, 纪永福, 等, 2013. 民勤防沙治沙新技术和新材料试验研究[J]. 湖北农业科学, 52(3): 548-552.

白晓拴, 杨春旺, 李阳梅, 等, 2013. 巨膜长蝽形态特征及生物学特征的初步研究[J]. 内蒙古大学学报: 自然科学版, 44(4): 445-448.

毕如田, 杜佳莹, 柴亚飞, 2013. 基于DEM的涑水河流域土壤多样性研究[J]. 土壤通报, 44(2): 266-270.

濒危野生动植物种国际贸易公约[EB/OL]. http://www.cites.org.cn/citesgy/fl/201911/t20191111_524091.html.2019-12-12.

曾永年, 冯兆东, 2007. 黄河源区土地沙漠化时空变化遥感分析[J]. 地理学报, 62(5): 529-536.

柴成武, 徐先英, 王方琳, 2007. 石羊河下游民勤绿洲荒漠化影响因素趋势预测[J]. 中国水土保持科学, 5(4): 34-38.

常兆丰, 刘虎俊, 赵明, 等, 2007. 民勤荒漠植被的形成与演替过程及其发展趋势[J]. 干旱区资源与环境(7): 116-124.

常兆丰, 刘虎俊, 赵明, 等, 2008. 民勤荒漠植被退化演替的三个阶段[J]. 中国农学通报(6): 389-395.

陈隆亨, 1995. 荒漠绿洲的形成条件和过程[J]. 干旱区资源与环境(3): 49-57.

陈翔舜, 高斌斌, 王小军, 等, 2014. 甘肃省民勤县土地荒漠化现状及动态[J]. 中国沙漠, 34(4): 970-974.

董光荣, 吴波, 慈龙骏, 等, 1999. 我国荒漠化现状、成因与防治对策[J]. 中国沙漠, 19(4): 318-332.

董玉祥, 陈克龙, 1995. 中国沙漠化程度判定与分区初步研究[J]. 中国沙漠, 15(2): 170-174.

段金龙, 张学雷, 2011. 基于仙农墒的土壤多样性和土地利用多样性关联评价[J]. 土壤学报, 48(5): 893-903.

俄有浩, 严平, 1997. 民勤沙井子地区地下水动态研究[J]. 中国沙漠, 17(1): 70-76.

冯绳武, 1963. 民勤绿洲的水系演变[J]. 地理学报, 29(3): 69-77.

高吉喜, 2001. 可持续发展理论探索-生态承载力理论-方法与应用[M]. 北京: 中国环境科学出版社.

高万林, 马存世, 张有佳, 等, 2012. 石羊河下游封育措施对荒漠植被生长影响[J]. 安徽农业科学(27): 13449-13450.

关于连古城国家级自然保护区功能区调整通知[N/OL]. 民勤县政府网, 2016-12-02. http://www.minqin.gansu.gov.cn/Item/63021.aspx.

郭铌, 2003. 植被指数及其研究进展[J]. 干旱气象, 21(4): 71-75.

国家环境保护总局自然保护司, 1999. 中国生态问题报告[M]. 北京: 中国环境科学出版社.

何立恒, 周寅康, 杨强, 2015. 延安市2000—2013年植被覆盖时空变化及特征分析[J]. 干旱区资源与环境, 29(11): 174-179.

胡发成, 白晶晶, 2011. 河西走廊荒漠草原白刺夜蛾生活习性及防治研究[J]. 畜牧兽医杂志, 30(6): 40-42.

胡靖, 韩天虎, 代健聪, 等, 2014. 祁连山中段高山草原蝗虫与植物群落关系的研究[J]. 西北农林科技大学学报, 42(2): 113-122.

胡梦珺, 田丽慧, 张登山, 等, 2012. 遥感与GIS支持下近30a来青海湖环湖区土地沙漠化动态变化研究[J]. 中国沙漠, 32(4): 901-904.

黄敬峰, 蒋亨显, 王人潮, 1999. 干旱区土地利用遥感监测研究[J]. 干旱区研究(2): 54-60.

黄珊, 周立华, 陈勇, 等, 2014. 近60年来政策因素对民勤生态环境变化的影响[J]. 干旱区资源与环境, 28(7): 73-78.

颉耀文, 郭英, 矫树春, 2004. 基于遥感与GIS的民勤盆地荒漠垦殖研究[J]. 遥感技术与应用, 19(5): 334-338.

井学辉，2005. 民勤绿洲景观格局与动态及荒漠化成因分析 [D]. 保定：河北农业大学.

李并成，2003. 河西走廊历史时期绿洲边缘荒漠植被破坏考 [J]. 中国历史地理论丛，18(4): 124-133.

李并成，1999. 沙漠历史地理学的几个理论问题——以我国河西走廊历史上的沙漠化研究为例 [J]. 地理科学，19(3): 211-215.

李昌龙，2005. 民勤连古城自然保护区物种多样性与群落稳定性研究 [D]. 兰州：西北师范大学.

李得禄，刘世增，纪永福，等，2016. 民勤连古城自然保护区异质生境中沙木蓼群落结构及物种多样性 [J]. 西北林学院学报，31(5): 85-89.

李发鸿，马存世，高万林，等，2012. 干旱荒漠区围栏封育对白刺群落生长的影响 [J]. 甘肃林业科技，37(3): 23-25.

李金海，2001. 区域生态承载力与可持续发展 [J]. 中国人口资源与环境，11(3): 76-78.

李猛，1989. 人口承载容量研究的回顾 [J]. 地域研究与开发，4: 47-49.

刘斌，孙艳玲，王中良，等，2015. 华北地区植被覆盖变化及其影响因子的相对作用分析 [J]. 自然资源学报 (1): 12-23.

刘洪蓬，蒋平安，武红旗，等，2011. 罗布泊地区土壤多样性研究 [J]. 新疆农业科学，48(4): 707-711.

刘建凯，富远年，宋良红，2007. 民勤县荒漠化成因与防治对策 [J]. 水土保持通报，27(3): 180-182.

刘康，徐卫华，欧阳志云，等，2002. 基于 GIS 的甘肃省土地沙漠化敏感性评价 [J]. 水土保持通报，1(5): 29-31.

刘新华，杨勤科，汤国安，2001. 中国地形起伏度的提取及在水土流失定量评价中的应用 [J]. 水土保持通报，21(1): 57-60.

刘长才，2007. 民勤土地荒漠化的成因分析及治理措施研究 [J]. 防灾科技学院学报，9(2): 66-69.

刘治国，1959. 民勤群众插植风墙的几点经验 [J]. 林业科技通讯，34: 10.

马绍休，2007. 民勤地区荒漠化研究 [D]. 兰州：中国科学院寒区旱区环境与工程研究所.

苗鸿，2002. 甘肃省生态功能区划研究 [D]. 北京：中国科学院生态环境研究中心.

任孝宗，2010. 民勤绿洲及其毗邻沙漠流动沙丘表面沉积物的元素分析 [D]. 兰州：兰州大学.

民勤县水利志编辑委员会，1994. 民勤县水利志 [M]. 兰州：兰州大学出版社.

宁宝山，张世虎，高承兵，等，2016. 梭梭对"双眉式"草方格沙障的影响初探——以民勤沙漠化治理为例 [J]. 甘肃科技，32(24): 32-33.

牛文元，刘毅，李喜先，等，2003. 2003 中国可持续发展战略报告 [M]. 北京：科学出版社.

欧阳志云，王效科，苗鸿，2000. 中国生态环境敏感性及其区域差异规律研究 [J]. 生态学报，20 (1): 9-12.

潘竟虎，李天宇，2010. 基于光谱混合分析和反照率-植被盖度特征空间的土地荒漠化遥感评价 [J]. 自然资源学报，25(11): 1960-1969.

庞一龙，2009. 民勤连古城国家级自然保护区生态承载力评价 [D]. 兰州：兰州大学.

彭鸿嘉，傅伯杰，陈利顶，等，2004. 甘肃民勤荒漠区植被演替特征及驱动力研究——以民勤为例 [J]. 中国沙漠，24(5): 628-633.

秦耀辰，刘凯，2003. 分形理论在地理学中的应用研究进展 [J]. 地理科学进展，22(4): 426-436.

秦作栋，1995. 晋西北地区土地荒漠化及其治理对策的研究 [D]. 兰州：中国科学院兰州沙漠研究所.

任艳群，刘海隆，唐立新，等，2014. 基于 NDVI-Albedo 特征空间的沙漠化动态变化研究——以准格尔盆地南缘为例 [J]. 水土保持通报，34(2): 267-271.

任圆圆，张学雷，2018. 从土壤多样性到地多样性的研究进展 [J]. 土壤，50(2): 225-230.

任圆圆，张学雷，2017. 以地形为基础的河南省域土壤多样性的格局 [J]. 土壤通报，48(1): 22-31.

荣琨，2016. 基于分形理论的山美水库流域土地利用结构变化研究 [J]. 生态科学，35(3): 129-133.

石承仓，涂军，2009. 近40年四川省若尔盖高原土地荒漠化遥感监测研究 [J]. 西南农业学报，22(6): 1662-1664.

史德明，梁音，2002. 我国脆弱生态环境的评估与保护 [J]. 水土保持学报，16(1): 6-10.

宋朝枢，1999. 宁夏白芨滩自然保护区科学考察集[M]. 北京：中国林业出版社.

宋朝枢，1999. 乌拉特梭梭林自然保护区科学考察集[M]. 北京：中国林业出版社.

宋利珍，常庆瑞，2011. 秦巴山区不同地貌类型土地利用分形研究[J]. 江西农业学报，23(10)：154-157.

唐剑武，郭怀成，叶文虎，1997. 环境承载力及其在环境规划中的初步应用[J]. 中国环境科学，17(1): 6-9.

唐小平，何承仁，宋朝枢，2001. 甘肃民勤连古城自然保护区科学考察集[M]. 北京：中国林业出版社.

汪晓菲，何平，康文星，2014. 若尔盖县土地沙化现状及沙化发展动态特征[J]. 中南林业科技大学学报(12): 124-129.

王成，魏朝富，袁敏，等，2007. 不同地貌类型下景观格局对土地利用方式的响应[J]. 农业工程学报，23(9): 57-61.

王福成，王震亚，1995. 甘肃抗旱治沙史研究[M]. 兰州：甘肃人民出版社.

王国利，赵多明，曾新德，等，2018. 甘肃民勤连古城国家级自然保护区增补昆虫名录[J]. 草原与草坪，38(5): 77-82

王家骥，姚小红，李京荣，等，2000. 黑河流域生态承载力估测[J]. 环境科学研究，13(2): 44-48.

王建，董光荣，2000. 利用遥感信息决策树方法分层提取荒漠化土地类型的研究探讨[J]. 中国沙漠，20(3): 243-247.

王天强，汤萃文，齐国翠，等，2014. 连古城自然保护区生态经济系统的能值分析[J]. 淮海工学院学报：自然科学版，23(1): 68-71.

王万忠，焦菊英，1996. 中国土壤侵蚀因子定量评价研究[J]. 水土保持通报，16(5): 1-20.

王效科，欧阳志云，肖寒，等，2001. 中国水土流失敏感性分布规律及其区划研究[J]. 生态学报，21(1): 14-19.

王旭娜，黄新动，白晓拴，2018. 温度对巨膜长蝽翅型分化的影响初探[J]. 内蒙古民族大学学报：自然科学版，33(2): 152-156

魏怀东，周兰萍，徐先英，等，2011. 2003—2008年甘肃民勤绿洲土地荒漠化动态监测[J]. 干旱区研究，28(4): 572-579.

伍光和，江存远，1998. 甘肃省综合自然区划[M]. 兰州：甘肃科学技术出版社.

武正丽，贾文雄，刘亚荣，等，2014. 近10a来祁连山植被覆盖变化研究[J]. 干旱区研究，31(1): 80-87.

肖洪浪，肖生春，董治宝，等，2020. 库姆塔格沙漠地区土壤及分布特征[J]. 中国沙漠，30(4): 837-843.

谢红彬，1997. 关于资源环境承载容量问题的思考[J]. 新疆大学学报：自然科学版，14(1): 79-84.

徐琳瑜，杨志峰，毛显强，2003. 城市适度人口分析方法及其应用[J]. 环境科学学报，23(3): 67-71.

徐中民，程国栋，张志强，2001. 生态足迹方法-可持续性定量研究的新方法——以张掖地区1995年的生态足迹计算为例[J]. 生态学报，21(9): 1485-1494.

闫好原，马存世，李进军，等，2011. 民勤连古城国家级自然保护区干旱荒漠植被群落景观结构与建设对策[J]. 甘肃科技，27(20): 180-182.

张大治，赵娜，李岳诚，等，2014. 宁夏宁东地区沙蒿金叶甲种群动态及其影响因子[J]. 生态学杂志，33(2): 346-351

张国平，张增祥，刘纪远，2001. 中国土壤风力侵蚀空间格局及驱动因子分析[J]. 地理学报，56(2): 146-158.

张李香，范锦胜，王贵强，2010. 中国国内草地螟研究进展[J]. 中国农学通报，26(1): 215-218.

张丽，杨庆媛，冯应斌，2008. 基于分形理论的区域土地利用类型探讨——以重庆市沙坪坝区为例[J]. 西南大学学报：自然科学版，30(8): 137-141.

张强，吴佩芸，2017. 基于RS和GIS的自然保护区生态保护状况评价——以甘肃民勤连古城国家级自然保护区为例[J]. 甘肃科技，33(14): 36-38, 61.

中国科学院北京植物研究所，1972—1982. 中国高等植物图鉴(第1-5册)[M]. 北京：科学出版社.

中国植物志编辑委员会，1959—2004. 中国植物志[M]. 北京：科学出版社.

周建秀，谷雨，达来，等，2014. 阿拉善地区荒漠化遥感监测及动态变化[J]. 干旱区资源与环境，28(1): 126-130.

附录1　甘肃民勤连古城国家级自然保护区维管植物名录

科名	属名	种名
木贼科 Equisetaceae	木贼属	问荆 *Equisetum arvense* Linn.
		节节草 *Equisetum ramosissimum* Desf.
麻黄科 Ephedraceae	麻黄属	中麻黄 *Ephedra intermedia* Schrenk ex Mey.
		膜果麻黄 *Ephedra przewalskii* Stapf
杨柳科 Salicaceae	杨属	胡杨 *Populus euphratica* Oliv.
		二白杨 *Populus gansuensis* C. Wang & H. L. Yang
		箭杆杨 *Populus nigra* Linn. var. *thevestina* (Dode) Bean
		小叶杨 *Populus simonii* Carr.
	柳属	旱柳 *Salix matsudana* Koidz
		北沙柳 *Salix psammophila* C. Wang & Chang Y. Yang
		线叶柳 *Salix wilhelmsiana* M. Bieb.
蓼科 Polygonaceae	木蓼属	沙木蓼 *Atraphaxis bracteata* A. Los.
	沙拐枣属	阿拉善沙拐枣 *Calligonum alashanicum* A. Los.
		甘肃沙拐枣 *Calligonum chinense* A. Los.
		沙拐枣 *Calligonum mongolicum* Turcz.
	蓼属	帚蓄蓄 *Polygonum argyrocoleon* Steud. ex Kunze
		蓄蓄 *Polygonum aviculare* Linn.
		马蓼 *Polygonum lapathifolium* Linn.
		西伯利亚神血宁 *Polygonum sibiricum* Laxm.
	大黄属	单脉大黄 *Rheum uninerve* Maxim.
	酸模属	巴天酸膜 *Rumex patientia* Linn.
藜科 Chenopodiaceae	沙蓬属	沙蓬 *Agriophyllum squarrosum* (Linn.) Moq.
	假木贼属	短叶假木贼 *Anabasis brevifolia* C. A. Mey.
	滨藜属	中亚滨藜 *Atriplex centralasiatica* Iljin
		西伯利亚滨藜 *Atriplex sibirica* Linn.
	雾冰藜属	雾冰藜 *Bassia dasyphylla* (Fisch. et C. A. Mey.) O. Kuntze
	藜属	藜 *Chenopodium album* Linn.
		灰绿藜 *Chenopodium glaucum* Linn.
		杂配藜 *Chenopodium hybridum* Linn.
	虫实属	绳虫实 *Corispermum declinatum* Steph. ex Iljin
		蒙古虫实 *Corispermum mongolicum* Iljin
		碟果虫实 *Corispermum patelliforme* Iljin
	盐生草属	白茎盐生草 *Halogeton arachnoideus* Moq.
	梭梭属	梭梭 *Haloxylon ammodendron* (C. A. Mey.) Bunge
	盐爪爪属	尖叶盐爪爪 *Kalidium cuspidatum* (Ung.–Sternb.) Grub.
		黄毛头 *Kalidium cuspidatum* (Ung.–Sternb.) Grub. var. *sinicum* A. J. Li

科名	属名	种名
藜科 Chenopodiaceae	盐爪爪属	盐爪爪 *Kalidium foliatum* (Pall.) Moq.
		细枝盐爪爪 *Kalidium gracile* Fenzl
		圆叶盐爪爪 *Kalidium schrenkianum* Bunge. ex Ung.−Sternb.
	地肤属	黑翅地肤 *Kochia melanoptera* Bunge
		地肤 *Kochia scoparia* (Linn.) Schrad.
	驼绒藜属	驼绒藜 *Krascheninnikovia ceratoides* (Linn.) Gueldenst.
	猪毛菜属	猪毛菜 *Salsola collina* Pall.
		松叶猪毛菜 *Salsola laricifolia* Turcz. ex Litv.
		珍珠猪毛菜 *Salsola passerina* Bunge
		刺沙蓬 *Salsola tragus* Linn.
	碱蓬属	角果碱蓬 *Suaeda corniculata* (C. A. Mey.) Bunge
		碱蓬 *Suaeda glauca* (Bunge) Bunge
		阿拉善碱蓬 *Suaeda przewalskii* Bunge
	合头草属	合头草 *Sympegma regelii* Bunge
苋科 Amaranthaceae	苋属	反枝苋 *Amaranthus retroflexus* Linn.
石竹科 Caryophyllaceae	裸果木属	裸果木 *Gymnocarpos przewalskii* Bunge ex Maxim.
	拟漆姑属	拟漆姑 *Spergularia marina* (Linn.) Griseb.
	麦蓝菜属	麦蓝菜 *Vaccaria hispanica* (Mill.) Rauschert
毛茛科 Ranunculaceae	铁线莲属	灰叶铁线莲 *Clematis tomentella* (Maxim.) W. T. Wang & L. Q. Li
		黄花铁线莲 *Clematis intricata* Bunge
	碱毛茛属	长叶碱毛茛 *Halerpestes ruthenica* (Jaiq.) Ovcz.
		碱毛茛 *Halerpestes sarmentosa* (Adams) Kom. et Alissova
罂粟科 Papaveraceae	紫堇属	灰绿黄堇 *Corydalis adunca* Maxim.
十字花科 Brassicaceae	庭荠属	灰毛庭荠 *Alyssum canescens* DC.
	群心菜属	毛果群心菜 *Cardaria pubescens* (C. A. Mey.) Jarm.
	花旗竿属	扭果花旗杆 *Dontostemon elegans* Maxim.
	芝麻菜属	芝麻菜 *Eruca vesicaria* (Linn.) Cavan. subsp. *sativa* (Mill.) Thell.
	四棱荠属	四棱荠 *Goldbachia laevigata* (M. Bieb) DC
	薄果荠属	薄果荠 *Hornungia procumbens* (Linn.) Hayek
	独行菜属	独行菜 *Lepidium apetalum* Willd.
		心叶独行菜 *Lepidium cordatum* Willd.ex.Stev.
		宽叶独行菜 *Lepidium latifolium* Linn.
		钝叶独行菜 *Lepidium obtusum* Basin.
		柱毛独行菜 *Lepidium ruderale* Linn.
	涩荠属	涩荠 *Malcolmia africana* (Linn.) R. Brown
		刚毛涩芥 *Malcolmia hispida* Litw.
	小柱芥属	短果小柱芥 *Microstigma brachycarpum* Botsch.
	念珠芥属	蚓果芥 *Neotorularia humilis* (C. A. Mey.) Hedge & J. Léonard
	沙芥属	斧翅沙芥 *Pugionium dolabratum* Maxim.

科名	属名	种名
蔷薇科 Rosaceae	桃属	蒙古扁桃 *Amygdalus mongolica* (Maxim.) Ricker
	绵刺属	绵刺 *Potaninia mongolica* Maxim.
	委陵菜属	蕨麻 *Potentilla anserina* Linn.
		二裂委陵菜 *Potentilla bifurca* Linn.
		朝天委陵菜 *Potentilla supina* Linn.
豆科 Fabaceae	沙冬青属	沙冬青 *Ammopiptanthus mongolicus* (Maxim. ex Kom.) S. H. Cheng
	黄耆属	荒漠黄耆 *Astragalus grubovii* Sanchir
		斜茎黄耆 *Astragalus laxmannii* Jacq.
		糙叶黄耆 *Astragalus scaberrimus* Bunge
		变异黄耆 *Astragalus variabilis* Bunge
	锦鸡儿属	矮脚锦鸡儿 *Caragana brachypoda* Pojark.
		柠条锦鸡儿 *Caragana korshinskii* Kom.
	山竹子属	蒙古山竹子 *Corethrodendron fruticosum* var. *mongolicum* (Turcz.) Turcz. ex Kit.
		红花山竹子 *Corethrodendron multijugum* (Maxim.) B. H. Choi & H. Ohashi
		细枝山竹子 *Corethrodendron scoparium* (Fisch. & C. A. Mey.) Fisch. & Basin.
	甘草属	甘草 *Glycyrrhiza uralensis* Fisch. ex DC.
	铃铛刺属	铃铛刺 *Halimodendron halodendron* (Pall.) Druce
	百脉根属	细叶百脉根 *Lotus tenuis* Waldst. & Kit. ex Willd.
	苜蓿属	天蓝苜蓿 *Medicago lupulina* Linn.
	草木樨属	白花草木樨 *Melilotus albus* Medikus
		草木樨 *Melilotus officinalis* (Linn.) Pall.
	棘豆属	猫头刺 *Oxytropis aciphylla* Ledeb.
		小花棘豆 *Oxytropis glabra* (Lam.) DC.
	苦马豆属	苦马豆 *Sphaerophysa salsula* (Pall.) DC.
	野决明属	披针叶野决明 *Thermopsis lanceolata* R. Br
	野豌豆属	窄叶野豌豆 *Vicia sativa* Linn. subsp. *nigra* Ehrh.
		广布野豌豆 *Vicia cracca* Linn.
白刺科 Nitrariaceae	白刺属	大白刺 *Nitraria roborowskii* Kom.
		小果白刺 *Nitraria sibirica* Pall.
		泡泡刺 *Nitraria sphaerocarpa* Maxim.
		白刺 *Nitraria tangutorum* Bobr.
骆驼蓬科 Peganaceae	骆驼蓬属	骆驼蓬 *Peganum harmala* Linn.
		多裂骆驼蓬 *Peganum multisectum* (Maxim.) Bobr.
		骆驼蒿 *Peganum nigellastrum* Bunge
蒺藜科 Zygophyllaceae	蒺藜属	蒺藜 *Tribulus terrestris* Linn.
	霸王属	豆型霸王 *Zygophyllum fabago* Linn.
		戈壁霸王 *Zygophyllum gobicum* Maxim.
		甘肃霸王 *Zygophyllum kansuense* Y. X. Liou

科名	属名	种名
蒺藜科 Zygophyllaceae	霸王属	粗茎霸王 Zygophyllum loczyi Kanitz
		蝎虎霸王 Zygophyllum mucronatum Maxim.
		翼果霸王 Zygophyllum pterocarpum Bunge
		霸王 Zygophyllum xanthoxylon (Bunge) Maxim.
大戟科 Euphorbiaceae	地锦属	地锦 Euphorbia humifusa Willd.
锦葵科 Malvaceae	蜀葵属	蜀葵 Alcea rosea Linn.
	木槿属	野西瓜苗 Hibiscus trionum Linn.
瓣鳞花科 Frakeniaceae	瓣鳞花属	瓣鳞花 Frankenia pulverulenta Linn.
柽柳科 Tamaricaceae	红砂属	红砂 Reaumuria soongarica (Pall.)Maxim.
	柽柳属	白花柽柳 Tamarix androssowii Litv.
		柽柳 Tamarix chinensis Lour.
		长穗柽柳 Tamarix elongata Ledeb.
		盐地柽柳 Tamarix Karelinii Bunge
		细穗柽柳 Tamarix leptostachya Bunge.
		多枝柽柳 Tamarix ramosissima Ledeb.
胡颓子科 Elaeagnaceae	胡颓子属	沙枣 Elaeagnus angustifolia Linn.
千屈菜科 Lythraceae	千屈菜属	千屈菜 Lythrum salicaria Linn.
锁阳科 Cynomoriaceae	锁阳属	锁阳 Cynomorium songaricum Rupr.
伞形科 Apiaceae	阿魏属	硬阿魏 Ferula bungeana Kit.
报春花科 Primulaceae	海乳草属	海乳草 Glaux maritima Linn.
白花丹科 Plumbaginaceae	补血草属	黄花补血草 Limonium aureum (Linn.) Hill
		耳叶补血草 Limonium otolepis (Schrenk) Kuntze
夹竹桃科 Apocynaceae	白麻属	白麻 Apocynum pictum Schrenk
		罗布麻 Apocynum venetum Linn.
萝藦科 Asclepiadaceae	鹅绒藤属	戟叶鹅绒藤 Cynanchum acutum (Willd.) K. H. Rech. subsp. sibiricum (Willd.) K. H. Rech.
		鹅绒藤 Cynanchum chinense R. Br.
		地梢瓜 Cynanchum thesioides (Freyn) K. Schum.
旋花科 Convolvulaceae	打碗花属	打碗花 Calystegia hederacea Wallich
	旋花属	银灰旋花 Convolvulus ammannii Desr.
		田旋花 Convolvulus arvensis Linn.
		鹰爪柴 Convolvulus gortschakovii Schrenk
马鞭草科 Verbenaceae	莸属	蒙古莸 Caryopteris mongholica Bunge
唇形科 Lamiaceae	薄荷属	薄荷 Mentha canadensis Linn.
茄科 Solanaceae	曼陀罗属	曼陀罗 Datura stramonium Linn.
	枸杞属	宁夏枸杞 Lycium barbarum Linn.
		黄果枸杞 Lycium barbarum Linn. var. auranticarpum K. F. Ching
		枸杞 Lycium chinense Mill.
		黑果枸杞 Lycium ruthenicum Murr.
	茄属	龙葵 Solanum nigrum Linn.

科名	属名	种名
茄科 Solanaceae	茄属	红果龙葵 *Solanum villosum* Mill.
紫草科 Boraginaceae	狼紫草属	狼紫草 *Anchusa ovata* Lehm.
	软紫草属	灰毛软紫草 *Arnebia fimbriata* Maxim.
		黄花软紫草 *Arnebia guttata* Bunge
	鹤虱属	鹤虱 *Lappula myosotis* V. Wolf
	砂引草属	砂引草 *Tournefortia sibirica* Linn.
玄参科 Scrophulariaceae	野胡麻属	野胡麻 *Dodartia orientalis* Linn.
	水茫草属	水茫草 *Limosella aquatica* Linn.
	疗齿草属	疗齿草 *Odontites vulgaris* Moench
	婆婆纳属	北水苦荬 *Veronica anagallis-aquatica* Linn.
列当科 Orobanchaceae	肉苁蓉属	肉苁蓉 *Cistanche deserticola* Y. C. Ma
		沙苁蓉 *Cistanche sinensis* Beck
	列当属	欧亚列当 *Orobanche cernua* Loefling var. *cumana* (Wallroth) Beck
车前科 Plantaginaceae	车前属	平车前 *Plantago depressa* Willd.
		大车前 *Plantago major* Linn.
		小车前 *Plantago minuta* Pall.
菊科 Asteraceae	亚菊属	灌木亚菊 *Ajania fruticulosa* (Ledeb.) Poljak.
	牛蒡属	牛蒡 *Arctium lappa* Linn.
	蒿属	白莎蒿 *Artemisia blepharolepis* Bunge
		盐蒿 *Artemisia halodendron* Turcz. ex Bess
		蒙古蒿 *Artemisia mongolica* (Fisch. ex Bess.) Nakai
		黑沙蒿 *Artemisia ordosica* Krasch
		圆头蒿 *Artemisia sphaerocephala* Krasch
		猪毛蒿 *Artemisia scoparia* Waldst. & Kit.
		北艾 *Artemisia vulgaris* Linn.
		内蒙古旱蒿 *Artemisia xerophytica* Krasch
	紫菀属	阿尔泰狗娃花 *Aster altaicus* Willd.
		千叶阿尔泰狗娃花 *Aster altaicus* Willd. var. *millefolius* (Vant.) Hand.-Mazz.
		砂狗娃花 *Aster meyendorffii* (Regel & Maack) Voss
	紫菀木属	中亚紫菀木 *Asterothamnus centraliasiaticus* Novopokr.
	短舌菊属	星毛短舌菊 *Brachanthemum pulvinatum* (Hand.-Mazz.) Shih
	小甘菊属	毛果小甘菊 *Cancrinia lasiocarpa* C.Winkl
	蓟属	藏蓟 *Cirsium arvense* (Linn.) Scop. var. *alpestre* Nägeli
		刺儿菜 *Cirsium arvense* (Linn.) Scop. var. *integrifolium* Wimm. & Grab.
	蓝刺头属	砂蓝刺头 *Echinops gmelinii* Turcz.
	旋覆花属	蓼子朴 *Inula salsoloides* (Turcz.) Ostrnf.
	小苦荬属	中华苦荬菜 *Ixeris chinensis* (Thunb.) Kit.
	苓菊属	蒙疆苓菊 *Jurinea mongolica* Maxim.
	花花柴属	花花柴 *Karelinia caspia* (Pall.) Less.

科名	属名	种名
菊科 Asteraceae	乳苣属	乳苣 *Lactuca tatarica* (Linn.) C. A. Mey.
	栉叶蒿属	栉叶蒿 *Neopallasia pectinata* (Pall.) Poljak
	蝟菊属	火媒草 *Olgaea leucophylla* (Turcz.) Iljin
	顶羽菊属	顶羽菊 *Rhaponticum repens* (Linn.) Hid
	风毛菊属	达乌里风毛菊 *Saussurea davurica* Adams.
	鸦葱属	拐轴鸦葱 *Scorzonera divaricata* Turcz.
		蒙古鸦葱 *Scorzonera mongolica* Maxim
		帚状鸦葱 *Scorzonera pseudokivaricata* Lipsch.
	千里光属	北千里光 *Senecio dubitabilis* C. Jeff. et Y. L. Chen
	绢蒿属	民勤绢蒿 *Seriphidium minchunense* Y. R. Ling
	百花蒿属	百花蒿 *Stilpnolepis centiflora* (Maxim.) Krasch.
	苦苣菜属	长裂苦苣菜 *Sonchus brachyotus* DC.
	蒲公英属	蒲公英 *Taraxacum mongolicum* Hand.−Mazz.
		深裂蒲公英 *Taraxacum scariosum* (Tausch) Kirschner & Štěpánek
	碱菀属	碱菀 *Tripolium pannonicum* (Jacq.) Dobr.
	苍耳属	苍耳 *Xanthium strumarium* Linn.
水麦冬科 Juncaginaceae	水麦冬属	海韭菜 *Triglochin maritima* Linn.
		水麦冬 *Triglochin palustris* Linn.
眼子菜科 Potamogetonaceae	眼子菜属	小眼子菜 *Potamogeton pusillus* Linn.
香蒲科 Typhaceae	香蒲属	水烛 *Typha angustifolia* Linn.
		无苞香蒲 *Typha laxmannii* Lepech
泽泻科 Alismataceae	泽泻属	草泽泻 *Alisma gramineum* Lejeune
禾本科 Poaceae	芨芨草属	芨芨草 *Achnatherum splendens* (Trin.) Nevski
	獐毛属	小獐毛 *Aeluropus pungens* (M. Bieb.) C. Koch
		獐毛 *Aeluropus sinensis* (Debeaux) Tzvel.
	三芒草属	三芒草 *Aristida adscensionis* Linn.
	拂子茅属	拂子茅 *Calamagrostis epigeios* (Linn.) Roth
		假苇拂子茅 *Calamagrostis pseudophragmites* (Hall. f.) Koel.
	虎尾草属	虎尾草 *Chloris virgata* Sw.
	隐子草属	无芒隐子草 *Cleistogenes songorica* (Roshev.) Ohwi
	隐花草属	隐花草 *Crypsis aculeata* (Linn.) Ait.
	披碱草属	老芒麦 *Elymus sibiricus* Linn.
	冠芒草属	九顶草 *Enneapogon desvauxii* P. Beauv.
	画眉草属	小画眉草 *Eragrostis minor* Host
		画眉草 *Eragrostis pilosa* (Linn.) Beauv
	大麦属	布顿大麦草 *Hordeum bogdanii* Wilensky
	赖草属	赖草 *Leymus secalinus* (Georgi) Tzvel.
	芦苇属	芦苇 *Phragmites australis* (Cav.) Frin. ex Steud.
	棒头草属	长芒棒头草 *Polypogon monspeliensis* (Linn.) Desf.
	沙鞭属	沙鞭 *Psammochloa villosa* (Trinius) Bor

科名	属名	种名
禾本科 Poaceae	细柄茅属	中亚细柄茅 *Ptilagrostis pelliotii* (Danguy) Grub.
	碱茅属	碱茅 *Puccinellia distans* (Linn.) Parl.
	狗尾草属	金色狗尾草 *Setaria pumila* (Poir.) Roem. & Schult.
		狗尾草 *Setaria viridis* (Linn.)Beauv
	针茅属	长芒草 *Stipa bungeana* Trin.
		沙生针茅 *Stipa caucasica* subsp. *glareosa* (P. A. Smir.) Tzvel.
		西北针茅 *Stipa sareptana* A. K. Becker var. *krylovii* (Roshev.) P. C. Kuo & Y. H. Sun
		天山针茅 *Stipa tianschanica* Roshev.
莎草科 Cyperaceae	三棱草属	球穗三棱草 *Bolboschoenus affinis* (Roth) Drobow
	薹草属	白颖薹草 *Carex duriuscula* C. A. Mey. subsp. *rigescens* (Franch.) S. Yun Liang et Y. C. Tang
		细叶薹草 *Carex duriuscula* C. A. Mey. subsp. *stenophylloides* (V. I. Krecz.) S. Yun Liang & Y. C. Tang
	莎草属	花穗水莎草 *Cyperus pannonicus* Jacq.
	荸荠属	沼泽荸荠 *Eleocharis palustris* (Linn.) Roem. & Schult.
	藨草属	三棱水葱 *Schoenoplectus triqueter* (Linn.) Pall.
灯芯草科 Juncaceae	灯芯草属	小灯芯草 *Juncus bufonius* Linn.
百合科 Liliaceae	葱属	蒙古韭 *Allium mongolicum* Regel
		碱韭 *Allium polyrhizum* Turcz. ex Regel
	天门冬属	戈壁天门冬 *Asparagus gobicus* N. A. Ivanova ex Grubov
		西北天门冬 *Asparagus breslerianus* Schult. f.
鸢尾科 Iridaceae	鸢尾属	马蔺 *Iris lactea* Pall. var. *chinensis* (Fisch.) Koidz.
		细叶鸢尾 *Iris tenuifolia* Pall.

附录2 甘肃民勤连古城国家级自然保护区脊椎动物名录

纲、目、科	中文名	学名	国家保护级别	国际贸易公约	中日候鸟保护协定	中澳候鸟保护协定	三有动物
两栖纲 Amphibian							
无尾目 Anura							
蟾蜍科 Bufonidae	花背蟾蜍	*Bufo raddei*					√
	中国林蛙	*Rana chensinensis*		V			
	黑斑侧褶蛙	*Pelophylax nigromaculatus*					
爬行纲 Reptilia							
有鳞目 Squamata							
壁虎科 Gekkonidae	隐耳漠虎	*Alsophylax pipiens*					√
鬣蜥科 Agamidae	荒漠沙蜥	*Phrynocephalus przewalskii*					√
蜥蜴科 Lacertiolae	密点麻蜥	*Eremias multiocellata*					√
	虫纹麻蜥	*Eremias vermiculata*					√
	荒漠麻蜥	*Eremias przewalskii*					√
蟒科 Boidae	红沙蟒	*Eryx miliaris*	二级				
游蛇科 Colubridae	花条蛇	*Psammophis lineolatus*					√
	白条锦蛇	*Elaphe dione*					
蝰科 Viperidae	中介蝮	*Gloydius intermedius*		I			
鸟纲 Aves							
鹈形目 Pelecaniformes							
鹭科 Ardeidae	草鹭	*Ardea purpurea*			√		√
	苍鹭	*Ardea cinerea*					√
	牛背鹭	*Bubulcus ibis*			√	√	√
	池鹭	*Ardeola bacchus*					√
	大白鹭	*Ardea alba*			√	√	√
	夜鹭	*Nycticorax nycticorax*			√		√
	黄斑苇鳽	*Ixobrychus sinensis*				√	√
鹮科 Threskiornithidae	黑脸琵鹭	*Platalea minor*	一级	E	√		
	白琵鹭	*Platalea leucorodia*	二级	V	√		
鹈鹕科 Pelecanidae	卷羽鹈鹕	*Pelecanus crispus*	一级				
鹳形目 Ciconiiformes							
鹳科 Ciconiidae	黑鹳	*Ciconia nigra*	一级	E	√		
鲣鸟目 Suliformes							
鸬鹚科 Phalacrocoracidae	普通鸬鹚	*Phalacrocorax carbo*					√
雁形目 Anseriformes							
鸭科 Anatidae	赤麻鸭	*Tadorna ferruginea*			√		√
	白眼潜鸭	*Aythya nyroca*					√
	红头潜鸭	*Aythya ferina*			√		√
	凤头潜鸭	*Aythya fuligula*			√		√
	赤嘴潜鸭	*Netta rufina*					√
	绿头鸭	*Anas platyrhynchos*			√		√

纲、目、科	中文名	学名	国家保护级别	国际贸易公约	中日候鸟保护协定	中澳候鸟保护协定	三有动物
鸭科 Anatidae	绿翅鸭	*Anas crecca*			√		√
	赤膀鸭	*Anas strepera*			√		√
	针尾鸭	*Anas acuta*			√		√
	斑嘴鸭	*Anas zonorhyncha*					√
	琵嘴鸭	*Anas clypeata*			√	√	√
	斑头秋沙鸭	*Mergellus albellus*	二级		√		
	普通秋沙鸭	*Mergus merganser*			√		√
	鹊鸭	*Bucephala clangula*			√		√
	灰雁	*Anser anser*					√
	斑头雁	*Anser indicus*					√
	豆雁	*Anser fabalis*			√		√
	大天鹅	*Cygnus cygnus*	二级	V	√		
鹰形目 Accipitriformes							
鹰科 Accipitridae	苍鹰	*Accipiter gentilis*	二级				
	雀鹰	*Accipiter nisus*	二级				
	凤头蜂鹰	*Pernis ptilorhynchus*	二级	V			
	白头鹞	*Circus aeruginosus*	二级		√		
	金雕	*Aquila chrysaetos*	一级	V			
	白肩雕	*Aquila heliaca*	一级	V			
	草原雕	*Aquila nipalensis*	一级	V			
	玉带海雕	*Haliaeetus leucoryphus*	一级	V			
	白尾海雕	*Haliaeetus albicilla*	一级	I			
	棕尾鵟	*Buteo rufinus*	二级	R			
	普通鵟	*Buteo buteo*	二级				
	大鵟	*Buteo hemilasius*	二级				
鹗科 Pandionidae	鹗	*Pandion haliaetus*	二级	R			
隼形目 Falconiformes							
隼科 Falconidae	游隼	*Falco peregrinus*	二级				
	灰背隼	*Falco columbarius*	二级		√		
	猎隼	*Falco cherrug*	一级	V			
	红隼	*Falco tinnunculus*	二级				
	燕隼	*Falco subbuteo*	二级		√		
	红脚隼	*Falco amurensis*	二级				
鸡形目 Galliformes							
雉科 Phasianidae	环颈雉	*Phasianus colchicus*					√
	石鸡	*Alectoris chukar*					√
鹤形目 Gruiformes							
鹤科 Gruidae	灰鹤	*Grus grus*	二级		√		
	蓑羽鹤	*Anthropoides virgo*	二级	I			

纲、目、科	中文名	学名	国家保护级别	国际贸易公约	中日候鸟保护协定	中澳候鸟保护协定	三有动物
鸨形目 Otidiformes							
鸨科 Otididae	大鸨	*Otis tarda*	一级	V			
秧鸡科 Rallidae	白骨顶	*Fulica atra*					√
	黑水鸡	*Gallinula chloropus*			√		√
鸻形目 Charadriiformes							
鸻科 Charadriidae	凤头麦鸡	*Vanellus vanellus*			√		√
	灰头麦鸡	*Vanellus cinereus*					√
	金眶鸻	*Charadrius dubius*				√	√
	蒙古沙鸻	*Charadrius mongolus*			√	√	√
	环颈鸻	*Charadrius alexandrinus*					√
鹬科 Scolopacidae	红脚鹬	*Tringa totanus*			√	√	√
	青脚鹬	*Tringa nebularia*			√	√	√
	白腰草鹬	*Tringa ochropus*			√		√
	林鹬	*Tringa glareola*			√	√	√
	鹤鹬	*Tringa erythropus*			√		√
	矶鹬	*Actitis hypoleucos*			√	√	√
	长趾滨鹬	*Calidris subminuta*			√	√	√
	丘鹬	*Scolopax rusticola*			√		√
	针尾沙锥	*Gallinago stenura*				√	√
	扇尾沙锥	*Gallinago gallinago*			√		√
	孤沙锥	*Gallinago solitaria*			√		√
反嘴鹬科 Recurvirostridae	黑翅长脚鹬	*Himantopus himantopus*			√		√
	反嘴鹬	*Recurvirostra avosetta*			√		√
燕鸻科 Glareolidae	普通燕鸻	*Glareola maldivarum*				√	√
鸥科 Laridae	渔鸥	*Larus ichthyaetus*					√
	红嘴鸥	*Larus ridibundus*			√		√
	棕头鸥	*Larus brunnicephalus*					√
	灰翅浮鸥	*Chlidonias hybrida*					√
	普通燕鸥	*Sterna hirundo*			√	√	√
沙鸡目 Pterocliformes							
沙鸡科 Pteroclidae	毛腿沙鸡	*Syrrhaptes paradoxus*					√
鸽形目 Columbiformes							
鸠鸽科 Columbidae	岩鸽	*Columba rupestris*					√
	原鸽	*Columba livia*					√
	山斑鸠	*Streptopelia orientalis*					√
	灰斑鸠	*Streptopelia decaocto*					√
鹃形目 Cuculiformes							
杜鹃科 Cuculidae	大杜鹃	*Cuculus canorus*			√		√

纲、目、科	中文名	学名	国家保护级别	国际贸易公约	中日候鸟保护协定	中澳候鸟保护协定	三有动物
鸮形目 Strigiformes							
鸱鸮科 Strigidae	长耳鸮	*Asio otus*	二级		√		
	短耳鸮	*Asio flammeus*	二级		√		
	雕鸮	*Bubo bubo*	二级	R			
	纵纹腹小鸮	*Athene noctua*	二级				
夜鹰目 Caprimulgiformes							
夜鹰科 Caprimulgidae	普通夜鹰	*Caprimulgus indicus*			√		√
雨燕科 Apodidae	白腰雨燕	*Apus pacificus*			√	√	√
	小白腰雨燕	*Apus nipalensis*			√		√
	普通雨燕	*Apus apus*					√
佛法僧目 Coraciiformes							
翠鸟科 Alcedinidae	普通翠鸟	*Alcedo atthis*					√
犀鸟目 Buceroriformes							
戴胜科 Upupidae	戴胜	*Upupa epops*					√
啄木鸟目 Piciformes							
啄木鸟科 Picidae	大斑啄木鸟	*Dendrocopos major*					√
䴙䴘目 Podicipediformes							
䴙䴘科 Podicipedidae	凤头䴙䴘	*Podiceps cristatus*			√		√
	黑颈䴙䴘	*Podiceps nigricollis*	二级		√		√
	小䴙䴘	*Tachybaptus ruficollis*					√
雀形目 Passeriformes							
百灵科 Alaudidae	角百灵	*Eremophila alpestris*			√		√
	凤头百灵	*Galerida cristata*					√
	云雀	*Alauda arvensis*	二级				
燕科 Hirundinidae	家燕	*Hirundo rustica*			√	√	√
	崖沙燕	*Riparia riparia*			√		√
鹡鸰科 Motacillidae	田鹨	*Anthus richardi*			√		√
	白鹡鸰	*Motacilla alba*			√	√	√
	黄鹡鸰	*Motacilla flava*			√	√	√
	灰鹡鸰	*Motacilla cinerea*				√	√
	黄头鹡鸰	*Motacilla citreola*			√	√	√
太平鸟科 Bombycillidae	太平鸟	*Bombycilla garrulus*			√		√
伯劳科 Laniidae	荒漠伯劳	*Lanius isabellinus*					√
	灰背伯劳	*Lanius tephronotus*					√
	楔尾伯劳	*Lanius sphenocercus*					√
	红尾伯劳	*Lanius cristatus*			√		√
	灰伯劳	*Lanius excubitor*			√		√
椋鸟科 Sturniade	紫翅椋鸟	*Sturnus vulgaris*					√
	灰椋鸟	*Sturnus cineraceus*					√

纲、目、科	中文名	学名	国家保护级别	国际贸易公约	中日候鸟保护协定	中澳候鸟保护协定	三有动物
鸦科 Corvidae	喜鹊	*Pica pica*					√
	灰喜鹊	*Cyanopica cyanus*					√
	秃鼻乌鸦	*Corvus frugilegus*			√		√
	小嘴乌鸦	*Corvus corone*					
	大嘴乌鸦	*Corvus macrorhynchos*					
	寒鸦	*Corvus monedula*			√		
	红嘴山鸦	*Pyrrhocorax pyrrhocorax*					√
	白尾地鸦	*Podoces biddulphi*	二级				
	黑尾地鸦	*Podoces hendersoni*	二级				
鸫科 Turdidae	漠鵖	*Oenanthe deserti*					√
	白顶鵖	*Oenanthe pleschanka*					√
	沙鵖	*Oenanthe isabellina*					√
	穗鵖	*Oenanthe oenanthe*					√
	北红尾鸲	*Phoenicurus auroreus*			√		√
	白背矶鸫	*Monticola saxatilis*					
	红尾斑鸫	*Turdus naumanni*					
	白腹鸫	*Turdus pallidus*			√		√
	赤颈鸫	*Turdus ruficollis*					√
苇莺科 Acrocephalidae	大苇莺	*Acrocephalus arundinaceus*			√	√	√
	东方大苇莺	*Acrocephalus orientalis*					
柳莺科 Phylloscpidae	褐柳莺	*Phylloscopus fuscatus*					√
莺鹛科 Sylviidae	漠白喉林莺	*Sylvia minula*					√
	白喉林莺	*Sylvia curruca*					√
	山鹛	*Rhopophilus pekinensis*					√
鸦雀科 Paradoxornithidae	文须雀	*Panurus biarmicus*					√
雀科 Passeridae	麻雀	*Passer montanus*					√
	黑顶麻雀	*Passer ammodendri*					√
	家麻雀	*Passer domesticus*					√
燕雀科 Fringilliidae	金翅雀	*Carduelis sinica*					√
山雀科 Paridae	大山雀	*Parus major*					√
鹀科 Emberizidae	小鹀	*Emberiza pusilla*			√		√
	灰头鹀	*Emberiza spodocephala*			√		√
卷尾科 Dicruridae	黑卷尾	*Dicrurus macrocercus*					√
兽纲 Mammalia							
翼手目 Chiroptera							
蝙蝠科 Vespertilionidae	普通蝙蝠	*Vespertilio murinus*					
食肉目 Carnivora							
鼬科 Mustelidae	艾鼬	*Mustela eversmanii*					
	虎鼬	*Vormela peregusna*		R			
	亚洲狗獾	*Meles leucurus*					

纲、目、科	中文名	学名	国家保护级别	国际贸易公约	中日候鸟保护协定	中澳候鸟保护协定	三有动物
猫科 Felidae	荒漠猫	*Felis bieti*	一级	E			
犬科 Canidae	沙狐	*Vulpes corsac*	二级				√
	赤狐	*Vulpes vulpes*	二级				√
劳亚食虫目 Eulipotyphla							
猬科 Erinaceidae	大耳猬	*Hemiechinus auritus*					√
兔形目 Lagomorpha							
兔科 Leporidae	蒙古兔	*Lepus tolai*					√
鲸偶蹄目 Cetartiodactyla							
牛科 Bovidae	鹅喉羚	*Gazella subgutturosa*	二级	V			
啮齿目 Rodentia							
跳鼠科 Dipodidae	三趾跳鼠	*Dipus sagitta*					
	五趾跳鼠	*Allactaga sibirica*					
鼠科 Muridae	褐家鼠	*Rattus norvegicus*					
	小家鼠	*Mus musculus*					
	麝鼠	*Ondatra zibethica*					
	大沙鼠	*Rhombomys opimus*					
	子午沙鼠	*Meriones meridianus*					

附录3 甘肃民勤连古城国家级自然保护区昆虫名录

一、蜻蜓目（Odonata）

1. 蜻科 Libellulidae

（1）旭光翅蜻 *Sympetrum hypomelas*（Selys）

寄主：多种小型昆虫

（2）黄蜻 *Pantala flavescens*（Fabricius）

寄主：多种小型昆虫

（3）白尾灰蜻 *Orthetrum albistylum*（Selys）

寄主：多种小型昆虫

（4）黄腿赤蜻 *Sympetrum imitens* Selys

寄主：多种小型昆虫

（5）楔翅蜻 *Hydrobusileus* sp.

寄主：多种小型昆虫

（6）蓝蜻 *Diplacode* sp.

寄主：多种小型昆虫

（7）红蜻 *Crocothemis servilia* Drury

寄主：多种小型昆虫

2. 蜓科 Aeshnidae

（8）碧伟蜓 *Anax parthenope julius* Brauer

寄主：多种小型昆虫

3. 螅科 Coenagriidae

（9）褐斑异痣螅 *Ischnura senegalensis*（Rambur）

寄主：多种小型昆虫

（10）长叶异痣螅 *Ischnura elegans*（Vander Linden）

寄主：多种小型昆虫

（11）蓝尾狭翅螅 *Aciagrion olympicum* Laidlaw

寄主：多种小型昆虫

（12）黑尾黄螅 *Ceriagrion melanurum* Selys

寄主：多种小型昆虫

二、鞘翅目（Coleoptera）

4. 虎甲科 Cicindelidae

（13）狄氏虎甲 *Cylindera delavayi*（Fairmaire）

寄主：小型昆虫

（14）曲纹虎甲 *Cicindela elisae* Motschulsky

寄主：小型昆虫

（15）月斑虎甲 *Cicindela lunulata* Fabricius

寄主：小型昆虫

（16）纤丽虎甲 *Cicindela gracilis* Pallas

寄主：小型昆虫

（17）多型虎甲 *Cicindela hybrida* Linnaeus

寄主：蝗虫及小型昆虫

（18）星斑虎甲 *Cicindela kaleea* Bates

寄主：小型昆虫

（19）花斑虎甲 *Cicindela laetescripta* Motschulsky

寄主：小型昆虫

5. 步甲科 Carabidae

（20）三齿婪步甲 *Harpalus tridens* Morawitz

寄主：蛾类、小型昆虫

（21）中华婪步甲 *Harpalus sinicus* Hope

寄主：红蜘蛛、蚜虫等

（22）巨胸暗步甲 *Amara gigantea*（Motschulsky）

寄主：小型昆虫

（23）东方星步甲 *Calosoma*（*Ctenosta*）*orientale* Hope

寄主：小型昆虫

（24）蝼步甲 *Scarites acutides* Chaudoir

寄主：小型昆虫

（25）皮步甲 *Corsyra fusula*（Fischer von Waldheim）

寄主：鳞翅目幼虫、蛴螬

（26）淡足步甲 *Chlaenius pallipes*（Gebler）

寄主：蛾类幼虫、小型昆虫

（27）金星步甲 *Calosoma chinense*（Kirby）

寄主：鳞翅目幼虫

（28）短鞘步甲 *Opatrum subaratum* Faldermann

寄主：直翅目幼虫

6. 瓢虫科 Coccinellidae

（29）龟纹瓢虫 *Propylaea japonica*（Thunberg）

寄主：蚜虫、棉铃虫卵和幼虫等

（30）异色瓢虫 *Harmonia axyridis*（Pallas）

寄主：蚜虫、蚧类

（31）黑缘红瓢虫 *Chilocorus rubidus* Hope

寄主：朝鲜球蜡蚧等

（32）二星瓢虫 *Adalia bipunctata*（Linnaeus）

寄主：蚜虫

（33）四星瓢虫 *Hyperaspis reppensis*（Herbst）

寄主：蚜虫

（34）十一星瓢虫 *Coccinella undecimpunctata*（Linnaeus）

寄主：蚜虫

（35）十三星瓢虫 *Hippodamia tredecimpunctata*（Linnaeus）

寄主：蚜虫

（36）多异瓢虫 *Adonia variegata*（Goeze）

寄主：蚜虫

（37）红点唇瓢虫 *Chilocorus kuwanae* Sivestri

寄主：杨园蚧、杏球坚蚧

（38）横带瓢虫 *Coccinella trifasciata* Linnaeus

寄主：蚜虫

（39）蒙古光瓢虫 *Exochoms mongol* Burovsky

寄主：朝鲜球坚蚧等蚧类

（40）菱斑巧瓢虫 *Oenopia conglobata*（Linnaeus）

寄主：蚜虫

（41）菱斑和瓢虫 *Synharmonis conglogbauta*（Linnaeus）

寄主：蚜虫

（42）褐斑和瓢虫 *Synharmonis congogbaia contaminata* Menetries

寄主：蚜虫、沙枣木虱

（43）李斑唇瓢虫 *Chilocorus geminus* Zaslavskij

寄主：蚧类、蚜虫

7. 拟步甲科 Tenebrionidae

（44）蒙古小胸鳖甲 *Microdera mongolica* Reitter

寄主：红砂、沙篙

（45）姬小胸鳖甲 *Microdera elegans* Reitter

寄主：红砂、沙篙

（46）阿小鳖甲 *Microdera kraatzi alashanica* Skopin

寄主：红砂、白刺、沙蒿

（47）克蒙小鳖甲 *Microdera mongolica kozlovi* Kaszab

寄主：红砂、沙篙

（48）宽腹东鳖甲 *Anatolica gravidula* Frivaldszky

寄主：红砂、沙蒿

（49）尖尾东鳖甲 *Anatolica mucronata* Reitter

寄主：沙蒿

（50）波氏东鳖甲 *Analolica potanini* Reitter

寄主：红砂、沙蒿

（51）小丽东鳖甲 *Anatolica amoenula* Reiter

寄主：沙蒿

（52）皱纹东鳖甲 *Anatolica rugata* Ren et Ba

寄主：沙蒿

（53）皱纹琵琶甲 *Blaps rugosa* Gebler

寄主：梭梭、红砂、沙蒿

（54）琵琶甲 *Blaps davidea* Deyrolle

寄主：白刺、梭梭、红砂、沙蒿

（55）戈壁琵甲 *Blaps gobiensis* Frivaldszky

寄主：梭梭、红砂、沙蒿

（56）扁胸漠甲 *Sternoplax impressicollis* Reitter

寄主：核桃、枫杨

（57）洛氏脊漠甲 *Pterocoma*（*Mesopterocoma*）*loczyi* Frivaldszky

寄主：沙蒿

（58）谢氏宽漠王 *Mantichorula semenowi* Reitter

寄主：红砂、沙蒿

（59）漠甲 *Sternoplax* sp.

寄主：白刺、沙蒿

（60）希氏漠土甲 *Melanesthes csikii* Kaszab

寄主：沙蒿

（61）蒙古土潜 *Gonocephalum mongolica* Reitter

寄主：梭梭、红砂、白刺、沙蒿

（62）中华砚甲 *Cyphogenia chinensis*（Faldermann）

寄主：红砂、沙蒿

（63）砚王 *Cyphogenia funesta* Faldermann

寄主：沙生植物、玉米等

（64）方胸楔毛甲 *Trichosphaena quadrate* Ren et Zheng

寄主：红砂、沙蒿

8. 丽金龟科 Rutelidae

（65）黄褐丽金龟 *Anomala exoleta* Faldermann

寄主：林木、禾本科、豆科、茄科等

9. 粪金龟科 Geotrupidae

（66）波笨粪金龟 *Lethrus potanini* Jakovlev

（67）神圣蜣螂 *Scarabaeus sacer* Linnaeus

10. 鳃金龟科 Melolonthidae

（68）小黄鳃金龟 *Metabolus flavescens* Brenske

寄主：禾本科、各种花灌木及乔木

（69）白鳃金龟 *Polyphylla alba*（Pallas）

寄主：杨、柳、苹果

（70）灰胸突鳃金龟 *Hoplosternus incanus* Motschulsky

寄主：各种果树、林木

（71）大黑鳃金龟 *Holotrichia diomphalia* Bates

寄主：各种果树、林木

（72）福鉴鳃金龟 *Brahmina faldermanni* Kraatz

寄主：杨、柳、榆、苹果、杏、桃

（73）围绿单爪鳃金龟 *Hoplia cincticollis*（Faldermann）

寄主：杨、柳、榆、苹果

（74）朝鲜黄鳃金龟 *Miridiba koreanc* Nijina et Kinoshita

寄主：林木苗木

（75）棕色腮金龟 *Holotrichia titanis* Retter

寄主：林木苗木、枸杞、禾本科植物

（76）大云斑腮金龟 *Polyphylla laticollis* Lewis

寄主：杨、柳、榆、苹果

（77）东方绢金龟 *Serica orientalis* Motschulsky

寄主：杨、柳、榆、沙棘

（78）阔胫玛绢金龟 *Maladera verticalis* Fairmaire

寄主：沙枣、杨、柳、榆、槐

（79）黑绒金龟 *Maladera orientalis* Motschulsky

寄主：白刺、梭梭苗木、披碱草、狗尾草、狗牙根、苜蓿等

11. 犀金龟科 Dynastidae

（80）阔胸禾犀金龟 *Pentodon mongolicus* Motschulsky

寄主：林木苗木、禾本科

（81）阔胸金龟 *Pentodon patruelis* Frivaldszky

寄主：林木苗木、禾本科

12. 花金龟科 Cetoniidae

（82）白星花金龟 *Protaetia（Liocola）brevitarsis*（Lewis）

寄主：林木、果树

（83）暗绿花金龟 *Cetonia viridiopaca*（Motschulsky）

寄主：林木、果树

13. 天牛科 Cerambycidae

（84）家茸天牛 *Trichoferus campestris*（Faldermann）

寄主：杨、刺槐、桑、榆、椿、槐、杉木

（85）黄斑星天牛 *Anoplophora nobilis* Ganglbauer

寄主：杨、柳

（86）大牙锯天牛 *Dorysthenes paradoxs*（Faldermann）

寄主：榆

（87）光肩星天牛 *Anoplophora glabripennis*（Motschulsky）

寄主：杨、柳、榆

（88）梭梭天牛 *Apriona* sp.

寄主：梭梭

14. 叶甲科 Chrysomelidae

（89）蒿金叶甲 *Chrysolina aurichalcea*（Mannerheim）

寄主：沙蒿

（90）杨蓝叶甲 *Agelastica alni*（Linnaeus）

寄主：榆树、杨树、柳树、苹果

（91）杨叶甲 *Chrysomela populi* Linnaeus

寄主：杨、柳

（92）杨蓝跳甲 *Crepidodera fulvicornis*（Fabricius）

寄主：杨、柽柳

15. 萤叶甲科 Galerucidae

（93）蓝毛臀萤叶甲 *Agelastica alni orientalis* Baly

寄主：杨、柳、榆

（94）榆黄毛萤叶甲 *Pyrrhalta maculicollis*（Motschulsky）

寄主：榆

（95）白刺粗角萤叶甲 *Diorhabda rybakowi* Weise

寄主：白刺

（96）柽柳条叶甲 *Diorhabda elongata deserticola* Chen

寄主：柽柳

（97）跗粗角萤叶甲 *Diorhabda tarsalis* Weise

寄主：甘草、柽柳

（98）红柳粗角萤叶甲 *Diorhabda carinulata*（Desbrochers）

寄主：柽柳

（99）阔胫萤叶甲 *Pallasiola absinthii*（Pallas）

寄主：蒿、榆、藜科、柽柳、白刺

16. 负泥虫科 Crioceridae

（100）枸杞负泥虫 *Lema decempunctata* Gebler

寄主：枸杞

17. 肖叶甲科 Eumolpidae

（101）中华萝藦肖叶甲 *Chrysochus chinensis*（Baly）

寄主：蕹菜、雀瓢、黄芪属、罗布麻属、曼陀萝、鹅绒藤、戟叶鹅绒藤

（102）大绿叶甲 *Chrysochares asiaticus*（Pallas）

寄主：红柳、鹅绒藤属植物

（103）艾蒿隐头叶甲 *Cryptocephalus koltzei* Weise

寄主：蒿属植物

（104）杨梢叶甲 *Parnops glasunowi* Jacobson

寄主：杨、柳、榆

（105）梨光叶甲 *Smaragdina semiaurantiaca*（Fairmaire）

寄主：杨、柳、榆、梨、杏

18. 象甲科 Curculionidae

（106）沙蒿大粒象 *Adosomus* sp.

寄主：沙蒿、白刺、红砂

（107）大灰象甲 *Sympiezomias velatus*（Chevrolat）

寄主：苗木幼芽、玉米、马铃薯、甜菜、瓜类、豆类等

（108）柽柳白筒象 *Liocleonus clathratus*（Olivier）

寄主：柽柳

（109）短毛草象 *Chloebius psittacinus* Boheman

寄主：沙枣、花棒、杨、柳、甘草

（110）西伯利亚绿象 *Chlorophanus sibiricus* Gyllenhal

寄主：白刺

（111）欧洲方喙象 *Cleonus piger*（Scopoli）

寄主：沙枣、蓟属植物

（112）粉红锥喙象 *Conorhynchos conirostris* Gebler

寄主：红柳、沙蒿

（113）甘肃齿象 *Deracanthus potanini* Faust

寄主：柽柳、梭梭

（114）蒙古象 *Xylinophorus mongolicus* Faust

寄主：沙惠、白则、杨、柳、榆

（115）黑条筒喙象 *Lixus nigrolineatus* Voss

寄主：花棒

（116）梭梭大筒喙象 *Lixus divaricatus* Motschulsky

寄主：梭梭

（117）梭梭筒喙象 *Lixus* sp.

寄主：梭梭

19. 铁甲科 Hispidae

（118）枸杞龟甲 *Cassida deltoides* Weise

寄主：枸杞、黎、蓟

20. 小蠹科 Scoytidae

（119）多毛小蠹 *Scolytus seulensis* Murayama

寄主：杨、榆

21. 芫菁科 Meloidae

（120）中华豆芫菁 *Epicauta chinensis*（Laporte）

寄主：豆科、茄科等

（121）苹斑芫菁 *Mylabris calida* Pallas

寄主：豆科等

（122）大斑芫菁 *Mylabris phalerata* Pallas

寄主：豆科等

（123）红斑芫菁 *Mylabris speciosa* Pallas

寄主：枸杞、柽柳

22. 叩甲科 Elateridae

（124）沟金针虫 *Pleonomus canaliculatus* Faldermann

寄主：苗木、禾本科、豆科、茄科等

23. 吉丁虫科 Biprestidae

（125）六星吉丁虫 *Chrysobothris succedanea* Saunders

寄主：杨、柳、梨、苹果、桃、杏等

（126）十斑吉丁虫 *Melanophila decastigma* Fabricius

寄主：杨、柳

（127）沙蒿尖翅吉丁 *Sphenoptera* sp.

寄主：沙蒿

24. 豆象科 Bruchidae

（128）紫穗槐豆象 *Acanthoscelides pallidipennis*（Motschulsky）

寄主：紫穗槐

（129）柠条豆象 *Kytorhinus immixtus* Motschulsky

寄主：柠条、毛条

三、半翅目（Hemiptera）

25. 姬猎蝽科 Nabidae

（130）小姬猎蝽 *Nabis mimoferus* Hsiao

寄主：鳞翅目幼虫、小型昆虫

（131）华姬蝽 *Nabis sinoferus* Hsiao

寄主：蚜虫、叶蝉、木虱、蓟马、盲蝽，鳞翅目幼虫、卵

26. 猎蝽科 Reduviidae

（132）黄足猎蝽 *Sirthenea flavipes*（Stål）

寄主：同翅目、鳞翅目、鞘翅目幼虫

27. 长蝽科 Lygaeidae

（133）横带红长蝽 *Lygaeus equestris*（Linnaeus）

寄主：十字花科植物

（134）斑长蝽 *Lygaeus equestris*（Linnaeus）

寄主：白刺、沙拐枣、豆科植物

（135）巨膜长蝽 *Jakowleffia setulosa*（Jakovlev）

寄主：白刺、沙拐枣、豆科植物

28. 蝽科 Pentatomidae

（136）沙枣润蝽 *Rhaphigaster nebulosa*（Poda）

寄主：苹果、梨、杏、杨、柳、榆、沙枣等

（137）菜蝽 *Eurydema dominulus*（Scopoli）

寄主：十字花科植物

（138）横纹菜蝽 *Eurydema gebleri* Kolenati

寄主：十字花科、板蓝根等

（139）斑须蝽 *Dolycoris baccarum*（Linnaeus）

寄主：杨、柳、苹果、桃、梨等

（140）紫翅果蝽 *Carpocoris purpureipennis*（De Geer）

寄主：沙枣

（141）绿喙蝽 *Dinorhynchus dybowskii*（Jakovlev）

寄主：不详

（142）苍蝽 *Brachynema germarii*（Kolenati）

寄主：霸工、花棒

（143）长绿蝽 *Brachynema germaril*（Kolenati）

寄主：梭梭、骆驼刺、假木贼、霸王

（144）梭梭异色蝽 *Carpocoris pudicus* Poda

寄主：梭梭

29. 盲蝽科 Miridae

（145）苜蓿盲蝽 *Adelphocoris lineolatus*（Goeze）

寄主：苜蓿、豆科植物

（146）牧草盲蝽 *Lygus pratensis*（Linnaeus）

寄主：白刺、花棒、沙枣

（147）绿盲蝽 *Apolygus lucorum*（Meyer-Dur）

寄主：豆科、茄科、十字花科、蒿类等

（148）草盲蝽 *Lygus* sp.

寄主：花棒、沙枣

30. 缘蝽科 Coreidae

（149）亚姬缘蝽 *Corizus albomarginatus* Blöte

寄主：杨、榆

（150）欧姬缘蝽 *Corizus hyoscyami*（Linnaeus）

寄主：沙拐枣、豆科植物

（151）刺缘蝽 *Centrocoris volxemi*（Puton）

寄主：花棒

31. 网蝽科 Tingidae

（152）小板网蝽 *Monostira unicostata*（Mulsant et Rey）

寄主：杨

32. 黾蝽科 Gerridae

（153）圆臀大黾蝽 *Aquarius paludum*（Fabricius）

寄主：水面小昆虫

33. 叶蝉科 Cieadellidae

（154）白条刻纹叶蝉 *Goniagnathus nervosus* Melichar

寄主：沙枣、柽柳、柳

（155）大青叶蝉 *Tettigoniella viridis*（Linnaeus）

寄主：沙枣、柽柳、柳

34. 木虱科 Psyllidae

（156）枸杞木虱 *Poratrioza sinica* Yang et Li

寄主：枸杞

（157）沙枣木虱 *Trioza magnisetosa* Loginova

寄主：沙枣、柽柳、柳

（158）梭梭异色胖木虱 *Caillardia robusta* Loginova

寄主：梭梭

（159）梭梭胖木虱 *Callardia azurea* Loginova

寄主：梭梭

35. 根瘤蚜科 Phylloxeridae

（160）榆四脉棉蚜 *Tetraneura ulmi*（Linnaeus）

寄主：榆、杨

36. 大蚜科 Lachnidae

（161）柳瘤大蚜 *Tuberolachnus salignus*（Gmelin）

寄主：柳

37. 蚜科 Aphididae

（162）苜蓿无网蚜 *Acyrthosiphon kondoi* Shinji

寄主：豆科植物

（163）沙枣钉毛蚜 *Capitophorus formosartemisiae*（Takahashi）

寄主：沙枣、蓼科植物

（164）桃粉大尾蚜 *Hyalopterus amygdali*（Blanchard）

寄主：桃、杏

（165）绣线菊蚜 *Aphis citricola* van der Goot

寄主：沙枣、柽柳

（166）豆蚜 *Aphis craccivora* Koch

寄主：花棒、豆科植物

（167）洋槐蚜 *Aphis robiniae* Macchiati

寄主：刺槐、国槐

（168）枸杞蚜 *Aphis* sp.

寄主：枸杞、黑果枸杞

（169）花棒蚜 *Aphis* sp.

寄主：花棒

（170）白刺蚜 *Aphis* sp.

寄主：白刺

38. 珠蚧科 Margarodidae

（171）宁夏胭珠蚧 *Porphyrophora ningxiana* Yang

寄主：甘草、花棒、野决明

39. 蜡蚧科 Coccidae

（172）枣大球蚧 *Eulecanium giganteum*（Shinji）

寄主：沙枣、柳、刺槐、桃、杏

（173）皱大球蜡蚧 *Eulecanium kuwanai*（Kanda）

寄主：沙枣、刺槐、旱柳、桃、古

（174）柠条球蜡蚧 *Euleanium* sp.

寄主：柠条

（175）桦绵蜡蚧 *Pulvinaria betulae*（Linnaeus）

寄主：小叶杨、二白杨

（176）朝鲜球坚蚧 *Didesmococcus koreanus* Borchsenius

寄主：杏、桃、苹果、枣、刺槐

（177）沙枣密蛎蚧 *Mytilaspis conchiformis*（Gmelin）

寄主：沙枣

（178）柽柳原盾蚧 *Prodiaspis tamaricicola* Young

寄主：柽柳

（179）杨圆蚧 *Quadraspidiotus gigas*（Thiem et Gerneck）

寄主：杨、柳

（180）节圆盾蚧 *Qudrap diouspo*

寄主：毛条

40. 蚧科 Coccidae

（181）梭梭绵蚧 *Puhinaria* sp.

寄主：梭梭

四、膜翅目（Hymenoptera）

41. 姬蜂科 Ichneumonidae

（182）螟蛉瘦姬蜂 *Charops*（*Zacharops*）*formosanus*（Uchida）

寄主：黏虫等

（183）松毛虫黑胸姬蜂 *Hyposoter takagii*（Matsumura）

寄主：松毛虫

（184）刺蛾紫姬蜂 *Chlorocryptus purpuratus* Smith

寄主：刺蛾幼虫

（185）粪蝇沟姬蜂 *Atractodes gravidus* Gravenhorst

寄主：蝇蛹

（186）黏虫白星姬蜂 *Vulgichneumon leucaniae* Uchida

寄主：黏虫等

（187）舞毒蛾黑瘤姬蜂 *Coccygomimus disparis*（Viereck）

寄主：舞毒蛾

（188）地蚕大铗姬蜂 *Eutanyacra picta*（Schrank）

寄主：地老虎（幼虫、蛹）

（189）格姬蜂 *Gravenhorstia* sp.

寄主：沙枣尺蛾（幼虫）

（190）黄眶离缘姬蜂 *Trathala flavoorbitalis*（Cameron）

寄主：梨大食心虫

42. 茧蜂科 Braconidae

（191）螟虫长距茧蜂 *Macrocentrus linearis*（Nees）

寄主：鳞翅目幼虫

（192）螟黑纹茧蜂 *Bracon onukii* Watanabe

寄主：白刺毛虫、叶甲类幼虫

43. 姬小蜂科 Eulophidae

（193）木虱啮小蜂 *Tetrastichus* sp.

寄主：沙枣木虱

44. 土蜂科 Scoliidae

（194）日本土蜂 *Scolia japonica* Smith

寄主：蛴螬

45. 泥蜂科 Sphecidae

（195）齿爪长足泥蜂齿爪亚种 *Podalonia affinis affinis*（W.kirby）

寄主：叶蜂幼虫

（196）黄柄壁泥蜂 *Sceliphron madraspatanum*（Fabricius）

寄主：尺蠖、螟蛾幼虫

46. 沙蜂科 Wembicidae

（197）沙蜂 *Bembix* sp.

寄主：木虱、蝇类

47. 蚁科 Formicidae

（198）掘穴蚁 *Formica cunicularia* Latreille

48. 胡蜂科 Vespidae

（199）柞蚕马蜂 *Polistes gallicus*（Linnaeus）

寄主：棉铃虫、烟青虫、小菜蛾、菜粉蝶等幼虫

（200）黑盾胡蜂 *Vespa bicolor* Fabricius

寄主：捕食多种昆虫

49. 切叶蜂科 Megachilidae

（201）黑色切叶蜂 *Megachile* sp.

寄主：传粉为主

50. 蜜蜂科 Apidae

（202）紫木蜂 *Xylocopa valga* Gerstäcker

寄主：传粉

（203）熊蜂 *Bumbus lucorum*（Linnaeus）

寄主：传粉

（204）中华蜜蜂 *Apis cerana cerana* Fabricius

寄主：传粉

（205）意大利蜜蜂 *Apis mellifera* Linnaeus

寄主：传粉

51. 广肩小蜂科 Eurytomidae

（206）柠条广肩小蜂 *Bruchophagus neocaraganae*（Liao）

寄主：柠条、毛条

（207）刺槐种子小蜂 *Bruchophagus philorobiniae* Liao

寄主：刺槐

（208）甘草种子小蜂 *Bruchophagus* sp.

寄主：甘草

五、革翅目（Dermaptera）

52. 蠼螋科 Labiduridae

（209）蠼螋 *Labidura riparia*（Pallas）

寄主：蚜虫、鳞翅目幼虫

（210）堤岸蠼螋 *Labidura riparia japonica* de Haan

寄主：蝶类

六、螳螂目（Mantodea）

53. 螳螂科 Mantidae

（211）薄翅螳螂 *Mantis religiosa*（Linnaeus）

寄主：蝶类、蛾类、蚜虫等

（212）华北大刀螂 *Tenodera angustipennis* Saussure

寄主：蛾类、蚜虫

（213）广腹螳螂 *Hierodula patellifera* Serville

寄主：蝗虫、僧夜蛾等鳞翅目幼虫

七、鳞翅目（Lepidoptera）

54. 夜蛾科 Noctuidae

（214）绣罗夜蛾 *Leucanitis picta* Christoph

寄主：豆科

（215）卑狼夜蛾 *Ochropleura verecunda*（Püngeler）

寄主：不详

（216）晃剑纹夜蛾 *Acronicta Leucocuspis* Butler

寄主：杨、梨、桃等

（217）小剑纹夜蛾 *Acronicta omorii* Matsumura

寄主：不详

（218）桦剑纹夜蛾 *Acronicta alni*（Linnaeus）

寄主：桦、栎

（219）榆剑纹夜蛾 *Acronicta hercules*（Felder et Rogenhofer）

寄主：榆等

（220）兴夜蛾 *Schinia scutata*（Staudinger）

寄主：不详

（221）僧夜蛾 *Leiometopon simyrides* Staudinger

寄主：白刺

（222）杨裳夜蛾 *Catocala nupta* Linnaeus

寄主：杨、柳等树木

（223）柳裳夜蛾 *Catocala electa* Borkhauson

寄主：杨、柳、油松、榆等

（224）小地老虎 *Agrotis ipsilon*（Hüfnagel）

寄主：多种低矮草本植物

（225）苜蓿夜蛾 *Heliothis dipsacea*（Linnaeus）

寄主：豆科、茄科等

（226）银纹夜蛾 *Argyrogramma agnata*（Staudinger）

寄主：十字花科和豆科等

55. 灯蛾科 Arctiidae

（227）亚麻篱灯蛾 *Phramatobia fuliginosa*（Linnaeus）

寄主：十字花科、甜菜、酸模属

56. 尺蛾科 *Geometridae*

（228）中绿尺蛾 *Hipparchus mandurinaria*

寄主：不详

（229）槐尺蛾 *Semiothisa cinerearia*（Bremer et Grey）

寄主：槐、龙爪槐、刺槐

（230）沙枣尺蠖 *Apocheima cinerarius*（Erschoff）

寄主：梭梭、沙枣、红柳、毛条

（231）白刺尺蠖 *Apocheima* sp.

寄主：白刺

57. 毒蛾科 Lymantriidae

（232）柳毒蛾 *Leucoma candida*（Staudinger）

寄主：杨、柳、栎树、栗、樱桃、梨、梅、杏、桃

（233）芦毒蛾 *Laelia coenosa*（hübner）

寄主：杨、柳等林木

58. 天蛾科 Sphingidae

（234）沙枣白眉天蛾 *Celerio hippophaes*（Esper）

寄主：沙枣及大果沙棘

（235）榆绿天蛾 *Callambulyx tatarinovi*（Bremer et Grey）

寄主：榆树、柳树、杨树、槐树等

（236）枣桃六点天蛾 *Marumba gaschkewitschii*（Bremer et Grey）

寄主：樱桃、紫薇、核桃、李、杏、梅、苹果、梨、枣、葡萄等

59 苔蛾科 Lithosiidae

（237）银土苔蛾 *Eilema varana*（Moore）

寄主：不详

60. 螟蛾科 Pyralidae

（238）四斑绢野螟 *Diaphania quadrimaculalis*（Bremer et Grey）

寄主：柳、杨

（239）草地螟 *Loxostege sticticalis* Linnaeus

寄主：甜菜、大豆、向日葵、马铃薯、药材等

（240）柠条坚荚斑螟 *Asclerobia sinensis*（Caradja）

寄主：柠条、毛条

（241）豆荚斑螟 *Etiella zinckenella*（Treitschke）

寄主：柠条、毛条、刺槐

（242）黄仲喙野螟 *Mecyna gilvata* Fabricius

寄主：杨、柳、豆科植物、蓼科植物

61. 细蛾科 Gracillariidae

（243）杨细蛾 *Lithocolletis populifoliella*（Treitschke）

寄主：杨、柳

62. 潜蛾科 Lyonetiidae

（244）杨白潜蛾 *Leucoptera susinella*（Herrich-Schäffer）

寄主：杨、柳

63. **透翅蛾科** Sesiidae

（245）白杨透翅蛾 *Paranthrene tabaniformis*（Rottemburg）

寄主：杨、柳、榆

64. **鞘蛾科** Coleophoridae

（246）毛条鞘蛾 *Coleophora* sp.

寄主：毛条

65. **麦蛾科** Gelechiidae

（247）桃条麦蛾 *Anarsia lineatella* Zeller

寄主：沙枣、桃、杏

（248）白刺卷梢蛾 *Phthorimaea* sp.

寄主：白刺

（249）梭梭麦蛾 *Scrobipalpa* sp.

寄主：梭梭

66. **木蠹蛾科** Cossidae

（250）沙柳木蠹蛾 *Holcocerus arenicola*（Staudinger）

寄主：沙柳、柠条、柽柳

（251）沙蒿木蠹蛾 *Holcocerus artemisiae* Chou et Hua

寄主：沙蒿

（252）小木蠹蛾 *Holcocerus insularis* Staudinger

寄主：沙枣、榆、柳

67. **斑蛾科** Zygaenidae

（253）梨叶斑蛾 *Illiberis pruni* Dyar

寄主：梨、苹果

68. **枯叶蛾科** Lasiocampidae

（254）天幕毛虫 *Malacosoma neustria testacea* Motschulsky

寄主：杨、柳、榆、梨、苹果、海棠、桃、李、杏等

69. **粉蝶科** Pieridae

（255）斑缘豆粉蝶 *Colias erate*（Esper）

寄主：豆科等植物

（256）云斑粉蝶 *Pontia daplidice*（Linnaeus）

寄主：十字花科

（257）菜粉蝶 *Pieris rapae*（Linnaeus）

寄主：十字花科

（258）绢粉蝶 *Aporia crataegi*（Linnaeus）

寄主：杨、柳、榆

（259）暗色绢粉蝶 *Aporia bieti*（Oberthür）

寄主：蒙古扁桃

（260）橙黄豆粉蝶 *Colias fieldii* Ménétriés

寄主：柠条、花棒、雷鸡儿、榆、肖蓿

（261）豆粉蝶 *Colias hyale*（Linnaeus）

寄主：柠条、毛条、花棒、锦鸡儿苜蓿

70. 凤蝶科 Papilionidae

（262）柑橘凤蝶 *Papilio xuthus* Linnaeus

寄主：黄檗属、柑橘属、枸橘、花椒等

（263）蓝凤蝶 *Papilio protenor* Cramer

寄主：杨

71. 蛱蝶科 Nymphalidae

（264）小红蛱蝶 *Vanessa cardui*（Linnaeus）

寄主：杨柳科、桑科、榆科、忍冬科、大戟科等

72. 灰蝶科 Lycaenidae

（265）蓝灰蝶 *Everes argiades*（Pallas）

寄主：豆科植物

（266）红灰蝶 *Lycaena phlaeas*（Linnaeus）

寄主：柠条、豆科植物、酸模等蓼科植物

八、直翅目（Orthoptera）

73. 蝼蛄科 Gryllotalpidae

（267）华北蝼蛄 *Gryllotalpa unispina* Saussure

寄主：林木、果树幼根

（268）东方蝼蛄 *Gryllotalpa orientalis* Burmeister

寄主：林木、果树幼根

74. 蟋蟀总科 Grylloidea

（269）大蟋蟀 *Brachytrupes portentosus*（Lichtenstein）

寄主：果树和林木的苗木等

（270）南方油葫芦 *Tarbinskiellus testaceus*（Walker）

寄主：杨、沙枣、各种林木苗木

75. 螽斯科 Tettigoniidae

（271）戈壁灰硕螽 *Damalacantha vacca*（Fischer von Waldheim）

寄主：禾本科、莎草科、蒿属

（272）阿拉善懒螽 *Zichya alashanica* Bey-Bienko

寄主：白茨、沙蒿、骆驼蓬、红砂

（273）腾格里懒螽*Zichya tenggerensis* Zheng

寄主：梭梭、沙蒿、骆驼蓬、红砂

（274）土褐螽斯*Atlanticus sinensis* Uvarov

寄主：蝶类、蛾类、蚜虫

76. 癞蝗科 Pamphagidae

（275）肃南短鼻蝗*Filchnerella sunanensis* Liu.

寄主：禾本科

（276）裴氏短鼻蝗*Filchnerella beicki* Ramme

寄主：禾本科

（277）青海短鼻蝗*Filchnerella kukunoris* Bey−Bienko

寄主：禾本科

（278）贺兰疙蝗*Pseudotmethis alashanicus* Bei−Bienko

寄主：锦鸡儿骆驼蓬等

（279）长翅突颜蝗*Eoeotmethis longipennis*（Zheng）

寄主：禾本科

（280）景泰突颜蝗*Eotmethis jintaiensis* Xi et Zheng

寄主：禾本科

（281）短翅华癞蝗*Sinotmethis brachypterus* Zheng et Xi

寄主：豆科的锦鸡儿属、蒺藜科的骆驼蓬属等

（282）荒漠贝蝗*Beybienkia barbarus* Liu

寄主：荒漠植物

（283）笨蝗*Haplotropis brunneriana* Saussure

寄主：禾本科、豆科、茄科、林木幼苗

77. 斑翅蝗科 Oedipodidae

（284）青海痂蝗*Bryodema miramae miramae* Bey−bienko

寄主：禾本科

（285）亚洲小车蝗*Oedaleus decorus asiaticus* Bey−Bienko

寄主：禾本科

（286）大胫刺蝗*Compsorhipis davidiana*（Saussure）

寄主：禾本科、菊科等

（287）细距蝗*Leptopternis gracilis*（Eversmann）

寄主：菊科的多种蒿类，藜科如梭梭、白梭梭，禾本科等

（288）亚洲飞蝗*locusta migratoria migratoria*（Linnaeus）

寄主：禾本科、莎草科

（289）小垫尖翅蝗 *Epacromius tergestinus tergestinus*（Charpentier）

寄主：禾本科、苜蓿等

（290）大垫尖翅蝗 *Epacromius coerulipes*（Ivanov）

寄主：禾本科、豆科、菊科、黎科、蓼科等

（291）疣蝗 *Trilophidia annulata*（Thunberg）

寄主：禾本科等

（292）蒙古疣蝗 *Trilophidia annulata* subsp. *mongolica* Saussure

寄主：禾本科等

（293）瘤背束颈蝗 *Sphingonotus salinus*（Pallas）

寄主：禾本科等

（294）盐池束颈蝗 *Sphingonotus yenchihensis* Cheng et Chiu

寄主：禾本科等

（295）贝氏束颈蝗 *Sphingonotus bey-bienkoi* Mistshenko

寄主：禾本科等

（296）宁夏束颈蝗 *Sphingonotus ningsianus* Zheng et Gow

寄主：禾本科、菊科

（297）蒙古束颈蝗 *Sphingonotus mongolicus* Saussure

寄主：禾本科、莎草科

（298）黑翅束颈蝗 *Sphingonotus obscuratus latissimus* Uvarov

寄主：禾本科等

78. **网翅蝗科** Arcypteridae

（299）中华雏蝗 *Chorthippus chinensis*（Tarbinsky）

寄主：禾本科、莎草科等

（300）宽翅曲背蝗 *Pararcyptera microptera meridionalis*（Ikonnikov）.

寄主：禾本科、莎草科等

（301）白纹雏蝗 *Chorthippus albonemus* Zheng et Tu

寄主：禾本科、莎草科等

（302）狭翅雏蝗 *Chorthippus dubius*（Zubovski）

寄主：禾本科、莎草科等

（303）小翅雏蝗 *Chorthippus fallax*（Zubovski）

寄主：禾本科、莎草科等

79. **斑腿蝗科** Catantopidae

（304）短星翅蝗 *Calliptamus abbreviatus* Ikonnikov

寄主：豆科、禾本科

（305）黑腿星翅蝗 *Calliptamus barbarus*（Costa）

寄主：禾本科、莎草科

80. 楻角蝗科 Gomphoceriae

（306）西伯利亚蝗 *Gomphocerus sibiricus*（Linnaeus）

寄主：禾本科、蒲公英、马蔺、野葱等

81. 剑角蝗科 Acrididae

（307）中华蚱蜢 *Acrida cinerea*（Thunberg）

寄主：禾本科、豆科、茄科等

（308）荒地蚱蜢 *Acrida oxycephala*（Pallas）

寄主：禾本科、豆科、茄科等

（309）甘肃窝蝗 *Foveolatacris gansuacrisis* Cao, Shen et Xie

寄主：禾本科等

82. 负蝗科

（310）中华负蝗 *Atractomorpha sinensis* Bolivar

寄主：禾本科、豆科、茄科、十字花科等

83. 蚱科 Tetrigidae

（311）日本蚱 *Tetrix japonica*（Bolivar）

寄主：禾本植物

（312）隆背蚱 *Tetrix tartara*（Saussure）

寄主：禾本植物

九、双翅目（Diptera）

84. 瘿蚊科 Cecidomyiidae

（313）枣叶瘿蚊 *Dasineura datifolia* Jiang

寄主：枣

（314）胡杨枝瘿蚊 *Rhabdophaga* sp.

寄主：胡杨

（315）柽柳瘿蚊 *Rhabdophaga* sp.

寄主：柽柳

（316）土库曼怪瘿蚊 *Psectrosema turkmenica*（Mamaev et Becknazharova）

寄主：柽柳

85. 食蚜蝇科（Syrphidae）

（317）短刺刺腿食蚜蝇 *Ischiodon scutellaris*（Fabricius）

寄主：蚜虫

（318）中斑黑带食蚜蝇 *Episyrphus balteatus*（De Geer）

寄主：蚜虫

（319）大灰食蚜蝇 *Syrphus corollae* Fabricius

寄主：蚜虫

（320）狭带食蚜蝇 *Syrphus serarius* Wiedemann

寄主：蚜虫

（321）黄腿食蚜蝇 *Syrphus ribesii*（Linnaeus）

寄主：蚜虫

（322）黑腿食蚜蝇 *Syrphus vitripennis* Meigen

寄主：蚜虫

（323）白纹毛食蚜蝇 *Dasysyrphus albostriatus*（Fallen）

寄主：蚜虫

（324）拟刻点小蚜蝇 *Paragus haemorrhous* Meigen

寄主：蚜虫

（325）月斑后蚜蝇 *Metasyrphus luniger*（Meigen）

寄主：蚜虫

（326）宽带后食蚜蝇 *Metasyrphus latifasciatus*（Macquart）

寄主：蚜虫

（327）凹带后食蚜蝇 *Metasyrphus nitens*（Zetterstedt）

寄主：蚜虫

（328）黄苦狭腹食蚜蝇 *Meiscaeva cnecellal*（Zettersed）

寄主：蚜虫

（329）斜斑鼓额蚜蝇 *Scaeva pyrastri*（Linnaeus）

寄主：蚜虫

（330）大斑鼓额食蚜蝇 *Scaeva albomaculata*（Macquart）

寄主：蚜虫

（331）月斑鼓额食蚜蝇 *Scaeva selenitica*（Meigen）

寄主：蚜虫、蚧壳虫

（332）鼠尾管蚜蝇 *Eristalis campestris* Meigen

寄主：幼虫腐食性

（333）长尾管蚜蝇 *Eristalis tenax*（Linnaeus）

寄主：幼虫腐食性

86.食虫虻科 Asilidae

（334）肿宽跗食虫虻 *Astochia virgatipes*（Coquillett）

寄主：卷叶蛾、尺蛾、叶甲、蜻

（335）白齿铗食虫虻 *Philonicus albiceps*（Meigen）

寄主：卷叶蛾、蜻

（336）中华盗虻 *Cophinopoda chinensis*（Fabricius）

寄主：鳞翅目、同翅目、半翅目、鞘翅目等

87. 蜂虻科（Bombyliidae）

（337）新疆绒蜂虻 *Villa xinjiangana* Du, Yang, Yao et Yang

寄主：蝗虫卵、毛虫

（338）白毛绒蜂虻 *Villa cerussata* sp.nov. Yang, Yao et Cui

寄主：夜蛾、拟步甲

（339）内蒙古雏蜂虻 *Anastoechus neimongolanus* Du et Yang

寄主：蝗卵

88. 寄蝇科（Tachinidae）

（340）红腹侧须寄蝇 *Peletieria* sp.

寄主：沙枣尺蠖（蛹）

（341）金龟长喙寄蝇 *Prosena siberita*（Fabricius）

寄主：金龟子

（342）条纹追寄蝇 *Exorista fasciata*（Fallén）

寄主：白刺毛虫、杨毒蛾、天幕毛虫

（343）日本追寄蝇 *Exorista japonica*（Townsend）

寄主：杨二尼舟蛾、青杨大牛

（344）红尾追奇蝇 *Exorista xanthaspis*（Wiedemann）

寄主：苜蓿夜蛾、黏虫

（345）追寄蝇 *Exorista* sp.

寄主：柳剑纹夜蛾

（346）尺蛾追寄蝇 *Exorista* sp.

寄主：沙枣尺蠖（蛹）

（347）金黄简寄蝇 *Halidaya aurea* Egger

寄主：鳞翅目（幼虫）

89. 实蝇科 Trypetidae

（348）白刺实蝇 *Trypanea* sp.

寄主：白刺果实

十、缨翅目（Thysanoptera）

90. 蓟马科 Thripidae

（349）枸杞蓟马 *Psilothrips indicus* Bhatti

寄主：枸杞

（350）花蓟马 *Frankliniella intonsa*（Trybom）

寄主：豆科、茄科、十字花科等

（351）烟蓟马 *Thrips tabaci* Lindeman

寄主：茄科、葫芦科、百合科、苹果等

十一、脉翅目 Neuroptera

91. 蚁蛉科（Myrmeleontidae）

（352）蚁蛉 *Myrmeleon formicarius* Linnaeus

寄主：多种小型昆虫

（353）黄足蚁蛉 *Hagenomyiumicans*（Maclachlan）

寄主：多种小型昆虫

（354）白云蚁蛉 *Glenuroides japonicus*（Maclachlan）

寄主：多种小型昆虫

（355）褐纹树蚁蛉 *Dendroleon pantherinus*（Fabricius）

寄主：多种小型昆虫

（356）条斑次蚁蛉 *Deutoleon lineatus*（Fabricius）

寄主：多种小型昆虫

（357）追击大蚁蛉 *Heoclisis japonica*（Maclachlan）

寄主：多种小型昆虫

（358）中华东蚁蛉 *Euroleon sinicus*（Navás）

寄主：多种小型昆虫

92. 草蛉科（Chrysopidae）

（359）大草蛉 *Chrysopa septempunctata* Wesmael

寄主：蚜虫、粉虱、叶螨、鳞翅目的卵和低龄幼虫等

（360）中华草蛉 *Chrysopa sinica* Tiedet

寄主：蚜虫、粉虱、叶螨、鳞翅目的卵和低龄幼虫等

（361）黄褐草蛉 *Chrysopa yasumatsui* Kuwayama

寄主：蚜虫

（362）丽草蛉 *Chrysopa formosa* Brauer

寄主：鳞翅目虫卵、初孵幼虫，蚜虫、螨、蚧

（363）多斑草蛉 *Chrysopa intima* Mclachlan

寄主：蚜虫

十二、襀翅目 Plecoptera

93. 石蝇科 Perlidae

（364）石蝇 *Perlidae* sp.

十三、广翅目 Megaloptera

94. 齿蛉科 Corydalidae

（365）斑鱼蛉 *Neochauliodes* sp.

寄主：多种昆虫

十四、真螨目 Acariformes（蛛形纲 Arachnida）

95. 叶螨科 Tetranychidae

（366）山楂叶螨 *Tetranychus viennensis* Zacher

寄主：苹果、桃、梨、杏、沙枣、月季、玫瑰、刺槐等

（367）二斑叶螨 *Tetranychus urticae* Koch

寄主：苹果、桃、梨、杏、沙枣、榆、月季、蔷薇、玫瑰等

96. 瘿螨科 Eriophyidae

（368）拟大枸杞瘿螨 *Aceria paramacrodonis* Kuang

寄主：枸杞

（369）枸杞瘿螨 *Aceria macrodonis* Keifer

寄主：枸杞

（370）枸杞锈螨 *Aculops lycii* Kuang

寄主：枸杞

一、鞘翅目（Coleoptera）

1. 拟步甲科 Tenebrionidae

（1）蒙古小胸鳖甲 *Microdera mongolica*（Reitter）

寄主：红砂、沙篙

（2）姬小胸鳖甲 *Microdera elegans*（Reitter）

寄主：红砂、沙篙

（3）阿小鳖甲 *Microdera kraatzi alashanica* Skopin

寄主：红砂、白刺、沙蒿

（4）克蒙小鳖甲 *Microdera mongolica kozlovi* Kaszab

寄主：红砂、沙篙

（5）宽腹东鳖甲 *Anatolica gravidula* Frivaldsky

寄主：红砂、沙蒿

（6）尖尾东鳖甲 *Anatolica mucronata* Reitter

寄主：沙蒿

（7）波氏东鳖甲 *Anatolica potanini* Reitter

寄主：红砂、沙蒿

（8）小丽东鳖甲 *Anatolica amoenula* Reiter

寄主：沙蒿

（9）皱纹东鳖甲，新种 *Anatolica rugata* sp. nov.

寄主：沙蒿

（10）皱纹琵琶甲 *Blaps rugosa* Gebler

寄主：梭梭、红砂、沙蒿

（11）琵琶甲 *Blaps davidea* Deyrolle

寄主：白刺、梭梭、红砂、沙蒿

（12）戈壁琵甲 *Blaps gobiensis* Frivaldszky

寄主：梭梭、红砂、沙蒿

（13）扁胸漠甲 *Sternoplax impressicollis* Reitter

寄主：核桃、枫杨

（14）洛氏脊漠甲 *Pterocoma*（*Mesopterocoma*）*loczyi* Frivaldszky

寄主：沙蒿

（15）谢氏宽漠王 *Mantichorula semenowi* Reitter

寄主：红砂、沙蒿

（16）漠甲 *Sternoplax* sp.

寄主：白刺、沙蒿

（17）希氏漠土甲 *Melanesthes csikii* Kaszab

寄主：沙蒿

（18）蒙古土潜 *Gonocephalum mongolica* Reitter

寄主：梭梭、红砂、白刺、沙蒿

（19）中华砚甲 *Cyphogenia chinensis*（Faldermann）

寄主：红砂、沙蒿

（20）砚王 *Cyphogenia funesta* Faldermann

寄主：沙生植物、玉米等

（21）方胸楔毛甲 *Trichosphaena quadrate* Ren et Zheng

寄主：红砂、沙蒿

2.丽金龟科 Rutelidae

（22）黄褐丽金龟 *Anomala exoleta* Faldermann

寄主：林木、禾本科、豆科、茄科等

3.鳃金龟科 Melolonthidae

（23）小黄鳃金龟 *Metabolus flavescens* Brenske

寄主：禾本科、各种花灌木及乔木

（24）白云鳃金龟 *Polyphylla alba*（Pallas）

寄主：杨、柳、苹果

（25）灰胸突鳃金龟 *Hoplosternus incanus* Motschulsky

寄主：各种果树、林木

（26）大黑鳃金龟 *Hololtrichia diomphalia* Bates

寄主：各种果树、林木

（27）福鉴鳃金龟 *Brahmina faldermanni* Kraatz

寄主：杨、柳、榆、苹果、杏、桃

（28）围绿单爪鳃金龟 *Hoplia cincticollis*（Faldermann）

寄主：杨、柳、榆、苹果

（29）朝鲜黄鳃金龟 *Miridiba koreana* Niijima et Kinoshita

寄主：林木苗木

（30）棕色腮金龟 *Holotrichia titanis* Reitter

寄主：林木苗木、枸杞、禾本科植物

（31）大云斑腮金龟 *Polyphylla laticolis* Lewis

寄主：杨、柳、榆、苹果

（32）黑绒绢金龟 *Serica orientalis* Motschulsky

寄主：杨、柳、榆、沙棘

（33）阔胫玛绢金龟 *Maladera ovatula*（Fairmaire）

寄主：沙枣、杨、柳、榆、槐

（34）黑绒金龟 *Maladera orientalis*（Motschulsky）

寄主：白刺、梭梭苗木、披碱草、狗尾草、狗牙根、苜蓿等

4. 犀金龟科 Dynastidae

（35）阔胸禾犀金龟 *Pentodon mongolicus* Motschulsky

寄主：林木苗木、禾本科

（36）阔胸金龟 *Pentodon patruelis* Frivaldszky

寄主：林木苗木、禾本科

5. 花金龟科 Cetoniidae

（37）白星花金龟 *Protaetia*（Liocola）*brevitarsis*（Lewis）

寄主：林木、果树

（38）暗绿花金龟 *Cetonia viridiopaca*（Motschulsky）

寄主：林木、果树

6. 天牛科 Cerambycidae

（39）家茸天牛 *Trichoferus campestris*（Faldermann）

寄主：杨、刺槐、桑、榆、椿、槐、杉木

（40）黄斑星天牛 *Anoplophora nobilis* Ganglbauer

寄主：杨、柳

（41）大牙锯天牛 *Dorysthenes paradoxus*（Faldermann）

寄主：榆

（42）光肩星天牛 *Anoplophora glabripennis*（Motschulsky）

寄主：杨、柳、榆

（43）梭梭天牛 *Apriona* sp.

寄主：梭梭

7. 叶甲科 Chrysomelidae

（44）蒿金叶甲 *Chrysolina aurichalcea*（Mannerheim）

寄主：沙蒿

（45）杨蓝叶甲 *Agelastica alni*（Linnaeus）

寄主：榆树、杨树、柳树、苹果

（46）杨叶甲 *Chrysomela populi* Linnaeus

寄主：杨、柳

（47）杨蓝跳甲 *Crepidodera fulvicornis*（Fabricius）

寄主：杨、柽柳

8. 萤叶甲科（Galerucidae）

（48）蓝毛臀萤叶甲 *Agelastica alni orientalis* Baly

寄主：杨、柳、榆

（49）榆黄毛萤叶甲 *Pyrrhalta maculicollis*（Motschulsky）

寄主：榆

（50）白茨粗角萤叶甲 *Diorhabda rybakowi* Weise

寄主：白刺

（51）柽柳条叶甲 *Diorhabda elongata deserticola* Chen

寄主：柽柳

（52）跗粗角萤叶甲 *Diorhabda tarsalis* Weise

寄主：甘草、柽柳

（53）红柳粗角萤叶甲 *Diorhabda carinulata*（Desbrochers）

寄主：柽柳

（54）阔胫萤叶甲 *Pallasiola absinthii*（Pallas）

寄主：蒿、榆、藜科、柽柳、白刺

9. 负泥虫科（Crioceridae）

（55）枸杞负泥虫 *Lema decempunctata* Gebler

寄主：枸杞

10. 肖叶甲科（Eumolpidae）

（56）中华萝藦肖叶甲 *Chrysochus chinensis*（Baly）

寄主：萝菜、雀瓢、黄芪属、罗布麻属、曼陀萝、鹅绒藤、戟叶鹅绒藤

（57）大绿叶甲 *Chrysochares asiaticus*（Pallas）

寄主：红柳、鹅绒藤属植物

（58）艾蒿隐头叶甲 *Cryptocephalus koltzei* Weise

寄主：蒿属植物

（59）杨梢叶甲 *Parnops glasunowi* Jacobson

寄主：杨、柳、榆

（60）梨光叶甲 *Smaragdina semiaurantiaca*（Fairmaire）

寄主：杨、柳、榆、梨、杏

11. 象甲科（Curculionidae）

（61）沙蒿大粒象 *Adosomus* sp.

寄主：沙蒿、白刺、红砂

（62）大灰象甲 *Sympiezomias velatus*（Chevrolat）

寄主：苗木幼芽、玉米、马铃薯、甜菜、瓜类、豆类等

（63）柽柳白筒象 *Liocleonus clathratus*（Olivier）

寄主：柽柳

（64）短毛草象 *Chloebius psittacinus* Boheman

寄主：沙枣、花棒、杨、柳、甘草

（65）西伯利亚绿象 *Chlorophanus sibiricus* Gyllenhal

寄主：白刺

（66）欧洲方喙象 *Cleonus piger*（Scopoli）

寄主：沙枣、蓟属植物

（67）粉红锥喙象 *Conorhynchos conirostris* Gebler

寄主：红柳、沙蒿

（68）甘肃齿象 *Deracanthus potanini* Faust

寄主：柽柳、梭梭

（69）蒙古象 *Xylinophorus mongolicus* Faust

寄主：沙惠、白则、杨、柳、榆

（70）黑条筒喙象 *Lixus nigrolineatus* Voss

寄主：花棒

（71）梭梭大筒喙象 *Lixus divaricatus* Motschulsky

寄主：梭梭

（72）梭梭筒喙象 *Lixus* sp.

寄主：梭梭

12. 铁甲科（Hispidae）

（73）枸杞龟甲 *Cassida deltoides* Weise

寄主：枸杞、黎、蓟

13. 小蠹科（Scoytidae）

（74）多毛小蠹 *Scolytus seulensis* Murayama

寄主：杨、榆

14. 芫菁科（Meloidae）

（75）中华豆芫菁 *Epicauta chinensis*（Laporte）

寄主：豆科、茄科等

（76）苹斑芫菁 *Mylabris calida* Pallas

寄主：豆科等

（77）大斑芫菁 *Mylabris phalerata* Pallas

寄主：豆科等

（78）红斑芫菁 *Mylabris speciosa* Pallas

寄主：枸杞、柽柳

15. 叩甲科（Elateridae）

（79）沟金针虫 *Pleonomus canaliculatus* Faldermann

寄主：苗木、禾本科、豆科、茄科等

16. 吉丁虫科（Biprestidae）

（80）六星吉丁虫 *Chrysobothris succedanea* Saunders

寄主：杨、柳、梨、苹果、桃、杏等

（81）十斑吉丁虫 *Melanophila decastigma* Fabricius

寄主：杨、柳

（82）沙蒿尖翅吉丁 *Sphenoptera* sp.

寄主：沙蒿

17. 豆象科（Bruchidae）

（83）紫穗槐豆象 *Acanthoscelides pallidipennis*（Motschulsky）

寄主：紫穗槐

（84）柠条豆象 *Kytorhinus immixtus* Motschulsky

寄主：柠条、毛条

二、半翅目（Hemiptera）

18. 长蝽科（Lygaeidae）

（85）横带红长蝽 *Lygaeus equestris*（Linnaeus）

寄主：十字花科植物

（86）斑长蝽 *Lygaeus equestris*（Linnaeus）

寄主：白刺、沙拐枣、豆科植物

（87）巨膜长蝽 *Jakowleffia setulosa*（Jakovlev）

寄主：白刺、沙拐枣、豆科植物

19. 蝽科（Pentatomidae）

（88）沙枣润蝽 *Rhaphigaster nebulosa*（Poda）

寄主：苹果、梨、杏、杨、柳、榆、沙枣等

（89）菜蝽 *Eurydema dominulus*（Scopoli）

寄主：十字花科植物

（90）横纹菜蝽 *Eurydema gebleri* Kolenati

寄主：十字花科、板蓝根等

（91）斑须蝽 *Dolycoris baccarum*（Linnaeus）

寄主：杨、柳、苹果、桃、梨等

（92）紫翅果蝽 *Carpocoris purpureipennis*（De Geer）

寄主：沙枣

（93）绿喙蝽 *Dinorhynchus dybowskii*（Jakovlev）

寄主：不详

（94）苍蝽 *Brachynema germarii* Kolenati

寄主：霸工、花棒

（95）长绿蝽 *Brachynema germarii*（Kolenati）

寄主：梭梭、骆驼刺、假木贼、霸王

（96）梭梭异色蝽 *Carpocoris pudicus* Poda

寄主：梭梭

20. 盲蝽科（Miridae）

（97）苜蓿盲蝽 *Adelphocoris lineolatus*（Goeze）

寄主：苜蓿、豆科植物

（98）牧草盲蝽 *Lygus pratensis*（Linnaeus）

寄主：白刺、花棒、沙枣

（99）绿盲蝽 *Apolygus lucorum*（Meyer–Dur）

寄主：豆科、茄科、十字花科、蒿类等

（100）草盲蝽 *Lygus* sp.

寄主：花棒、沙枣

21. 缘蝽科（Coreidae）

（101）亚姬缘蝽 *Corizus albomarginatus* Blöte

寄主：杨、榆

（102）欧姬缘蝽 *Corizus hyoscyami*（Linnaeus）

寄主：沙拐枣、豆科植物

（103）刺缘蝽 *Centrocoris volxemi*（Puton）

寄主：花棒

22. 网蝽科（Tingidae）

（104）小板网蝽 *Monostira unicostata*（Mulsant et Rey）

寄主：天杨、小叶杨、箭杆、群众杨、欧洲黑杨及旱柳、白柳、梨、李、山楂、扁桃等多种林木

23. 叶蝉科（Cieadellidae）

（105）白条刻纹叶蝉 *Goniagnathus nervosus* Melichar

寄主：沙枣、柽柳、柳

（106）大青叶蝉 *Tettigoniella viridis*（Linnaeus）

寄主：沙枣、柽柳、柳

24. 木虱科（Psyllidae）

（107）枸杞木虱 *Poratrioza sinica* Yang et Li

寄主：枸杞

（108）沙枣木虱 *Trioza magnisetosa* Loginova

寄主：沙枣、柽柳、柳

（109）梭梭异色胖木虱 *Caillardia robusta* Loginova

寄主：梭梭

（110）梭梭胖木虱 *Caillardia azurea* Loginova

寄主：梭梭

25. **根瘤蚜科（Phylloxeridae）**

（111）榆四脉棉蚜 *Tetraneura ulmi*（Linnaeus）

寄主：榆、杨

26. **大蚜科（Lachnidae）**

（112）柳瘤大蚜 *Tuberolachnus salignus*（Gmelin）

寄主：柳

27. **蚜科（Aphididae）**

（113）苜蓿无网蚜 *Acyrthosiphon kondoi* Shinji

寄主：豆科植物

（114）沙枣钉毛蚜 *Capitophorus formosartemisiae*（Takahashi）

寄主：沙枣、蓼科植物

（115）桃粉大尾蚜 *Hyalopterus amygdali*（Blanchard）

寄主：桃、杏

（116）绣线菊蚜 *Aphis citricola* van der Goot

寄主：沙枣、柽柳

（117）豆蚜 *Aphis craccivora* Koch

寄主：花棒、豆科植物

（118）洋槐蚜 *Aphis robiniae* Macchiati

寄主：刺槐、槐

（119）枸杞蚜 *Aphis* sp.

寄主：枸杞、黑果枸杞

（120）花棒蚜 *Aphis* sp.

寄主：花棒

（121）白刺蚜 *Aphis* sp.

寄主：白刺

28. **珠蚧科（Margarodidae）**

（122）宁夏胭珠蚧 *Porphyrophora ningxiana* Yang

寄主：甘草、花棒、野决明

29. 蜡蚧科（Coccidae）

（123）枣大球蚧 *Eulecanium giganteum*（Shinji）

寄主：沙枣、柳、刺槐、桃、杏

（124）皱大球蜡蚧 *Eulecanium kuwanai*（Kanda）

寄主：沙枣、刺槐、旱柳、桃、古

（125）柠条球蜡蚧 *Euleanium* sp.

寄主：柠条

（126）桦绵蜡蚧 *Pulvinaria betulae*（Linnaeus）

寄主：小叶杨、二白杨

（127）朝鲜球坚蚧 *Didesmococcus koreanus* Borchsenius

寄主：杏、桃、苹果、枣、刺槐

（128）沙枣密蛎蚧 *Mytilaspis conchiformis*（Gmelin）

寄主：沙枣

（129）柽柳原盾蚧 *Prodiaspis tamaricicola* Young

寄主：柽柳

（130）杨圆蚧 *Quadraspidiotus gigas*（Thiem et Gerneck）

寄主：杨、柳

（131）节圆盾蚧 *Qudrap diouspo*

寄主：毛条

30. 蚧科（Coccidae）

（132）梭梭绵蚧 *Puhinaria* sp.

寄主：梭梭

三、膜翅目

31. 广肩小蜂科（Eurytomidae）

（133）柠条广肩小蜂 *Bruchophagus neocaraganae*（Liao）

寄主：柠条、毛条

（134）刺槐种子小蜂 *Bruchophagus philorobiniae* Liao

寄主：刺槐

（135）甘草种子小蜂 *Bruchophagus* sp.

寄主：甘草

四、鳞翅目（Lepidoptera）

32. 夜蛾科（Noctuidae）

（136）绣罗夜蛾 *Leucanitis picta* Christoph

寄主：豆科

（137）卑狼夜蛾 *Ochropleura verecunda*（Püngeler）

寄主：不详

（138）晃剑纹夜蛾 *Acronicta Leucocuspis* Butler

寄主：杨、梨、桃等

（139）小剑纹夜蛾 *Acronicta omorii* Matsumura

寄主：不详

（140）桦剑纹夜蛾 *Acronicta alni*（Linnaeus）

寄主：桦、栎

（141）榆剑纹夜蛾 *Acronicta hercules*（Felder et Rogenhofer）

寄主：榆等

（142）兴夜蛾 *Schinia scutata*（Staudinger）

寄主：不详

（143）僧夜蛾 *Leiometopon simyrides* Staudinger

寄主：白刺

（144）杨裳夜蛾 *Catocala nupta* Linnaeus

寄主：杨、柳等树木

（145）柳裳夜蛾 *Catocala electa* Borkhauson

寄主：杨、柳、油松、榆等

（146）小地老虎 *Agrotis ipsilon*（Hüfnagel）

寄主：多种低矮草本植物

（147）苜蓿夜蛾 *Heliothis dipsacea*（Linnaeus）

寄主：豆科、茄科等

（148）银纹夜蛾 *Argyrogramma agnata*（Staudinger）

寄主：十字花科和豆科等

33. 灯蛾科（Arctiidae）

（149）亚麻篱灯蛾 *Phramatobia fuliginosa*（Linnaeus）

寄主：十字花科、甜菜、酸模属

34. 尺蛾科（Geometridae）

（150）中绿尺蛾 *Hipparchus mandurinaria*

寄主：不详

（151）槐尺蛾 *Semiothisa cinerearia*（Bremer et Grey）

寄主：国槐、龙爪槐、刺槐

（152）沙枣尺蠖 *Apocheima cinerarius*（Erschoff）

寄主：梭梭、沙枣、红柳、毛条

（153）白刺尺蠖 *Apocheima* sp.

寄主：白刺

35.毒蛾科（Lymantridae）

（154）柳毒蛾 *Leucoma candida*（Staudinger）

寄主：杨、柳、栎树、栗、樱桃、梨、梅、杏、桃

（155）芦毒蛾 *Laelia coenosa*（Hübner）

寄主：杨、柳等林木

36.天蛾科（Sphingidae）

（156）沙枣白眉天蛾 *Celerio hippophaes*（Esper）

寄主：沙枣及大果沙棘

（157）榆绿天蛾 *Callambulyx tatarinovi*（Bremer et Grey）

寄主：榆树、柳树、杨树、槐树等

（158）枣桃六点天蛾 *Marumba gaschkewitschii*（Bremer et Grey）

寄主：樱桃、紫薇、核桃、李、杏、梅、苹果、梨、枣、葡萄等

37.苔蛾科（Lithosiidae）

（159）银土苔蛾 *Eilema varana*（Moore）

寄主：不详

38.螟蛾科（Pyralidae）

（160）四斑绢野螟 *Diaphania quadrimaculalis*（Bremer et Grey）

寄主：柳、杨

（161）草地螟 *Loxostege sticticalis* Linnaeus

寄主：甜菜、大豆、向日葵、马铃薯、药材等

（162）柠条坚荚斑螟 *Asclerobia sinensis*（Caradja）

寄主：柠条、毛条

（163）豆荚斑螟 *Etiella zinckenella*（Treitschke）

寄主：柠条、毛条、刺槐

（164）黄仲喙野螟 *Mecyna gilvata* Fabricius

寄主：杨、柳、豆科植物、蓼科植物

39.细蛾科（Graciilariidae）

（165）杨细蛾 *Lithocolletis populifoliella*（Treitschke）

寄主：杨、柳

40.潜蛾科（Lyonetiidae）

（166）杨白潜蛾 *Leucoptera susinella*（Herrich-Schäffer）

寄主：杨、柳

41.透翅蛾科（Sesiidae）

（167）白杨透翅蛾 *Paranthrene tabaniformis*（Rottenberg）

寄主：杨、柳、榆

42. 鞘蛾科（Coleophoridae）

（168）毛条鞘蛾 *Coleophora* sp.

寄主：毛条

43. 麦蛾科（Gelechiidae）

（169）桃条麦蛾 *Anarsia lineatella* Zeller

寄主：沙枣、桃、杏

（170）白刺卷梢蛾 *Phthorimaea* sp.

寄主：白刺

（171）梭梭麦蛾 *Scrobipalpa* sp.

寄主：梭梭

44. 木蠹蛾科（Cossidae）

（172）沙柳木蠹蛾 *Holcocerus arenicola*（Staudinger）

寄主：沙柳、柠条、柽柳

（173）沙蒿木蠹蛾 *Holcocerus artemisiae* Chou et Hua

寄主：沙蒿

（174）小木蠹蛾 *Holcocerus insularis* Staudinger

寄主：沙枣、榆、柳

45. 斑蛾科（Zygaenidae）

（175）梨叶斑蛾 *Illiberis pruni* Dyar

寄主：梨、苹果

46. 枯叶蛾科（Lasiocampidae）

（176）天幕毛虫 *Malacosoma neustria testacea* Motschulsky

寄主：杨、柳、榆、梨、苹果、海棠、桃、李、杏等

47. 粉蝶科（Pieridae）

（177）斑缘豆粉蝶 *Colias erate*（Esper）

寄主：豆科等植物

（178）云斑粉蝶 *Pontia daplidice*（Linnaeus）

寄主：十字花科

（179）菜粉蝶 *Pieris rapae*（Linnaeus）

寄主：十字花科

（180）绢粉蝶 *Aporia crataegi*（Linnaeus）

寄主：杨、柳、榆、山杏、梨、苹果、桃

（181）暗色绢粉蝶 *Aporia bieti*（Oberthür）

寄主：蒙古扁桃

（182）橙黄豆粉蝶 *Colias fieldii* Ménétriés

寄主：柠条、花棒、雷鸡儿、榆、苜蓿

（183）豆粉蝶 *Colias hyale*（Linnaeus）

寄主：柠条、毛条、花棒、锦鸡儿、苜蓿

48. 凤蝶科（Papilionidae）

（184）柑橘凤蝶 *Papilio xuthus* Linnaeus

寄主：黄檗属、柑橘属、枸橘、花椒等

（185）蓝凤蝶 *Papilio protenor* Cramer

寄主：杨

49. 蛱蝶科（Nymphalidae）

（186）小红蛱蝶 *Vanessa cardui*（Linnaeus）

寄主：杨柳科、桑科、榆科、忍冬科、大戟科等

50. 灰蝶科（Lycaenidae）

（187）蓝灰蝶 *Everes argiades*（Pallas）

寄主：豆科植物

（188）红灰蝶 *Lycaena phlaeas*（Linnaeus）

寄主：柠条、豆科植物、酸模等蓼科植物

五、直翅目（Orthoptera）

51. 蝼蛄科（Gryllotalpidae）

（189）华北蝼蛄 *Gryllotalpa unispina* Saussure

寄主：林木、果树幼根

（190）东方蝼蛄 *Gryllotalpa orientalis* Burmeister

寄主：林木、果树幼根

52. 蟋蟀总科（Grylloidea）

（191）大蟋蟀 *Brachytrupes portentosus*（Lichtenstein）

寄主：果树和林木的苗木等

（192）南方油葫芦 *Tarbinskiellus testaceus*（Walker）

寄主：杨、沙枣、各种林木苗木

53. 螽斯科（Tettigoniidae）

（193）牛形怠蛮螽 *Damalacantha vacca*（Fischer von Waldheim）

寄主：禾本科、莎草科、蒿属

（194）阿拉善懒螽 *Zichya alashanica* Bey-Bienko

寄主：白茨、沙蒿、骆驼蓬、红砂

（195）腾格里懒螽 *Zichya tenggerensis* Zheng

寄主：梭梭、沙蒿、骆驼蓬、红砂

54. 癞蝗科（Pamphagidae）

（196）肃南短鼻蝗 *Filchnerella sunanensis* Liu

寄主：禾本科

（197）裴氏短鼻蝗 *Filchnerella beicki* Ramme

寄主：禾本科

（198）青海短鼻蝗 *Filchnerella kukunoris* Bey−Bienko

寄主：禾本科

（199）贺兰疙蝗 *Pseudotmethis alashanicus* Bei−Bienko

寄主：锦鸡儿骆驼蓬等

（200）长翅突颜蝗 *Eoeotmethis longipennis*（Zheng）

寄主：禾本科

（201）景泰突颜蝗 *Eotmethis jintaiensis* Xi et Zheng

寄主：禾本科

（202）短翅华癞蝗 *Sinotmethis brachypterus* Zheng et Xi

寄主：豆科的锦鸡儿属、蒺藜科的骆驼蓬属等

（203）荒漠贝蝗 *Beybienkia barbarus* Liu

寄主：荒漠植物

（204）笨蝗 *Haplotropis brunneriana* Saussure

寄主：禾本科、豆科、茄科、林木幼苗

55. 斑翅蝗科（Oedipodidae）

（205）青海痂蝗 *Bryodema miramae miramae* Bey−Bienko

寄主：禾本科

（206）亚洲小车蝗 *Oedaleus decorus asiaticus* Bey−Bienko

寄主：禾本科

（207）大胫刺蝗 *Compsorhipis davidiana*（Saussure）

寄主：禾本科、菊科等

（208）细距蝗 *Leptopternis gracilis*（Eversmann）

寄主：菊科的多种蒿类，藜科如梭梭、白梭梭，禾本科等

（209）亚洲飞蝗 *locusta migratoria migratoria*（Linnaeus）

寄主：禾本科、莎草科

（210）小垫尖翅蝗 *Epacromius tergestinus tergestinus*（Charpentier）

寄主：禾本科、苜蓿等

（211）大垫尖翅蝗 *Epacromius coerulipes*（Ivanov）

寄主：禾本科、豆科、菊科、黎科、蓼科等

（212）疙蝗 *Trilophidia annulata*（Thunberg）

寄主：禾本科等

（213）蒙古疣蝗 *Trilophidia annulata* subsp. *mongolica* Saussure

寄主：禾本科等

（214）瘤背束颈蝗 *Sphingonotus salinus*（Pallas）

寄主：禾本科等

（215）盐池束颈蝗 *Sphingonotus yenchihensis* Cheng et Chiu

寄主：禾本科等

（216）贝氏束颈蝗 *Sphingonotus bey-bienkoi* Mistshenko

寄主：禾本科等

（217）宁夏束颈蝗 *Sphingonotus ningsianus* Zheng et Gow

寄主：禾本科、菊科

（218）蒙古束颈蝗 *Sphingonotus mongolicus* Saussure

寄主：禾本科、莎草科

（219）黑翅束颈蝗 *Sphingonotus obscuratus latissimus* Uvarov

寄主：禾本科等

56. 网翅蝗科（Arcypteridae）

（220）中华雏蝗 *Chorthippus chinensis*（Tarbinsky）

寄主：禾本科、莎草科等

（221）宽翅曲背蝗 *Pararcyptera microptera meridionalis*（Lkonnikov）

寄主：禾本科、莎草科等

（222）白纹雏蝗 *Chorthippus albonemus* Zheng et Tu

寄主：禾本科、莎草科等

（223）狭翅雏蝗 *Chorthippus dubius*（Zubovski）

寄主：禾本科、莎草科等

（224）小翅雏蝗 *Chorthippus fallax*（Zubovski）

寄主：禾本科、莎草科等

57. 斑腿蝗科（Catantopidae）

（225）短星翅蝗 *Calliptamus abbreviatus* Ikonnikov

寄主：豆科、禾本科

（226）黑腿星翅蝗 *Calliptamus barbarus*（Costa）

寄主：禾本科、莎草科

58. 槌角蝗科（Gomphoceriae）

（227）西伯利亚蝗 *Gomphocerus sibiricus*（Linnaeus）

寄主：禾本科、蒲公英、马蔺、野葱等

59.剑角蝗科（Acrididae）

（228）中华蚱蜢 *Acrida cinerea*（Thunberg）

寄主：禾本科、豆科、茄科等

（229）荒地蚱蜢 *Acrida oxycephala*（Pallas）

寄主：禾本科、豆科、茄科等

（230）甘肃窝蝗 *Foveolatacris gansuacrisis* Cao, Shen et Xie

寄主：禾本科等

60.负蝗科

（231）中华负蝗 *Atractomorpha sinensis* Bolivar

寄主：禾本科、豆科、茄科、十字花科等

61.蚱科（Tetrigidae）

（232）日本蚱 *Tetrix japonica*（Bolivar）

寄主：禾本科

（233）隆背蚱 *Tetrix tartara*（Saussure）

寄主：禾本科

六、双翅目（Diptera）

62.瘿蚊科（Cecidomyiidae）

（234）枣叶瘿蚊 *Dasineura datifolia* Jiang

寄主：枣

（235）胡杨枝瘿蚊 *Rhabdophaga* sp.

寄主：胡杨

（236）柽柳瘿蚊 *Rhabdophaga* sp.

寄主：柽柳

（237）土库曼怪瘿蚊 *Psectrosema turkmenica*（Mamaev et Becknazharova）

寄主：柽柳

63.实蝇科（Trypetidae）

（238）白刺实蝇 *Trypanea* sp.

寄主：白刺果实

七、缨翅目（Thysanoptera）

64.蓟马科（Thripidae）

（239）枸杞蓟马 *Psilothrips indicus* Bhatti

寄主：枸杞

（240）花蓟马 *Frankliniella intonsa*（Trybom）

寄主：豆科、茄科、十字花科等

（241）烟蓟马 *Thrips tabaci* Lindeman

寄主：茄科、葫芦科、百合科、苹果等

八、真螨目 Acariformes（蛛形纲 Arachnida）

65. 叶螨科（Tetranychidae）

（242）山楂叶螨 *Tetranychus viennensis* Zacher

寄主：苹果、桃、梨、杏、沙枣、月季、玫瑰、刺槐等

（243）二斑叶螨 *Tetranychus urticae* Koch

寄主：苹果、桃、梨、杏、沙枣、榆、月季、蔷薇、玫瑰等

66. 瘿螨科（Eriophyidae）

（244）拟大枸杞瘿螨 *Aceria paramacrodonis* Kuang

寄主：枸杞

（245）枸杞瘿螨 *Aceria macrodonis* Keifer

寄主：枸杞

（246）枸杞锈螨 *Aculops lycii* Kuang

寄主：枸杞

附录5　甘肃民勤连古城国家级自然保护区天敌昆虫名录

一、蜻蜓目（Odonata）

1. 蜻科（Libellulidae）

（1）旭光翅蜻 *Sympetrum hypomelas*（Selys）

寄主：多种小型昆虫

（2）黄蜻 *Pantala flavescens* Fabricius

寄主：多种小型昆虫

（3）白尾灰蜻 *Orthetrum albistylum*（Selys）

寄主：多种小型昆虫

（4）黄腿赤蜻 *Sympetrum imitans* Selys

寄主：多种小型昆虫

（5）楔翅蜻 *Hydrobusileus* sp.

寄主：多种小型昆虫

（6）蓝蜻 *Diplacode* sp.

寄主：多种小型昆虫

（7）红蜻 *Crocothemis servilia*（Drury）

寄主：多种小型昆虫

2. 蜓科（Aeshnidae）

（8）碧伟蜓 *Anax parthenope julius* Brauer

寄主：多种小型昆虫

3. 螅科（Coenagriidae）

（9）褐斑异痣螅 *Ischnura sengalensis*（Rambur）

寄主：多种小型昆虫

（10）长叶异痣螅 *Ischnura elegans*（Vander Linden）

寄主：多种小型昆虫

（11）蓝尾狭翅螅 *Aciagrion olympicum* Laidlaw

寄主：多种小型昆虫

（12）黑尾黄螅 *Ceriagrion melanurum* Selys

寄主：多种小型昆虫

二、鞘翅目（Coleoptera）

4. 虎甲科（Cicindelidae）

（13）狄氏虎甲 *Cylindera delavayi*（Fairmaire）

寄主：小型昆虫

（14）曲纹虎甲 *Cicindela elisae* Motschulsky

寄主：小型昆虫

（15）月斑虎甲 *Cicindela lunulata* Fabricius

寄主：小型昆虫

（16）纤丽虎甲 *Cicindela gracilis* Pallas

寄主：小型昆虫

（17）多型虎甲 *Cicindela hybrida* Linnaeus

寄主：蝗虫及小型昆虫

（18）星斑虎甲 *Cicindela kaleea* Bates

寄主：小型昆虫

（19）花斑虎甲 *Cicindela laetescripta* Motschulsky

寄主：小型昆虫

5. 步甲科（Carabidae）

（20）三齿婪步甲 *Harpalus tridens* Morawitz

寄主：蛾类、小型昆虫

（21）中华婪步甲 *Harpalus sinicus* Hope

寄主：红蜘蛛、蚜虫等

（22）巨胸暗步甲 *Amara gigantea*（Motschulsky）

寄主：小型昆虫

（23）东方星步甲 *Calosoma*（*Ctenosta*）*orientale* Hope

寄主：小型昆虫

（24）蝼步甲 *Scarites acutides* Chaudoir

寄主：小型昆虫

（25）皮步甲 *Corsyra fusula*（Fischer von Waldheim）

寄主：鳞翅目幼虫、蛴螬

（26）淡足步甲 *Chlaenius pallipes*（Gebler）

寄主：蛾类幼虫、小型昆虫

（27）金星步甲 *Calosoma chinense* Kirby

寄主：鳞翅目幼虫

（28）短鞘步甲 *Pheropsophus jessoensis* Morawitz

寄主：直翅目幼虫

6. 瓢虫科（Coccinellidae）

（29）龟纹瓢虫 *Propylaea japonica*（Thunberg）

寄主：蚜虫、棉铃虫卵和幼虫等

（30）异色瓢虫 *Harmonia*（*Leis*）*axyridis*（Pallas）

寄主：蚜虫、蚧类

（31）黑缘红瓢虫 *Chilocorus rubidus* Hope

寄主：朝鲜球蜡蚧等

（32）二星瓢虫 *Adalia bipunctata*（Linnaeus）

寄主：蚜虫

（33）四星瓢虫 *Hyperaspis reppensis*（Herbst）

寄主：蚜虫

（34）十一星瓢虫 *Coccinella undecimpunctata*（Linnaeus）

寄主：蚜虫

（35）十三星瓢虫 *Hippodamia tredecimpunctata*（Linnaeus）

寄主：蚜虫

（36）多异瓢虫 *Adonia variegata*（Goeze）

寄主：蚜虫

（37）红点唇瓢虫 *Chilocorus kuwanae* Silvestri

寄主：杨园蚧、杏球坚蚧

（38）横带瓢虫 *Coccinella trifasciata* Linnaeus

寄主：蚜虫

（39）蒙古光瓢虫 *Exochomus mongol* Borousky

寄主：朝鲜球坚蚧等蚧类

（40）菱斑巧瓢虫 *Oenopia conglobata*（Linnaeus）

寄主：蚜虫

（41）菱斑和瓢虫 *Synharmonia conglobata*（Linnaeus）

寄主：蚜虫

（42）褐斑和瓢虫 *Synharmoniaconglobata contaminata* Ménétriés

寄主：蚜虫、沙枣木虱

（43）李斑唇瓢虫 *Chilocorus geminus* Zaslavskij

寄主：蚧类、蚜虫

三、半翅目（Hemiptera）

7. 姬猎蝽科（Nabidae）

（44）小姬猎蝽 *Nabis mimoferus* Hsiao

寄主：鳞翅目幼虫、小型昆虫

（45）华姬蝽 *Nabis sinoferus* Hsiao

寄主：蚜虫、叶蝉、木虱、蓟马、盲蝽，鳞翅目幼虫、卵

8. 猎蝽科（Reduviidae）

（46）黄足猎蝽 *Sirthenea flavipes*（Stål）

寄主：同翅目、鳞翅日、鞘翅目幼虫

9. 黾蝽科（Gerridae）

（47）圆臀大黾蝽 *Aquarius paludum*（Fabricius）

寄主：水面小昆虫

四、膜翅目（Hymenoptera）

10. 姬蜂科（Ichneumonidae）

（48）螟蛉瘦姬蜂 *Charops*（*Zacharops*）*formosanus*（Enderlein）

寄主：粘虫等

（49）松毛虫黑胸姬蜂 *Hyposoter takagii*（Matsumura）

寄主：松毛虫

（50）刺蛾紫姬蜂 *Chlorocryptus purpuratus* Smith

寄主：刺蛾幼虫

（51）粪蝇沟姬蜂 *Atractodes gravidus* Gravenhorst

寄主：蝇蛹

（52）黏虫白星姬蜂 *Vulgichneumon leucaniae* Uchida

寄主：黏虫等

（53）舞毒蛾黑瘤姬蜂 *Coccygomimus disparis*（Viereck）

寄主：舞毒蛾

（54）地蚕大铗姬蜂 *Eutanyacra picta*（Schrank）

寄主：地老虎（幼虫、蛹）

（55）格姬蜂 *Gravenhorstia* sp.

寄主：沙枣尺蛾（幼虫）

（56）黄眶离缘姬蜂 *Trathala flavoorbitalis*（Cameron）

寄主：梨大食心虫

11. 茧蜂科（Braconidae）

（57）螟虫长距茧蜂 *Macrocentrus linearis*（Nees）

寄主：鳞翅目幼虫

（58）螟黑纹茧蜂 *Bracon onukii* Watanabe

寄主：白刺毛虫、叶甲类幼虫

12. 姬小蜂科（Eulophidae）

（59）木虱啮小蜂 *Tetrastichus* sp.

寄主：沙枣木虱

13. 土蜂科（Scoliidae）

（60）日本土蜂 *Scolia japonica* Smith

寄主：蛴螬

14.泥蜂科（Sphecidae）

（61）齿爪长足泥蜂齿爪亚种 *Podalonia affinis affinis*（W.Kirby）

寄主：叶蜂幼虫

（62）黄柄壁泥蜂 *Sceliphron madraspatanum*（Fabricius）

寄主：尺蠖、螟蛾幼虫

15.沙蜂科 Wembicidae

（63）沙蜂 *Bembix* sp.

寄主：木虱、蝇类

16.胡蜂科（Vespidae）

（64）柞蚕马蜂 *Polistes gallicus gallicus*（Linnaeus）

寄主：棉铃虫、烟青虫、小菜蛾、菜粉蝶等幼虫

（65）黑盾胡蜂 *Vespa bicolor* Fabricius

寄主：捕食多种昆虫

五、革翅目（Dermaptera）

17.蠼螋科（Labiduridae）

（66）蠼螋 *Labidura riparia*（Pallas）

寄主：蚜虫、鳞翅目幼虫

（67）堤岸蠼螋 *Labidura riparia japonica* de Haan

寄主：蝶类

六、螳螂目（Mantodea）

18.螳螂科（Mantidae）

（68）薄翅螳螂 *Mantis religiosa*（Linnaeus）

寄主：蝶类、蛾类、蚜虫等

（69）华北大刀螂 *Tenodera angustipennis* Saussure

寄主：蛾类、蚜虫

（70）广腹螳螂 *Hierodula patellifera* Serville

寄主：蝗虫、僧夜蛾等鳞翅目幼虫

七、双翅目（Diptera）

19.食蚜蝇科（Syrphidae）

（71）短刺刺腿食蚜蝇 *Ischiodon scutellaris*（Fabricius）

寄主：蚜虫

（72）中斑黑带食蚜蝇 *Episyrphus balteatus*（De Geer）

寄主：蚜虫

（73）大灰食蚜蝇 *Syrphus corollae* Fabricius

寄主：蚜虫

（74）狭带食蚜蝇 *Syrphus serarius* Wiedemann

寄主：蚜虫

（75）黄腿食蚜蝇 *Syrphus ribesii*（Linnaeus）

寄主：蚜虫

（76）黑腿食蚜蝇 *Syrphus vitripennis* Meigen

寄主：蚜虫

（77）白纹毛食蚜蝇 *Dasysyrphus albostriatus*（Fallen）

寄主：蚜虫

（78）拟刻点小蚜蝇 *Paragus haemorrhous* Meigen

寄主：蚜虫

（79）月斑后蚜蝇 *Metasyrphus luniger*（Meigen）

寄主：蚜虫

（80）宽带后食蚜蝇 *Metasyrphus latifasciatus*（Macquart）

寄主：蚜虫

（81）凹带后食蚜蝇 *Metasyrphus nitens*（Zetterstedt）

寄主：蚜虫

（82）黄苦狭腹食蚜蝇 *Meiscaeva cnecellal*（Zettersed）

寄主：蚜虫

（83）斜斑鼓额蚜蝇 *Scaeva pyrastri*（Linnaeus）

寄主：蚜虫

（84）大斑鼓额食蚜蝇 *Scaeva albomaculata*（Macquart）

寄主：蚜虫

（85）月斑鼓额食蚜蝇 *Scaeva selenitica*（Meigen）

寄主：蚜虫、介壳虫

20.食虫虻科（Asilidae）

（86）肿宽跗食虫虻 *Astochia virgatipes*（Coquillett）

寄主：卷叶蛾、尺蛾、叶甲、蝽

（87）白齿铗食虫虻 *Philonicus albiceps*（Meigen）

寄主：卷叶蛾、蝽

（88）中华盗虻 *Cophinopoda chinensis*（Fabricius）

寄主：鳞翅目、同翅目、半翅目、鞘翅目等

21. 蜂虻科（Bombyliidae）

（89）新疆绒蜂虻 *Villa xinjiangana* Du, Yang, Yao et Yang

寄主：蝗虫卵、毛虫

（90）白毛绒蜂虻 *Villa cerussata* Yangon, Yao et Cui

寄主：夜蛾、拟步甲

（91）内蒙古雏蜂虻 *Anastoechus neimongolanus* Du et Yang

寄主：蝗卵

22. 寄蝇科（Tachinidae）

（92）红腹侧须寄蝇 *Peletieria* sp.

寄主：沙枣尺蠖（蛹）

（93）金龟长喙寄蝇 *Prosena siberita*（Fabricius）

寄主：金龟子

（94）条纹追寄蝇 *Exorista fasciata*（Fallén）

寄主：白刺毛虫、杨毒蛾、天幕毛虫

（95）日本追寄蝇 *Exorista japonica*（Townsend）

寄主：杨二尼舟蛾、青杨大牛

（96）红尾追奇蝇 *Exorista xanthaspis*（Wiedemann）

寄主：苜蓿夜蛾、黏虫

（97）追寄蝇 *Exorista* sp.

寄主：柳剑纹夜蛾

（98）尺蛾追寄蝇 *Exorista* sp.

寄主：沙枣尺蠖（蛹）

（99）金黄简寄蝇 *Halidaya aurea* Egger

寄主：鳞翅目（幼虫）

八、脉翅目（Neuroptera）

23. 蚁蛉科（Myrmeleontidae）

（100）蚁蛉 *Myrmeleon formicarius* Linnaeus

寄主：多种小型昆虫

（101）黄足蚁蛉 *Hagenomyiumicans*（Maclachlan）

寄主：多种小型昆虫

（102）白云蚁蛉 *Glenuroides japonicus*（Maclachlan）

寄主：多种小型昆虫

（103）褐纹树蚁蛉 *Dendroleon pantherinus*（Fabricius）

寄主：多种小型昆虫

（104）条斑次蚁蛉 *Deutoleon lineatus*（Fabricius）

寄主：多种小型昆虫

（105）追击大蚁蛉 *Heoclisis japonica*（Maclachlan）

寄主：多种小型昆虫

（106）中华东蚁蛉 *Euroleon sinicus*（Navás）

寄主：多种小型昆虫

24. 草蛉科（Chrysopidae）

（107）大草蛉 *Chrysopa septepunctata* Wesmael

寄主：蚜虫、粉虱、叶螨、鳞翅目的卵和低龄幼虫等

（108）中华草蛉 *Chrysopa sinica* Tiedet

寄主：蚜虫、粉虱、叶螨、鳞翅目的卵和低龄幼虫等

（109）黄褐草蛉 *Chrysopa yasumatsui* Kuwayama

寄主：蚜虫

（110）丽草蛉 *Chrysopa formosa* Brauer

寄主：鳞翅目虫卵、初孵幼虫，蚜虫、螨、蚧

（111）多斑草蛉 *Chrysopa intima* Mclachlan

寄主：蚜虫

九、直翅目（Orthoptera）

25. 螽斯科（Tettigcniidae）

（112）土褐螽斯 *Atlanticus sinensis* Uvarov

寄主：蝶类、蛾类、蚜虫

十、广翅目（Megaloptera）

26. 齿蛉科（Corydalidae）

（113）斑鱼蛉 *Neochauliodes* sp.

寄主：多种昆虫